U0321020

呼伦贝尔牧草饲料作物
生产技术研究与应用

陈申宽　主编

中国农业科学技术出版社

图书在版编目（CIP）数据

呼伦贝尔牧草饲料作物生产技术研究与应用 / 陈申宽主编 .—北京：中国农业科学技术出版社，2020. 5

ISBN 978-7-5116-4729-0

Ⅰ. ①呼…　Ⅱ. ①陈…　Ⅲ. ①牧草-栽培技术-呼伦贝尔市②饲料作物-栽培技术-呼伦贝尔市　Ⅳ. ①S54

中国版本图书馆 CIP 数据核字（2020）第 074618 号

责任编辑　李　雪　徐定娜
责任校对　贾海霞

出 版 者　中国农业科学技术出版社
北京市中关村南大街 12 号　邮编：100081
电　　话　（010）82109707（编辑室）　（010）82109702（发行部）
（010）82109709（读者服务部）
传　　真　（010）82106650
网　　址　http://www.castp.cn
经 销 者　各地新华书店
印 刷 者　北京建宏印刷有限公司
开　　本　787mm×1 092mm　1/16
印　　张　16. 75（含 8 面彩插）
字　　数　396 千字
版　　次　2020 年 5 月第 1 版　2020 年 5 月第 1 次印刷
定　　价　48. 00 元

呼伦贝尔牧草饲料作物生产技术研究与应用

编写人员

主　编：陈申宽

副主编：刘玉良　周忠学　姚国君　闫任沛　陈　鹏

主要编写人员：（以姓氏笔画排序）

孔令峰　弓仲旭　王宏静　乌力吉　刘玉良

孙秀殿　孙嘉琪　孙雨辰　孙　晶　闫任沛

李　岚　李志勇　李桂华　李桂萍　杜明华

陈申宽　陈　鹏　谷兴杰　杨广勇　周忠学

赵洪凯　赵玉娟　张爱军　姚国君　姚　旭

曹丽霞　曹志宇

内容简介

本书重点介绍了呼伦贝尔草地自然生态情况、天然草地利用现状，人工草地，饲料作物主要种类及品种、生产技术、有害生物种类、发生为害及综合防治技术生产等方面所取得的研究成果和所获得的各级各类奖项。

本书共分5章22节，将改革开放40年以来（1978—2018年）的研究成果，在国家级和省部级学术刊物上发表的论文，按照天然草地、人工草地、饲料作物系统进行编排。书中所列成果是由呼伦贝尔市草原工作站、呼伦贝尔市农业科学研究所、呼伦贝尔市农业技术推广中心、呼伦贝尔市植保植检站、扎兰屯职业学院、扎兰屯市草原工作站、扎兰屯市农业技术推广中心、扎兰屯市种子管理站等单位的专业技术人员参与完成的。这是一本呼伦贝尔草业多年的资料积累，具有较高的理论和实用价值的专著，可供从事草业科技的研究人员、专业技术人员及高等院校相关的专业师生阅读参考。

序　言

呼伦贝尔市位于内蒙古自治区东北部，地处东经115°31′～126°04′、北纬47°05′～53°20′。东西长630 km、南北长700 km，总面积25. 3万km^2。呼伦贝尔市南部与内蒙古兴安盟相连，东部以嫩江为界与黑龙江省为邻，北和西北部以额尔古纳河为界与俄罗斯接壤，西和西南部同蒙古国交界。边境线总长1 723. 82 km，其中中俄边界1 048 km（不含未定界部分），中蒙边界675. 82 km。满洲里口岸是全国最大的陆路口岸。

呼伦贝尔草原各种生态系统的有机结合构筑了我国东北地区的重要生态屏障，是确保北京和“三北”地区免受风沙侵袭的安全线的一部分，是根治松辽流域洪涝灾害的生命线，也是东北临近省区生态安全线的起始点。然而，近年来草原生态破坏较为严重，不仅给北京和“三北”地区的生态安全带来隐患，也直接影响了牧民的生产和生活。据内蒙古自治区第4次草地资源调查结果，截至2002年底，呼伦贝尔市现有草地1 008. 8万hm^2，其中退化、沙化面积388. 3万hm^2，近20年间，草地面积减少121万hm^2，占原有草地面积的10. 7%，而退化、沙化面积却增加了178. 6万hm^2，退化、沙化面积比例由20世纪80年代初期的18. 6%，提高到目前的38. 5%。植被覆盖度降低10. 2%，草层高度下降7～15 cm，牧草产量下降28%～48%。牧草种群也明显变劣，优良禾草比例下降10%～40%，杂草比例上升10%～45%。因此必须采取切实可行的措施，迅速扭转生态恶化的势头，按照生态优先、绿色发展的原则，实现生态和经济的可持续发展。

呼伦贝尔草地是我国重要的生态屏障，也是全区草原重要组成部分，草原资源与生态状况对国家的生态安全及区域经济发展至关重要。草原资源受气候及人为影响常处于变化之中，在草原保护建设战略中，摸清家底，对草原的科学管理有着重要的作用。

呼伦贝尔申宽生物技术研究所牧草研究团队，近40年来从事于呼伦贝尔市牧草饲料作物生产技术方面的研究及应用，取得了丰硕成果，发表论文60余篇，将成果汇总编著了《呼伦贝尔牧草饲料作物生产技术研究与应用》一书，此书的出版是对呼伦贝尔草地牧草饲料作物科技的总结，对促进当地科技进步、农牧业产业结构调整、农牧民的生产技术提高，振兴饲料及人工草地产业均有重要的意义。

郝桂娟（呼伦贝尔市副市长，农业推广研究员）

2019年1月16日

前　言

呼伦贝尔草原位于内蒙古自治区东北部，是世界著名的天然牧场，是世界四大草原之一，被称为世界上最好的草原，是全国旅游二十胜景之一。呼伦贝尔草原位于大兴安岭以西，是新巴尔虎右旗、新巴尔虎左旗、陈巴尔虎旗、鄂温克旗和海拉尔区、满洲里市及额尔古纳市南部、牙克石市西部草原的总称，总面积约为 10 万 km^2，3 000多条河流纵横交错，500多个湖泊星罗棋布，地势东高西低，海拔在 650～700 m，由东向西呈规律性分布，地跨森林草原、草甸草原和干旱草原三个地带。除东部地区约占本区面积的10.5%为森林草原过渡地带外，其余多为天然草场。多年生草本植物是组成呼伦贝尔草原植物群落的基本生态性特征，草原植物资源约1 000余种，隶属100个科450属。

按照呼伦贝尔草地生态规律和经济规律经营草原、草场；突破传统放牧方式，利用现代科技发展高产、优质牧草，提高绿色植被覆盖率和初级生产光能利用率；以草定畜，确保畜草供求平衡，建立畜种天然放牧与短期育肥相结合的经营管理体制；逐步实现牧、工、商一体化，知识密集型和良性循环的草业生态经济体系。这对发挥呼伦贝尔草地的生产优势，改善人民食物构成，改善恢复草地生态条件，促进呼伦贝尔草业可持续发展具有重要的意义。

将改革开放40年来我们针对呼伦贝尔牧草饲料作物生产技术研究与应用方面取得的成果汇编成书，不仅对呼伦贝尔牧草饲料作物生产具有一定的指导和参考作用，而且对内蒙古自治区牧草饲料作物产业发展，农业结构调整，促进农牧民增收以及农村牧区可持续发展有着十分重要的现实意义。

本书由陈申宽（呼伦贝尔申宽生物技术研究所所长，研究员）主编；刘玉良（扎兰屯职业学院农业工程系副教授，博士）、周忠学（扎兰屯职业学院农业工程系高级讲师、高级畜牧师）、姚国君（扎兰屯职业学院农业工程系高级讲师，呼伦贝尔申宽生物技术研究所党支部书记）、闫任沛（呼伦贝尔市农业科学研究所研究员）、陈鹏（内蒙古农业大学材料科学艺术设计学院，讲师博士）任副主编。

本书的编撰得到了扎兰屯职业学院、呼伦贝尔市农业科学研究所等单位领导的关心支持，特别是东北农业大学崔国文、胡国富教授，内蒙古民族大学齐广教授，中国农业科学院天津生态环境保护监测所杨殿林研究员、呼伦贝尔市林业草原局草原研究所朝克图研究员的支持与帮助，在此表示一并感谢。

由于时间仓促、经验不足、水平有限，本书可能存在一些不足之处。真诚希望各位读者不吝赐教，以利于我们今后更好地开展各项工作。

编　者

目　录

第一章　概　述 ………………………………………………（1）

第一节　地理位置 ………………………………………………（2）

第二节　地貌特征 ………………………………………………（2）

第三节　气候条件 ………………………………………………（3）

第四节　土壤类型 ………………………………………………（5）

第五节　植被类型 ………………………………………………（7）

第二章　天然草地 ………………………………………………（11）

第一节　利用现状 ………………………………………………（12）

第二节　草地病害 ………………………………………………（42）

第三节　草地虫害 ………………………………………………（51）

第三章　人工草地 ………………………………………………（55）

第一节　人工草地有害生物 ………………………………………（56）

第二节　苜　蓿 ………………………………………………（115）

第三节　草木樨 ………………………………………………（143）

第四节　三叶草 ………………………………………………（144）

第五节　沙打旺 ………………………………………………（146）

第六节　燕　麦 ………………………………………………（149）

第七节　鲁梅克斯 ………………………………………………（152）

第四章　饲料作物 ………………………………………………（155）

第一节　玉　米 ………………………………………………（156）

第二节　高　梁 …………………………………………………… (203)
第三节　甜　菜 …………………………………………………… (206)
第四节　饲草型大豆 ……………………………………………… (229)

第五章　研究成果与研究团队 ……………………………………… (241)
第一节　研究成果简介 …………………………………………… (242)
第二节　研究团队简介 …………………………………………… (245)
第三节　发表论文与获奖证书 …………………………………… (247)

第一章　概　述

第一节　地理位置

呼伦贝尔市位于东经115°31′～126°04′，北纬47°05′～53°20′，地处祖国北部边疆内蒙古自治区（以下简称内蒙古）东北部，得名于呼伦湖和贝尔湖。土地总面积250 557 km^2，占内蒙古自治区总面积的21.2%。南部与兴安盟的扎赉特旗，科尔沁右翼前旗相连，东部与黑龙江省大兴安岭地区的呼玛县和齐齐哈尔市的龙江县、讷河县、嫩江县毗邻，北及西北与俄罗斯为界，西与西南部同蒙古国接壤。边界线总长1 685.82 km。其中，中俄段边界长1 010 km，中蒙段边界长675.82 km。

水草丰美的呼伦贝尔草原位于呼伦贝尔市西部，巍巍大兴安岭的浩瀚林海形成草原东部天然屏障，草原北部与俄罗斯接壤，西与西南连接蒙古草原。

呼伦贝尔草原以高平原为主体，平均海拔高度550～700 m。地面平坦，东部边缘与西部国境地带属丘陵和低山。草原自东向西跨森林草原、草甸草原和干旱草原三个地带，草原总面积1.69亿亩（1亩≈666.67 m^2，1 hm^2=15亩，全书同）。

呼伦贝尔草原湖河密布，水资源丰富。额尔古纳河水系纵横交错于草原北部，其中海拉尔河横贯于中部，流域面积5万余km^2；以呼伦湖为中心的哈拉哈河、乌尔逊河、克鲁伦河、贝尔湖、乌兰泡等呼伦湖水系广泛分布于草原西部，流域面积近4万km^2；草原东南部分布有辉河、伊敏河。呼伦贝尔80余条河流与湖泊形成疏密有致的自然水源网络，再加上丰富的地下水资源，呼伦贝尔草原更具有半湿润草原的显著特征。

呼伦贝尔草原是世界上未污染的草原，草质优良、覆盖率高，有草类植物1 300余种。呼伦贝尔草原的主要组成部分——高平原草甸草场；水源充沛，植物茂盛，以禾草、杂类草占优势，亩产鲜草400 kg左右，载畜量高，是优良的打草场和放牧场；还有盛产禾草、灌木等植物适于四季放牧的高平原干草原草场；以丛生禾草，根茎禾草居多的丘陵干草原草场；杂类草占优势的山地草甸草原；苔草、黄花菜等植物为主的林缘草场——山地草甸草场；以发展乳肉兼用型大畜为宜的丘陵草甸草原草场；高平原草甸草原草场和沼泽草场。全市草场可利用面积达1.4亿亩。

第二节　地貌特征

呼伦贝尔市属于高原型地貌，是亚洲中部蒙古高原的组成部分。在地质结构上受北东向新华夏系构造带和东西向的复杂构造带控制，形成了大兴安岭山地、河谷平原低地、呼伦贝尔高原3个较大的地形单元。

大兴安岭山地纵贯呼伦贝尔市中部，是构成呼伦贝尔市地块的主体。主体岩石主要是火成岩，其中花岗岩分布面积较广。大兴安岭纵长横短，北宽南窄，北部最大宽度450 km，南部横宽200～300 km；西高于东，岭西地势高而平缓，西坡高差为300 m左右；岭东稍陡而地势低，东坡高差约700 m；南高于北，南部多高山，山势稍陡；北部山低而坡缓。大兴安岭是呼伦贝尔高原与松嫩平原的天然分界，也是额尔古纳河和嫩江的分水岭。有许多河流发源于大兴安岭山脉，东侧的多流入嫩江，西侧的多流入额尔古纳河。

呼伦贝尔高原又称巴尔虎高原，位于大兴安岭西侧，四周是山地和丘陵。东与东南为中低山丘陵地带，地势较高，海拔 700～1 000 m。中部为波状起伏的呼伦贝尔台地高平原，位于中低山丘陵地带的西南，一直延伸到呼伦湖东岸，是构成呼伦贝尔高原的主体，也是蒙古高原的东北部边缘。海拉尔河以北海拔高度多在 650～750 m，自南向西缓缓倾斜，呼伦湖附近最低，海拔 540 m。地势东高西低，为波状起伏的草原，越向东越高，与大兴安岭山地连成一片。西部属低山丘陵地带，地貌发育与大兴安岭东麓的中低山丘陵区的中部相似，一般海拔在 650～1 000 m，最高的巴彦山为 1 038 m。在中蒙毗邻地区有比高 100～300 m的低山丘陵与蒙古高原相连。呼伦贝尔高原有 3 条大的沙带和零星的沙丘堆积。

呼伦贝尔河谷平原主要有嫩江西岸河谷平原和额尔古纳河上游河谷平原。嫩江西岸河谷平原位于大兴安岭与松辽平原的过渡地带。西至大兴安岭分水岭呈阶梯状，从中山、低山、丘陵下降至松辽平原西部边缘，相对高差可达 1 000多米，为一沿山体延伸的丘陵、谷地和带状草原。地势自东北向西南倾斜，越往东越低，海拔 200～500 m。靠近大兴安岭东部有丘陵分布，相对高度 100～300 m。山地区河谷与丘陵交错，相对而言高度在 200 m 左右。嫩江西岸河谷平原河流众多，河谷阶地宽坦。东部为宽阔的台地，地面多起伏呈波状。带状平原为河口出口处相连的甸子地构成的平原，地表比较平缓，东北—西北向倾斜，平原范围逐渐向松辽平原扩张。额尔古纳河上游河谷平原地势开阔，一般宽 5～10 km，上连海拉尔河下游低地，下连三河下游的大片沼泽低地，支流较多，水流不畅，沼泽遍地，牧草茂盛。呼伦贝尔低地主要是呼伦湖和乌尔逊河低地，是天然的牧场。

第三节 气候条件

呼伦贝尔草地地处欧亚大陆中纬度地带，位于温带北部，一小部分在寒温带，是我国纬度最高，位置最北的地区。随纬度偏高，地面从太阳辐射得到的热量减少，气温降低，又较远离海洋，加之受蒙古高压气团的控制，因此，呼伦贝尔草地大部分地区属于温带大陆性季风气候。大兴安岭以东四季分明，气候温和，雨量较大，属于半湿润气候；大兴安岭山地寒冷湿润，属森林气候；呼伦贝尔高原东部和北部属于半湿润森林草原气候；高原西部寒冷干燥，属于半干旱草原气候。

一、日 照

全市年日照在 2 500～3 100 h，其地理分布规律与降水恰好相反。牧区最长为 2 650～3 100 h，林区最短为 2 500～2 750 h，农区日照时数为 2 800～2 870 h。

呼伦贝尔市日照百分率居于高值区，年日照百分率在57%～70%。牧区为60%～70%，林区为57%～62%，农区为63%左右。

呼伦贝尔市日照时间在季节分配上存在着夏半年长、冬半年短的特点。夏半年（4—9月）日照时数在1 330～1 800 h，冬半年（10—3月）日照时数为1 110～1 330 h。

二、气　温

呼伦贝尔市气温低，温差大，全市大部分地区年平均气温在零度以下，大兴安岭岭东及岭西少部分地区在零度以上。气温的分布自北向南递升，岭东农区年平均在1.3～2.4℃，大兴安岭林区为-5.3～-2.0℃，岭西牧区0.4～-3.0℃。全市最冷月——1月，平均气温-30～-18℃，其中大兴安岭林区-30～-25℃，岭西牧区-28～-22℃，岭东农区-20～-18℃。最热月——7月，平均气温16～21℃，其中大兴安岭林区16～19℃，岭西牧区19～21℃，岭东农区21℃。

呼伦贝尔市气温年较差在39～48℃。岭西的年较差比岭东大。陈旗是48℃为全市最大，扎兰屯38.9℃是全市最小的。

呼伦贝尔市气温日较差相对较大，平均12～17℃。一年之中，以春秋季气温日较差为最大，且春季略大于秋季，夏季多阴少晴，气温日较差最小。

呼伦贝尔市年极端最高气温出现在6—7月，曾高达40.1℃；极端最低气温在1—2月，曾达-50.2℃。

三、降　水

呼伦贝尔市降水量受地形和季风活动影响，降水自东向西递减。大兴安岭山地和岭东年降水量440～510 mm，其中新右旗是全市降水量最少的地区。

呼伦贝尔市冬春季长达7个月，降水一般只有60 mm左右，分布是自东向西逐渐减少，农区60 mm，林区60～80 mm，牧区40～50 mm，其中新右旗最少为29.7 mm。

夏季（6—8月）降水量大而集中，大部分地区在200 mm以上，只有新右、新左两旗不足200 mm。夏季降水量占全年降水量的65%～70%，相当于冬春降水总和的4倍。

秋季随着东南季风和西北季风的更替，降雨相应减少，总的分布趋势是东多西少，林区居中，农区为60～80 mm，牧区为30～50 mm。

全市各地降水年际变化幅度一般多雨年是少雨年的2～3倍。春季降水不稳定尤为突出，多雨年与少雨年在个别地区可相差几十倍甚至上百倍。新右旗最高年降水63.7 mm，最少为0.2 mm。

四、气候区划

大兴安岭温寒湿润林业区。位于大兴安岭山体中部和北部，包括根河市、牙克石市、鄂伦春旗、额尔古纳市西部以及陈旗东部地区。气候特点是温度低，湿度大。全年农业气候积温不足 1 700℃，≥10℃的生物学积温不足 1 400℃，最冷月平均气温-24℃以下，极端最低气温-50.2℃（图里河，1966 年 2 月 22 日），属于寒温气候型；年降水量大于 400 mm，湿润度 0.7～1.0，空气湿润，全年积雪日数多达 150 天以上，无霜期 40～95 天，蒸发量小，热量 不足，土壤冷湿。

大兴安岭东麓温凉半湿润农业区。位于大兴安岭东侧，包括莫旗、阿荣旗和扎兰屯市。气候特点是热量资源较少，水分资源较多。全年农业气候积温在 1 700～2 900℃，≥10℃的生物学积温 1 600～2 800℃。冬季寒冷持续时间长，无霜期一般只有 120 天左右。年降水量为 440～150 mm，处湿润度在 0.6～0.7。春季降雨虽然只占全年的 10%～20%，但基本可以满足春小麦抓苗的需要。由于热量较少，生长期短，限制了较多喜温作物的种植，大部分地区以种植春小麦、早熟大豆、马铃薯为宜，在本区南部，可以种植玉米、高粱等作物早熟品种。

大兴安岭西麓温凉半湿润牧业区。位于大兴安岭山地西侧，包括额尔古纳市西南部、陈旗大部、鄂温克旗西部、新左旗南部以及海拉尔区。本区水分资源较多，热量资源较少。全年总降水量大部地区在 350 mm 左右，巴彦库仁最少，仅 247.4 mm。年平均相对湿度 70% 左右，年湿润度在 0.4～0.6。全年农业气候积温，北部为 1 700～2 100℃，南部为 2 100～2 500℃；≥10℃的生物学积温，北部为 1 500～2 000℃，南部为 2 000～2 200℃。7 月平均气温在 18～20℃，有利于牧草生长，但牧草返青较晚，北部平均气温低，对自然放牧有一定的影响。本区发展畜牧业特别是发展大畜较为适宜，并可成为林牧结合区。

呼伦贝尔高原温凉半干旱牧业区。包括新左旗大部、新右旗、陈旗西部及满洲里市。气候特点是夏季温凉湿润，冬季寒冷，积雪期长。全年农业气候积温在 2 000～2 300℃。≥10℃的生物学积温为 1 800～2 200℃。7 月平均气温 20℃左右，有利于牧草生长和牲畜放牧，1 月气温较低。年降水量在 250～300 mm，年湿润度 0.3～0.4，适宜发展以养羊为主的畜牧业。

第四节 土壤类型

呼伦贝尔市土壤按垂直分布，大兴安岭东坡自下而上由黑土—暗棕壤—棕色针叶林土组成垂直带谱；西坡由黑钙土—淋溶黑钙土与暗灰色森林土—灰色森林土—棕色针叶林土组成垂直带谱。按水平分布看，地带性土壤自东向西依次出现黑土—黑钙土—灰栗土 3 个土壤土带。在宽度不到 600 km 范围内，自东向西依次出现黑土—暗棕壤—棕色针叶林土—灰色森林土—黑钙土—栗钙土等系列众多土壤类型。

一、土类分布

棕色针叶林。集中分布在大兴安岭北部，自北向南宽度渐窄，以楔形向南段延伸。

山地灰色森林土。分布于大兴安岭西坡，呈半月形带状自北向南伸展，其北端在额尔古纳市的杜博威向西偏转直抵额尔古纳河，南端达大兴安岭以南白音敖包一带。东坡自博克图，巴林一线往南针阔叶混交林区，个别陡坡上部有少量出现。

暗棕壤。集中在大兴安岭中南部东麓鄂伦春伦春旗东南部及阿荣旗、扎兰屯市、莫旗、牙克石市南部广大低山丘陵区。

黑土。分布在大兴安岭东麓山前丘陵平原，包括鄂伦春旗东南部、莫旗、阿荣旗东南部，海拉尔西山。

黑钙土。分布在大兴安岭西坡山麓地带的丘陵坡地。包括陈旗东部和北部，鄂温克旗东和北部，牙克石市西部，额尔古纳市三河地区。

栗钙土。分布在呼伦贝尔高原上黑钙土以西广阔地区，包括陈旗、鄂温克旗、海拉尔部分地区及新右旗、新左旗、满洲里市大部分地区。东与黑钙土相连，分界线由陈旗孟和西里起，往东南呈弧形经二站、海拉尔和红花尔基、新左旗木肖庙向南延伸至蒙古境内。

草甸土。分布在全市境内各大小河流的两侧沿岸的冲积平原、漫滩、山地丘陵间的沟谷平原，红心州及湖泊泉泡周围，多呈环状和带状。

沼泽土。分布在全市各河流、湖泊、泉、泡的沿岸低地和四周，平原低洼处及山间谷地、红心州和牛轭湖低湿地、沟头与山前洪积扇交接洼地以及北部林区排水不良缓坡地，以大兴安岭山地及两侧为多。

盐土。主要分布在呼伦贝尔高原西部栗钙土和暗栗钙土区。集中在新左旗、新右旗，陈旗、鄂温克旗次之。在新左旗白音诺尔、白音查干、哈苏善和新右旗的杜尔特、白音套力木有全市面上最大盐地。

碱地。分布区域与盐土区相同。

沙土。主要分布在呼伦贝尔高平原上。大的沙带有 3 条：鄂温克旗莫勒尔图向南—红花尔基—辉河沿岸—新左旗巴彦布尔德和巴彦滚为一条；新左旗境内西起阿木古郎向东—崩巴台—沙布哈特为一条：第三条是海拉尔河南岸，西起新左旗乌力吉图牧场向东—皇德—陈旗乌固诺尔—海拉尔西山。此外在新左旗新苏木南部、陈旗额尔古纳河东岸胡列也图、新右旗达赉湖南岸至黄花里一带都必须有条带状和片状沙丘分布。新左旗沙土分布最多。在新左旗的嵯岗、甘珠尔庙及海拉尔附近有小面积流沙分布。

二、土壤区划

森林草甸黑土地带。位于大兴安岭山地北部及南部东坡，包括根河市、额尔古纳市北部、牙克石市东部及鄂伦春旗、阿荣旗、莫力达瓦旗和扎兰屯市，由东南部黑土和大兴安岭北部及东坡山地森林土壤组成。

大兴安岭东部黑土。位于呼伦贝尔市面上东南部，大兴安岭东坡丘陵平原地区。包括鄂伦春旗南部、莫旗大部、阿荣旗和扎兰屯市东南部。黑土主要分布在丘陵山地底缓坡暗棕壤之下和起伏漫岗上。河流两侧和沟谷中分布有较大面积的暗色草甸土和沼泽土。

大兴安岭东坡山地森林土层。占据大兴安岭山地北部和南部东坡大部分地区。位于黑土区以西，包括根河市、额尔古纳市北部、牙克古市东部，鄂伦春旗、阿荣旗、扎兰屯市三旗市西北大部及莫旗西部地区，地处大兴安岭腹地，由暗棕壤—棕色针叶林土组成垂直带谱。暗棕壤多分布在海拔 400～800 m，棕色针叶林多分布在 800 m 以上。在山间谷地、河谷及部分排水不良的缓坡有暗色草甸土和沼泽土分布。

草甸草原黑钙土地带。地处大兴安岭以西。额尔古纳市西南部、陈旗、海拉尔市和鄂温克旗东部、牙克石市西部，处于森林向草原过渡地带。

大兴安岭西部普通黑钙土层。包括额尔古纳市西南部、陈旗中部、海拉尔东部、主要有三河丘陵平原，以普通黑钙土为主，间有草甸黑钙土、草甸土、沼泽土等。

大兴安岭西部山地淋溶黑钙土、灰色森林土层。分布在大兴安岭西坡大部分地区，包括额尔古纳市南部、陈旗东部、牙克石市西部、鄂温克旗东部，呈西北—东南—西南方向弓形分布。以淋溶黑钙土、灰色森林土、暗灰色森林土为主。自下而上由淋溶黑钙土—暗灰色森林土—棕色针叶林土组成大兴安岭西坡垂直带谱。

典型草原栗钙土地带。此地带占据整个呼伦贝尔高原，为典型草原地区。包括新左旗、新右旗、满洲里市、陈旗西部，鄂温克旗和海拉尔市中西部。可续分为典型草原暗栗钙土亚地带和干草原栗钙土亚地带。

典型草原暗栗钙土亚地带呼伦贝尔高原暗栗土层。位于新右旗巴彦山—扎赉诺尔二号渔场—东河口以北，新左旗阿木古郎以东，黑钙土带以西呼伦贝尔高原广大地区。包括新右旗北部、满洲里市、新左旗、陈旗西部、鄂温克旗和海拉尔区中西部。主要土壤类型是暗栗钙土，此外高原而上几条沙带以及红花尔基分布有较大面积沙土和暗栗钙土复区，分布有碱化栗钙土和草原碱土。河旁湖滨及局部洼地中有草甸化和盐渍化土壤分布。

干草原栗钙土亚地带呼伦贝尔高原西南部栗钙土层。位于暗栗钙土区以西南地区，包括新右旗中、南部，新左旗西南部分地区，主要土壤类型为栗钙土，间有盐渍化土壤出现。

第五节 植被类型

呼伦贝尔南北向的热量差别和东西向的湿润度不同，植被水平方向的地带分化十分明显。在北部的寒温型湿润气候区，形成了以兴安落叶松为主的明亮针叶林带；大兴安岭东部的中温型湿润气候区则形成以桦、柞为主的夏绿阔叶林带；大兴安岭西部中温型半湿润、半干旱地区发育着中温型的的草原植被，形成了呼伦贝尔地区最发达的植被地带——中温型草原带。在山地、沙地和沿河岸边广泛分布着中生阔叶灌丛；还大量分布有草甸和沼泽植被。

呼伦贝尔植被主要分为森林（针叶林和阔叶林）、灌丛、草原、草甸、沼泽五大类。

一、针叶林

以针叶林为主的植被是横贯欧亚大陆寒温带的一个巨大的植被区域，其树种主要是兴安落叶松，中心分布在大兴安岭山地。大兴安岭西北部针叶林区越过额尔古纳河与俄罗斯的山地中泰加林相接，北部隔黑龙江与俄罗斯的南泰加林相接。占呼伦贝尔森林总面积的54.8%。

根据兴安落叶松林的层片结构和优势种的差异，可分为：兴安落叶松—偃松林；兴安落叶松—杜鹃林；兴安落叶松—草类林；兴安落叶松—蒙古栎林等。

二、阔叶树

蒙古栎林。主要分布于大兴安岭东南麓。常和胡枝子和榛混生。蒙古栎林破坏后，往往为次生的山杨林、桦木林、榛灌丛等代替。总面积占森林总面积的15.4%。

山杨林。山杨林系蒙古栎林、落叶松林采伐或火烧后的次生类型，面积小，一般呈小片状零星分布，占呼伦贝尔市森林面积的1.2%。

白桦林。白桦林的面积仅次于兴安落叶松，占呼伦贝尔市森林面积的23%。在大兴安岭森林区，常形成白桦、兴安落叶松；白桦、山杨林；白桦、蒙古栎；白桦、黑桦林；白桦纯林等林型。在大兴安岭的低山丘陵区（三河附近），白桦林在阴坡呈岛状分布，阳坡则为草原，形成典型的森林草原景观。

黑桦林。分布在大兴安岭的东南麓，主要生长在低山丘陵的阳坡上。

沙地榆树林。主要分布在海拉尔河流域南部的沙地上，榆树稀疏地生长，往往不能形成真正的森林环境。

三、灌　丛

岩高兰灌丛。分布在大兴安岭北部海拔1 300～1 400 m的高山地顶部，具有明显高山灌丛低矮垫状特点。

绣线菊灌丛。土庄绣线菊主要分布于阿荣旗、扎兰屯附近，生于山地阳坡和丘陵坡地，具有明显的草原化特点。柳叶绣线菊灌丛广布于河流沿岸的河滩草甸上。

山刺玫灌丛。分布很广，在林缘或沙地上有大量分布。

西伯利亚杏灌丛。主要分布在大兴安岭两麓的低山丘陵区，常生在阳坡上。

榛、胡枝子灌丛。主要分布在大兴安岭东麓的低山丘陵区，目前这样的地段多开垦为农田。

黄柳灌丛、嵯巴嘎蒿灌丛。主要分布于呼伦贝尔沙地三条沙带上，常以团块状分布于沙丘上部。

山丁子、稠李灌丛。分布于呼伦贝尔沙地和河流沿岸。

小叶锦鸡儿灌丛。分布于半干旱草原地带，半固定沙地上的旱生具刺灌丛。

四、草 甸

草甸是以多年生中草本植物为主体的群落类型，不呈地带性分布，主要分布在山地及两麓河流漫滩上。在呼伦贝尔市主要分布有：小糠草草甸、无芒雀麦草甸、拂子茅草甸、散穗早熟禾草甸、地榆草甸（俗称五花草塘）、小叶樟沼泽草甸、芨芨草草甸、塔头苔沼泽草甸、马蔺草甸等。

五、沼 泽

由湿生草本植物在地表积水、土壤过湿的生境中所组成的群落类型，主要类型有：芦苇沼泽、乌拉草沼泽、水葱沼泽、泥炭藓沼泽等。

除上述各种植被类型外，呼伦贝尔市还有大量的水生植被、隐域性的红砂植被及栽培植被。

第二章　天然草地

第一节　利用现状

• 内蒙古自治区大兴安岭东麓草地利用现状的调查

摘要：采用选择代表性的草地类型，用 GPS 定点进行调查，每个调查点选择一个样方，记载植被情况，植物种类，盖度高度，鲜草重量，将调查结果进行系统分析，大兴安岭北部，丘陵或草甸植被覆盖度基本完好，多年生植物种类丰富，草群密度大，优良牧草多，生物量高，无裸地出现，利用合理，莫旗和阿荣旗沿各村镇的近大小路两侧，以及扎兰屯周边地区，各处无论是丘陵草地还是草甸草地均出现不同程度的退化，其强度由中度到强度或严重退化，裸地 10%～40%，土壤也出现不同程度的风蚀和水蚀，草群中优良牧草几乎所剩无几，多年生牧草占比例小，靠种子繁殖的几乎为不剩，只有少数具有根茎繁殖的多年生牧草，草群中主要以一年生杂类草占优势，高度较矮，盖度小，植被总体稀疏。因此建议对于已经封育的地带进行多年生牧草补播。未封育的裸地出现 20%以上的可考虑补播，裸地出现 10%以上的，应进行封育，出现 10%以下的应减少载畜量。

关键词：大兴安岭南麓　草地利用现状　调查报告

前　言

大兴安岭东麓位于祖国北部，是我国重要的生态屏障，也是全区草原重要组成部分，草原资源与生态状况对国家的生态安全及区域经济发展至关重要。草原资源受气候及人为影响常处于变化之中，在草原保护建设战略中，摸清家底，对草原的科学管理有着重要的促进作用。2008 年，王世新等应用遥感、土理信息系统、全球定位系统对呼伦贝尔草原进行了全面的调查，准确的获得了草原资源及草原退化、沙化、盐渍化面积现状及变化数据，为政府和管理部门提供了科学的依据。2001 年李秀毅等指出大兴安岭林区草地资源比较丰富，发展草地畜牧业的潜力较大，但区域资源还未能充分发挥，经济效益低。为了摸清大兴安岭东麓草地现状，为科学合理地利用草地资源打好基础，开展了这项调查工作。

1　研究区自然与经济现状

1.1　自然现状

1.1.1　山　脉

大兴安岭山脉贯穿于呼伦贝尔市中部，长约 700 km，面积 17.61 万 km^2，占大兴安岭山脉总面积的 53.8%。大兴安岭山脉在呼伦贝尔市境内分为两部分：滨洲铁路以北为北部山地，以南为南部山地。北部主要山峰有奥科里堆山、大黑山、伊勒呼里山、吉鲁契那山等，其高度均在1 100 m以上。最高山峰为奥科里堆山，山势较缓，坡度一般在20°以下。两侧山谷宽阔平坦，宽度达1～6 km。南部主要山峰的特尔莫山、梨子山、摹天岭、基尔果山等，大部主峰高程在1 200 m以上。最高峰为特尔莫山，山势较陡，坡度达30°左右，山谷不如北部宽广，一般宽度500～3 000 m。大兴安山脉间多有溪流河川、湿地和沼泽。

低山一般海拔为500～1 000 m 主要分布在大兴安岭及东西两麓，山顶保存着较完好的夷平面。

1.1.2 气候情况

岭东四季分明，气候温和，降雨较多，属半湿润森林草原气候。

平均气温0～2℃，≥0℃的平均积温2 747～2 820℃，≥10℃的年平均积温为2 337～2 413℃；年平均降水量为440～510 mm。

无霜期为100～120d，而大兴安岭山地的无霜期较短，仅有40～85d。

1.1.3 土壤类型

1.1.3.1 棕色针叶林土

分布范围包括根河市、额尔古纳市北部、鄂伦春旗西北部、牙克石市、鄂温克旗和扎兰屯市岭脊一线，总面积536.1万hm^2。

1.1.3.2 暗棕壤

分布在鄂伦春旗、莫旗、阿荣旗、扎兰屯市和牙克石市东南部。暗棕壤的西缘与棕色森林土带相接，东缘向黑土带过渡，总面积584.5万hm^2，占全市总面积的23%，是全市面积最大的土类，平缓坡地多已被垦为农田。

1.1.3.3 黑 土

分布大兴安岭东麓嫩江西岸的丘陵漫岗地带，包括鄂伦春旗、莫旗、阿荣旗和扎兰屯市东南部，与松嫩平原黑土带相连。大部分已被垦为农田，总面积85.6万hm^2，占全市总面积的3.37%。

1.2 经济现状

区域范围包括三旗二市，阿荣旗位于内蒙古自治区东部，背倚大兴安岭，面眺松嫩平原。总面积1.36万km^2，辖5镇4乡，居住着汉、蒙古、鄂温克、达斡尔、鄂伦春、朝鲜等20个民族，32万人。阿荣是满语“清洁”“干净”之意。阿荣旗拥有丰富的动植物资源和矿藏，享有“粮豆之乡”“绿色宝库”的美誉。旗政府所在地那吉镇是阿荣旗至广西北海省级大通道和阿荣旗至深圳高速公路北起点，111国道、301国道贯穿全旗。

鄂伦春自治旗位于呼伦贝尔市东北部，大兴安岭南麓，嫩江西岸，东经121°55′～126°10′，北纬48°50′～51°25′。北与黑龙江省呼玛县以伊勒呼里山为界，东与黑龙江省嫩江县隔江相望，南与莫力达瓦达斡尔族自治旗、阿荣旗接攘，西与根河市、牙克石市为邻。全旗总面积59 800 km^2。鄂伦春自治旗下辖6镇1乡：阿里河镇、大杨树镇、托扎敏镇、甘河镇、乌鲁布铁镇、诺敏镇、古里乡。2006 年末，全旗共有 96 345 户，280 308人，其中，男性 143 113人、女性 137 195人，各占总人中 51%和 49%；农业人口 64 989人，非农业人口 215 319人，各占总人口的 23%和 77%。鄂伦春族 2 455人。全旗有鄂伦春、鄂温克、达斡尔、蒙古、汉、回、满、朝鲜等 18 个民族，少数民族人口数占全旗总人口的 11.4%。

莫力达瓦达斡尔族自治旗位于呼伦贝尔市东部，大兴安岭东麓，嫩江右岸。东经 123°32′55″～125°16′14″，北纬 48°05′10″～49°50′50″，东隔嫩江与黑龙江省讷河市、嫩江县毗邻，南部北部与阿荣旗、鄂伦春自治旗接壤，西部与黑龙江省甘南县相连。地域中部宽，南、北部窄，呈纺锤形。全旗面积为 10 386.68 km^2。莫旗辖 8 个镇 2 个民族乡，尼尔基镇、红彦镇、哈达阳镇、宝山镇、阿尔拉镇、西瓦尔图镇、塔温敖宝镇、腾克镇、巴彦鄂温克民族乡、杜拉尔鄂温克民族乡。2006 年末，全旗总户数为 103 072户，总人口为 329 269人，男性人口为 170 969人，女性人口为 158 300人，各占总人口的 51.9%和 48.1%。在人口总量中，农业人口 248 516人，非农业人口 80 753人，各占人口的 75.5%和 24.5%。2006 年末，全旗共有 22 个民族，达斡尔族 31 159人，占总人口的 9.5%；汉族为 262 634人，其他少数民族为 35 476人，各占总人口的 79.7%和 10.8%。

牙克石市自然资源丰富，为投资者提供了无限的商机。森林总面积为 175 万 hm^2，森林覆盖率为 61.3%，兴安落叶松占 60%以上，还有山杨、蒙古柞等 10 余种树木。地方林业局施业区总面积 25 万 hm^2，其中有林地 9.65 万 hm^2，森林覆盖率为 28.1%（全区二类调查）；森林内外，栖息着 323 种动物，有驼鹿、梅花鹿、猞猁、白狐、紫貂、雪兔、银鼠、榛鸡、灰天鹅、兴安鸳鸯等 16 种国家重点保护的异兽珍禽，堪称天然动物园。有 3 000多种野生植物。不仅有黄芪、掌参等名贵药材，还有可食用的蘑菇、木耳、猴头、金针菜、蕨菜等山珍，有经济价值的无污染的木本和草本植物 200 多种。野生浆果间于绿树青草丛中，红豆、笃斯等是酿造国酒的最佳原料，微量元素含量极高，林地边缘河流两岸还生长着杜鹃、蔷薇、稠李子、山丁子、榛子等数十种灌木。全市总耕地面积 14 万 hm^2，总播面积 7.364 1万 hm^2；草场总面积 9.33 万 hm^2，载畜量为 30 万只羊单位（含人工草场、饲料作物喂养、精饲料喂养、秸秆利用）。牙克石经纬度：北纬 49.17°，东经 120.40°。农牧业产业化进程稳步推进，农牧业结构调整取得新成效，农业生产喜获丰收，粮食产量再创新高。全年农作物总播面积 13.47 万 hm^2，比上年增加 2.47 万 hm^2。其中：粮食 9.73 万 hm^2（含小麦 5.13 万 hm^2），增加 2.27 万 hm^2；经济作物 3.33 万 hm^2（含油菜 3 万 hm^2，甜菜 666.7 hm^2），增加 1 333.3 hm^2；饲草饲料 0.4 万 hm^2，增加 666.67 hm^2。粮食产量 35.3 万 t，比上年增加 13.2 万 t，增长 59.7%；其中：小麦产量 17 万 t，增加 2 万 t，增长 13.3%。油菜籽产量 4.8 万 t，增加 1.6 万 t，增长 50%；全市农林牧渔业现价总产值 30 亿元，比上年增长 50%。畜牧业平稳发展。年末牲畜总头数 34.9 万头（只），比上年增长 17.1%。其中：奶牛 6.4 万头，增长 8.4%；生猪存栏 4 万口，增长 8.1%。肉类产量 1.9 万 t，牛奶产量 17 万 t，均与上年持平。农牧业机械总动力 41.9 万千瓦，比上年增长 80.6%；农用拖拉机 9 949台，增长 80.5%；农村用电量

2 007万千瓦时，比上年略有增长。

扎兰屯既是俄蒙商品进入中国内地的第一个重要城市，也是满洲里口岸辐射全国各地的潜在中心。全市总面积 1.69 万 km^2，人口 43 万人。市辖 16 个乡镇、6 个办事处，1 个自治区级工业开发区。扎兰屯的自然资源富集，具有极其重要的资源优势。拥有耕地 17.33 万 hm^2，草场 27.95 万 hm^2，森林 46 万 hm^2，野生动植物近千余种。盛产玉米、大豆、白瓜籽、甜菜等粮食作物和经济作物，是全国重要的商品粮基地和糖料基地。正在成为大兴安岭东部地区的工商业中心。2000 年，扎兰屯市辖 6 个街道、10 个镇、8 个乡、3 个民族乡。根据第五次人口普查数据：全市总人口 409 051人，扎兰屯市自然资源丰富，是一块投资兴业的热土。地貌以山地、丘陵为主，大体上构成“七林二草一分田”的格局。属于中温带大陆性半湿润气候区，四季分明，年平均气温 2.4℃，年均降水量 480.3mm，无霜期年均 123d。境内森林面积 105 万 hm^2，森林覆盖率 67.78%，森林活立木蓄积量 6 052万 m^3。天然草场面积 33.7 万 hm^2，耕地面积 21.27 万 hm^2。境内主要河流 47 条，形成绰尔河、济沁河、雅鲁河、音河四大水系，市域水资源总量约为 25 亿 m^3。背倚大兴安岭原始森林，无工业污染源，属于一片天然绿色净土。

2　研究区草地利用现状

由表 1 可以看出，大兴安岭北部，丘陵或草甸植被覆盖度基本完好，多年生植物种类丰富，草群密度大，优良牧草多，生物量高，无裸地出现，利用合理，如大杨树镇周边及东方红农场周边地区。这些地区既有放牧场也有打草场，可能是由于地广人稀，载畜量小，人类干扰较少，使植被保持完好。对于莫旗和阿荣旗沿各村镇的近大小路两侧，以及扎兰屯周边地区，各处无论是丘陵草地还是草甸草地均出现不同程度的退化，其强度由中度到强度或严重退化，裸地 10%~40%，土壤也出现不同程度的风蚀和水蚀，草群中优良牧草几乎所剩无几，多年生牧草占比例小，靠种子繁殖的几乎为不剩，只有少数具有根茎繁殖的多年生牧草，草群中主要以一年生杂类草占优势，高度较矮，盖度小，植被总体稀疏，虽然有些地带已经封育，但封育时间不够长，再加上近年来的连续自然干旱，多年生牧草草群尚未恢复，仍以一年生杂类草占优势。因此，建议对于已经封育的地带进行多年生牧草补播。未封育的裸地出现 20%以上的可考虑补播，裸地出现 10%以上的，应进行封育，出现 10%以下的应减少载畜量。

3　研究区草地利用存在问题

3.1　草原面积减少

根据 2008 年王世新等调查表明：2000 年与 20 世纪 80 年代调查对比，21 世纪初呼伦贝尔市草原面积减少了 134.73 万 hm^2，变化率为-11.92%。从大兴安岭东麓三旗二市的草原面积也减少了 113.54 万 hm^2，较岭西草原区的变化幅度大（表 2）。草原面积减少的主要原因：草原被开垦成为农田，部分草原上由于城镇、居民地、矿区及交通道路的扩建等，使草原面积减少。大兴安岭东麓被开垦的草原类型有山地草甸、草甸草

表 1　大兴安岭区植被调查

地理位置	海拔高度	行政区域	地貌	坡向	坡位	土壤质地	地表特征	水分条件	利用状况	综合评价	主要植物	鲜重样方(g)	平均高度(cm)	灌木种类(100 m²)	株丛径(m)	株数	高度(m)
N49.45.34.9 E124.34.07.5	330.8	大杨树	丘陵	阳坡	坡中部	壤土	有枯落物 无覆沙 无侵蚀 无盐斑 无裸地	无积水 降雨 450	轻度 放牧 利用	好	早春苔草 线叶菊 棉团铁线莲 细叶胡枝子 隐子草 灰白萎陵菜 三出萎陵菜 大针矛	200 32.5 28.8 7.8	25 50 80 40 35 30 20 35	平榛 西伯利亚杏 兴安胡枝子 铁杆蒿 艾蒿	3 1 0.5	5 30 20 5	1.2 1.5 1.5 1.2 1.2
N49.36.47.6 E124.42.17.6	282.7	东方红农场	山地	草甸		黏土	有枯落物 无覆沙 无侵蚀 无盐斑 无裸地	有积水 450	打草场 轻度	好	小叶章 蒙古蒿 地榆 野豌豆 唐松草 银莲花 轮叶婆婆纳 蚊子草 水杨梅	828 68 61.8 117	90 90 180	柳罐丛 大 中 小	1 0.7 0.3	5 4 2	1.7 1.7 1.5
N48.01.21.1 E123.11.24.3	312	阿荣旗向阳峪	丘陵	西北	中部	壤土	无枯落物 无覆沙 有侵蚀 无盐斑 裸地 10%	无积水	过度放牧	中度退化	早春苔草 艾蒿 兔毛蒿 中华隐子草 鸡眼草 灰白萎蒌菜 蓬子菜 鬼针草	110 55	20 35	蒙古栎 榛罐丛 大 中 小	5 1.5 0.5	8 1 6 5	2 1.6 1.4 1.2

（续表）

地理位置	海拔高度	行政区域	地貌	坡向	坡位	土壤质地	地表特征	水分条件	利用状况	综合评价	主要植物	鲜重样方（g）	平均高度（cm）	灌木种类（100 m^2）	株丛径（m）	株数	高度（m）
N48. 18. 48. 9 E123. 43. 24. 6	234. 3	阿荣旗孤山镇	丘陵	南坡	中部	沙壤土	无枯落物 有覆沙 有侵蚀 无盐斑 裸地 20%	无积水	过度放牧 封育	严重退化	兔毛蒿 虎尾草 画眉草 马唐草 狗尾草 藜 猪毛菜	58 28	35 25	无			
N48. 23. 58. 1 E123. 45. 38. 0	328. 7	阿荣旗亚东镇	丘陵	缓坡	坡顶	沙壤土	无枯落物 有覆沙 有侵蚀 无盐斑 裸地 20%	无积水	过度放牧	中度退化	寸草苔 兔毛蒿 隐籽草 早春苔草 火绒草 苦荬菜 铁杆蒿 披碱草 兔儿伞 地榆	65 6 35	15 25 25	榛罐丛 大 中 小	 2 1 0. 6	 4 5 8	 0. 5 0. 5 0. 5
N49. 20. 14. 8 E124. 38. 49. 8	292. 3	甘河农场 4 组	丘陵	草甸		黑土	有枯落物 无覆沙 无侵蚀 无盐斑 无裸地	有积水	中度放牧	较好	小叶章 塔头苔草 车前草 其他莎草	260 200	25 20	无			

（续表）

地理位置	海拔高度	行政区域	地貌	坡向	坡位	土壤质地	地表特征	水分条件	利用状况	综合评价	主要植物	鲜重样方（g）	平均高度（cm）	灌木种类（100 m^2）	株丛径（m）	株数	高度（m）
N48.35.36.4 E124.00.38.5	287.2	莫旗宝山镇	丘陵	北	坡顶	壤土	无枯落物 有覆沙 有侵蚀 无盐斑 裸地30%	无积水	过度放牧	严重退化	狗尾草 兔毛蒿 马唐草 车前 蒲公英 苦荬菜 早春苔草 鸡眼草 三出萎陵菜	90 45 22	18 18 14	榛罐丛 大 中 小	15 2 1	2 1 1	0.9 0.9 0.9
N48.34.51.3 E124.28.17.8	277	莫旗民族园北村	丘陵	半阳坡	中部	砾石土	无枯落物 无覆沙 有侵蚀 无盐斑 裸地30%	无积水	过度放牧	严重退化	狗尾草 兔毛蒿 早春苔草 蒲公英 苦荬菜 牤牛苗 三出萎陵菜 车前	28.5 5.5 10	10 10 8	榛罐丛 大 中 小 蒙古栗	2 1.5 1	5 12 20 10	1.5 1.5 1.3 4
N47.59.967 E122.41.288		呼盟农业研究所	丘陵	东南坡	中部	壤土	有枯落物 无覆沙 无侵蚀 无盐斑 无裸地	无积水	封育	好	碱矛 糙隐籽草 早春苔草 蒙古蒿 灰白萎陵菜 牤牛苗 地榆 狗娃花 铁杆蒿	90 60 170 30 38 35	120 90 25 60 55 30	榛罐丛 大 中 小 黑桦	5 2 1	1 3 2 3	1.7 1.7 1.2 3.5

（续表）

地理位置	海拔高度	行政区域	地貌	坡向	坡位	土壤质地	地表特征	水分条件	利用状况	综合评价	主要植物	鲜重样方（g）	平均高度（cm）	灌木种类（100 m^2）	株丛径（m）	株数	高度（m）
N48. 19. 484 E124. 26. 881	188. 9	莫旗汉古尔河镇	草甸			黑土	无枯落物 无覆沙 有侵蚀 无盐斑 裸地 40%	有积水	过度放牧	严重退化	寸草苔 马唐草 稗草 虎尾草 兔毛蒿 车前 鸡眼草 扁蓄马齿苋	20 15 8 8 6	10 12 15 10 16	无			
N48. 00. 975 E122. 41. 120	368. 5	扎兰屯周边	丘陵	东南坡	中部	壤土	无枯落物 无覆沙 有侵蚀 无盐斑 裸地 20%	无积水	过度放牧	严重退化	灰白萎陵菜 兔毛蒿 马唐草 狗尾草 车前 鸡眼草 三出萎陵菜	10 25 15 10 6	15 20 15 10 5	无			
N48. 00. 977 E122. 41. 027	378. 7	扎兰屯周边	丘陵	南坡	中部	壤土	无枯落物 无覆沙 有侵蚀 无盐斑 裸地 20%	无积水	过度放牧	严重退化	兔毛蒿 早春苔草 车前 苦荬菜 狗尾草 马唐草 稗草	30 20 10 6 8	20 7 5 10 10	无			
N48. 01. 010 E122. 40. 884	396. 3	扎兰屯周边	丘陵	北坡	中部	壤土	无枯落物 无覆沙 有侵蚀 无盐斑 裸地 10%	无积水	过度放牧	严重退化	早春苔草 兔毛蒿 铁杆蒿 灰白萎陵菜 车前 狗尾草 小花鬼针草	25 20 15 10 18	15 25 28 12 8	黑桦		10	3

原、低地草甸及典型草原。开垦的草原都是水热条件、土壤条件最好的割草场和冬春放牧场，使冬春放牧场不足，草原超载严重。

表 2　大兴安岭东麓草原利用现状　　　（单位：万 hm^2）

项目	1980 年		2000 年	
	草原面积	各旗比例%	草原面积	各旗比例%
面积合计	327.33	100.00	213.79	100.00
鄂伦春旗	126.05	35.51	102.94	48.15
莫旗	35.75	10.92	15.33	7.17
阿荣旗	45.20	13.80	16.18	7.57
扎兰屯市	37.09	3.36	22.60	10.57
牙克石市	83.24	11.33	56.74	26.54

3.2　草原三化现状

据内蒙古自治区第 4 次草地资源调查结果，截至 2002 年底，呼伦贝尔市现有草地 1 008.8万 hm^2，其中，退化、沙化面积 388.3 万 hm^2，近 20 年间，草地面积减少 121 万 hm^2，占原有草地面积的 10.7%，而退化、沙化面积却增加了 178.6 万 hm^2，退化、沙化面积比例由 20 世纪 80 年代初期的 18.6%，提高到目前的 38.5%。植被覆盖度降低 10.2%，草层高度下降 7～15 cm，牧草产量下降 28%～48%。牧草种群也明显变劣，优良禾草比例下降 10%～40%，杂草比例上升 10%～45%。特别是近 40 年来，由于人类不合理的活动，呼伦贝尔天然草原植被较 20 世纪中叶呈严重恶化趋势。

草原退化的特点，首先是速度呈加快趋势，1965—1985 年，以 5%的速度退化，1985—1998 年以 10%的速度退化；其次是退化草场的等级愈来愈高，最初的草场退化以轻度退化为主，现在以中度退化加重度退化为主；第三是退化草场的范围愈来愈大，过去草场退化仅局限于河流沿岸，机井周围，现在随着牧民的定居和半定居，草原建设工作跟不上，所有的冬春营地、定居点周围，河流沿岸和机井周围都是严重退化的草场。

长期以来，草原利用过重，加速了草原退化的进程。大兴安岭东麓草原三化面积为 23.81 万 hm^2，占草原面积的 11.137%（表 3），草原退化主要发生在居民点附近及交通较发达区域。草原退化已成为重要的环境问题。

表 3　大兴安岭东麓草原三化面积　　　（单位：万 hm^2）

项目	20 世纪 80 年代三化面积	2000 年草原三化面积	2000 年退化草原
合计	49.92	23.81	23.81
鄂伦春旗	6.63	6.47	6.47

（续表）

项目	20世纪80年代三化面积	2000年草原三化面积	2000年退化草原
莫旗	5.04	2.85	2.85
阿荣旗	13.78	6.11	6.11
扎兰屯市	8.35	3.94	3.94
牙克石市	16.12	4.44	4.44

主要原因是气候干旱。呼伦贝尔气候特点之一是雨热同季，即在每年的6月、7月、8月热量充足时雨量亦充沛，这三个月的降水占全年降水量的60%以上。而近几年7月、8月连续大旱，有效降水不足常年的10%，使植物生长量下降，一些优良牧草不能正常生长繁育，从而造成植被稀疏，盖度降低，特别是多年生禾草比例减少，枯枝落叶减少，加之气候干燥，气温升高，地表蒸发量大，造成了土壤侵蚀加重、退化加剧。过度放牧也是造成草场退化的原因。呼伦贝尔牧区的牲畜头数从1984年的200万头（只），增加到2006年的近600万头（只），其结果是造成草地退化，草原生产力下降，饲草供不应求，牲畜食不饱腹，补饲量加大，生产成本增加，效益降低。

4　对　策

4.1　退牧还草

恢复退化的草地是一个庞大复杂的系统工程。从2002年开始，呼伦贝尔市结合国家的项目投入在牧区实施了天然草原退牧还草工程，加强草原的保护和修复，遏制草原的进一步退化。2002—2006年国家已批复给呼伦贝尔市实施的退牧还草项目共23个，总投资37 840.1万元。退牧还草工程实施后，草原植被得以明显恢复，草原生态环境得到有效改善。2008年2月，呼伦贝尔草原生物多样性保护及可持续管理项目，针对呼伦贝尔草原的实际情况及退牧还草项目的实施情况，按照欧盟项目的设计理念，制定季节休牧和禁牧的草地恢复治理模式，推广到呼伦贝尔市退牧还草工程项目中。

4.2　推行季节休牧

休牧时间为每年3月20日至6月20日，休牧期3个月，连续5年。休牧期内采取圈舍饲养方法，通过牧草“忌牧期”休牧，真正为牧草提供休养生息的机会。进行季节休牧可以促进草原植被达到生长潜力。休牧采用网围栏的方式，休牧地严禁放牧，季节休牧牧民饲料粮补贴为1.237 5元/亩/年，连续五年补贴。

4.3　禁　牧

禁牧对牧草生长、植被恢复具有明显效果，也是最简单易行的措施。根据草原的不同退化程度分别实行一年禁牧和多年禁牧，对禁牧区的牧民给予生态补偿。根据呼伦贝尔草原的实际情况，呼伦贝尔草原实行的是五年禁牧，禁牧户的草场每亩每年补偿

4.95 元，连续补 5 年。对禁牧区内转移人口的按禁牧补助标准给予安置补偿。

4.4 补 播

退牧还草项目对禁牧的草原实行围栏。在围栏内采取机械补播措施恢复草原植被，也就是在退化草地上补种合适的豆科或禾本科牧草。进行必要的草原建设，如对有沙化趋势和已经沙化的草地要坚决实行禁牧制度，进行围封，在围栏内采取机械补播的措施来恢复草地植被。

通过呼伦贝尔草原生物多样性保护及可持续管理项目与呼伦贝尔退牧还草项目的合作，整合了退牧还草和生物多样性保护项目的资源，加强退化草地的恢复治理，实施科学合理的放牧制度，加强呼伦贝尔草地退化区的现状监测和人员培训，促进呼伦贝尔草原生态状况的好转，提高呼伦贝尔草原生产力，保护呼伦贝尔草原的生物多样性，实现呼伦贝尔草原畜牧业的可持续发展。

• 大兴安岭东麓植物名录

摘要： 本文采用恩格勒系统（Engler system）分类方法，初步完成大兴安岭东麓（扎兰屯市，阿荣旗和莫力达瓦达斡尔族自治旗）植物名录。共收录 75 个科 281 个属 669 种（含变种和变型），其中 20 种待定。该工作的完成，为下一步的深入系统研究，奠定了重要的基础。

关键词： 恩格勒系统　大兴安岭　东麓　植物名录

1 前 言

2015 年 3 月，呼伦贝尔申宽生物技术研究所与东北农业大学合作，承担“科技部东北草地植物资源专项调查”项目部分内容，在课题组全体成员的艰苦努力下，历经 4 年（2015 年 7 月至 2018 年 9 月）的东北草地植物资源专项调查告一段落。大兴安岭东麓植物名录是该项目的重要组成部分，课题组在 102 d 内，共采集植物标本 9 800余份，通过采用 GPS 定位与合成技术，在获得大量植物照片的同时，确定了所采集植物标本的地理位置，并精确到其经度和纬度。

2 调查采集方法

2.1 样点踏查与确定

2015 年 5 月，课题组根据要求，通过对项目区实地踏查，最终确定采集标本样点有扎兰屯市的郑家沟、成吉思汗劳改农场、河口村、库堤河、548 部队（秀水），固里河林场、日本站、大石门林场、根头河林场、哈多河罕达罕村、浩饶山、关门山、庙尔山林场、柴河黑瞎子洞；阿荣旗的音河乡、孤山子镇、大时尼奇林场、大时尼奇牙哈沟、解放村；莫力达瓦旗的腾克镇、甘河农场、巴彦农场、甘河农场四连、伊斯坎东、伊斯坎西、提古拉村西、额莫尔堤 28 个样点。

2.2　标本采集制作

按照课题组安排，利用 GPS 导航来到指定样点，确定经纬度和海拔高度后，按采集号顺序对植物标本进行拍照和采集，植物标本入夹并及时晾晒。使用照片和 Holux-LoggerUtility 系统合成技术，将照片的经纬度最后确定。

3　大兴安岭东麓植物名录

经过整理，植物名录如下。

中文名	学　名
卷柏	*Selaginella tamariscina* (Beauv.) Spr.
西伯利亚卷柏	*Selaginella sibirica* (Milde) Hieron.
问荆	*Equisetum arvense* L.
林问荆	*Equisetum sylvaticum* L.
草问荆	*Equisetum pratense* Ehrh.
木贼	*Equisetum hyemale* L.
水木贼	*Equisetum fluviatile* L.
无枝水木贼	*Equisetum fluviatile* L. *f. linnaeanum* (DÖll) Broun.
蕨	*Pteridium aquilinum* (L.) Kuhn *var. latiusculum* (Desv.) Underw.
香磷毛蕨	*Dryopteris fragrans* (L.) schott Gen
兴安落叶松	*Larix gmelinii* (Rupr.) Rupr.
粉枝柳	*Salix rorida* Laksch.
细叶蒿柳	*Salix viminalis* L. *var. angustifolia* Turcz.
白桦	*Betula platyphylla* Suk.
黑桦	*Betula dahurica* PalL.
榛	*Corylus heterophylla* Fisch.
蒙古栎	*Quercus mongolica* Fisch. ex Turcz.
葎草	*Humulus scandens* (Lour.) Merr.
大麻	*Cannabis sativa* L.
麻叶荨麻	*Urtica cannabina* L.
狭叶荨麻	*Urtica angustifolia* Fisch. ex Hornem.
宽叶荨麻	*Urtica laetevirens* Maxim.
波叶大黄	*Rheum undulatum* L.
酸模	*Rumex acetosa* L.
东北酸模	*Rumex thyrsiflorus* Fingerh. *var. mandshurica* Bar. et Skv.
皱叶酸模	*Rumex crispus* L.

巴天酸模	*Rumex patientia* L.
长刺酸模	*Rumex maritimus* L.
萹蓄蓼	*Polygonum aviculare* L.
桃叶蓼	*Polygonum persicaria* L.
本氏蓼	*Polygonum bengeanum* Turcz.
酸模叶蓼	*Polygonum lapathifolium* L.
柳叶蓼	*Polygonum lapathifolium* L. *var. salicifolium* Sibth. 待定
水蓼	*Polygonum hydropiper* L.
多叶蓼	*Polygonum foliosum* Lindb.
分叉蓼	*Polygonum divaricatum* L.
兴安蓼	*Polygonum alpinum* All.
珠芽蓼	*Polygonum viviparum* L.
耳叶蓼	*Polygonum manshuriense* V. Petr.
狐尾蓼	*Polygonum alopecuroides* Turcz.
穿叶蓼	*Polygonum perfoliatum* L.
箭叶蓼	*Polygonum sieboldii* Meisn.
戟叶蓼	*Polygonum thunbergii* Sieb. Et Zucc.
卷茎蓼	*Polygonum convolvulus* L.
苦荞麦	*Fagopyrum tataricum* （L.） Gaertn.
猪毛菜	*Salsola collina* Pall.
地肤	*Kochia scoparia* （L.） Schrad.
西伯利亚虫实	*Corispermum sibiricum* Iljin
轴藜	*Axyris amaranthoides* L.
灰绿藜	*Chenopodium glaucum* L.
尖头叶藜	*Chenopodium acuminatum* Willd
狭叶尖头叶藜	*Chemopodium acuminatum* Willd. *aubsp. virgatum* （Thunb.） Kitan.
大叶藜	*Chenopodium hybridum* L.
藜	*Chenopodium album* L.
反枝苋	*Amaranthus retroflexus* L.
马齿苋	*Portulaca oleracea* L.
毛轴鹅不食	*Arenaria juncea* Bieb.
莫石竹	*Moehringia lateriflora* （L.） Fenzl
垂梗繁缕	*Stellaria radians* L.
繁缕	*Stellaria media* （L.） Villars
赛繁缕	*Stellaria neglecta* Weihe

兴安繁缕	*Stellaria cherleriae*（Fisch. ex Ser.）Williams
叉繁缕	*Stellaria dichotoma* L.
细叶繁缕	*Stellaria filicaulis* Makino
翻白繁缕	*Stellaria discolor* Turcz.
沼繁缕	*Stellaria palustris* Retzius
簇茎石竹	*Dianthus repens* Willd.
石竹	*Dianthus chinensis* L.
兴安石竹	*Dianthus chinensis* L. *var. versicolor*（Fisch. ex Link）Y. C. Ma
大花剪秋萝	*Lychnis fulgens* Fisch.
光萼女娄菜	*Melandrium firmum*（Sieb. et Zucc.）Rohrb.
疏毛女娄菜	*Melandrium firmum*（Sieb. et Zucc.）Rohrb. *f. pubescens* Makino
女娄菜	*Silene aprica*（Turcx. ex Fisch. et Mey.）Rohrb.
毛萼麦瓶草	*Silene repens* Patr.
旱麦瓶草	*Silene jenisseensis* Willd.
小花旱麦瓶草	*Silene jenisseensis* Willd. *f. parviflora*（Turcz.）Schischk.
睡莲	*Nymphaea tetragona* Georgi.
兴安乌头	*Aconitum ambiguum* Reichb.
草乌头	*Aconitum kusnezoffii* Reich.
乌头	*Aconitum carmichaeli* Debx.
耧斗菜	*Aquilegia viridiflora* Pall.
白花驴蹄草	*Caltha natans* Pall.
驴蹄草	*Caltha palustris* L.
三角叶驴蹄草	*Caltha palustris* L. *var. sibirica* Regel
薄叶驴蹄草	*Caltha palustris* L. var. *membranacea* Turcz.
兴安升麻	*Cimicifuga dahurica*（Turcz.）Maxim.
升麻	*Cimicifuga foetida* L.
棉团铁线莲	*Clematis hexapetala* Pall.
芹叶铁线莲	*Clematis aethusifolia* Turcz.
短尾铁线莲	*Clematis brevicaudata* DC.
紫花铁线莲	*Clematis fusca* Turcz. *var. violacea* Maxim.
铁线莲	*Clematis florida* Thunb. 待定
黑果铁线莲	待定
翠雀	*Delphinium grandiflorum* L.
蓝堇草	*Leptopyrum fumarioides*（L.）Reichb.
芍药	*Paeonia lactiflora* Pall.

白头翁　*Pulsatilla chinensis*（Bunge）Regel
掌叶白头翁　*Pulsatilla patens*（L.）Mill. *var. multifida*（Pritz.）S. H. Li et Y. H. Hua
细叶白头翁　*Pulsatilla turczaninovii* Kryl. et Serg.
细裂白头翁　*Pulsatilla tenuiloba* 待定
沼地毛茛　*Ranunculus radicans* C. A. Mey.
水毛茛　*Batrachium bungei*（Steud.）L.
小水毛茛　*Batrachium eradicatum*（Laest.）Fries
金戴戴　*Ranunculus ruthenica*（Jacq.）Ovcz.
棱边毛茛　*Ranunculus submarginatus* Ovcz.
茴茴蒜　*Ranunculus chinensis* Bunge
小掌叶毛茛　*Ranunculus gmelinii* DC.
毛茛　*Ranunculus japonicus* Thunb.
单叶毛茛　*Ranunculus monophyllus* Ovcz.
裂叶毛茛　*Ranunculus pedatifidus* Sm.
掌裂毛茛　*Ranunculus rigescens* Turcz. ex Ovcz.
翼果唐松草　*Thalictrum aquilegifolium* L. *var. sibiricum* Regel et Tiling.
球果唐松草　*Thalictrum baicalense* Turcz.
肾叶唐松草　*Thalictrum petaloideum* L.
香唐松草　*Thalictrum foetidum* L.
箭头唐松草　*Thalictrum simplex* L.
锐裂箭头唐松草　*Thalictrum simplex* L. *var. affine*（Ledeb.）Regel
狭叶唐松草　待定
短瓣金莲花　*Trollius ledebouri* Reichb.
蝙蝠葛　*Menispermum dauricum* DC.
五味子　*Schisandra chinensis* Baill.
白屈菜　*Chelidonium majus* L.
野罂粟　*Papaver nudicaule* L.
齿瓣延胡索　*Corydalis turtschaninovii* Bess.
独行菜　*Lepidium apetalum* Willd.
山遏蓝菜　*Thlaspi thlaspidioides*（Pall.）Kitag.
葶苈　*Draba nemorosa* L.
光果葶苈　*Draba nemorosa* L. *var. leiocarpa* Lindbl.
细叶碎米荠　*Cardamine schulziana* Baehni
小叶碎米荠　*Cardamine microzyga* O. E. Schulz

小花碎米荠　*Cardamine parviflora* L.
水田碎米荠　*Cardamine lyrata* Bunge
碎米荠　*Cardamine hirsute* L.
细叶山芥　*Barbarea orthoceras* Lédeb. 待定
全叶山芥　待定
垂果南芥　*Arabis pendula* L.
球果焯菜　*Rorippa globoxa*（Turcz.）Thellung
焯菜　*Rorippa indica*（L.）Hiern
风花菜　*Rorippa islandica*（Oed.）Borb.
花旗竿　*Dontostemon dentatus*（Bunge）Lédeb.
多年生花旗竿　*Dontostemon perennis* C. A. Mey.
草地糖芥　*Erysimum marshellliaum* L.
小花糖芥　*Erysimum cheiranthoides* L.
糖芥　*Erysimum bungei*（Kitag.）Kitag.
钻果蒜芥　*Sisymbrium officinale*（L.）Scop.
白八宝　*Hylotelephium pallescens*（Freyn）H. Ohba
紫八宝　*Hylotelephium purpureum*（L.）Holub
费菜　*Sedum aizoon* L.
狭叶费菜　*Sedum aizoon* L. var. *aizoon f. angustifolium* Franch.
细叶景天　*Sedum middendorffianum* Franch.
尖叶景天　*Sedum fedtschenkoi* Raymond-Hamet
景天　*Sedum eythrostictum* Miq.
藓状景天　*Sedum polytrichoides* Hemsl.
钝叶瓦松　*Orostachys malacophyllus*（Pall.）Fisch.
瓦松　*Orostachys fimbriatus*（Turcz.）Berger
互叶金腰子　*Chrysosplenium alternifolium* L.
金腰子　*Chrysosplenium pilosum* Maxim.
梅花草　*Parnassia palustris* L.
小叶茶藨　*Ribes pulchellum* Turc.
柳叶绣线菊　*Spiraea salicifolia* L.
海拉尔绣线菊　*Spiraea hailarensis* Liou
土庄绣线菊　*Spiraea pubescens* Turcz.
窄叶绣线菊　*Spiraea dahurica* Maxim.
绢毛绣线菊　*Spiraea sericea* Turcz.
曲萼绣线菊　*Spiraea flexuosa* Fisch. ex Cambess.

珍珠梅	*Sorbaria sorbifolia* （L. ） A. Br.
华北珍珠梅	*Sorbaria kirilowii* （Regel） Maxim.
龙牙草	*Agrimonia pilosa* Ledeb.
地蔷薇	*Chamaerhodos erecta* （L. ） Bge.
蚊子草	*Filipendula palmata* （Pall. ） Maxim.
绿叶蚊子草	*Filipendula nuda* Grub.
翻白蚊子草	*Filipendula intermedia* （Glehn） Juzep.
细叶蚊子草	*Filipendula angustiloba* （Turcz. ） Maxim.
东方草莓	*Fragaria orientalis* Lozinsk.
水杨梅	*Geum aleppicum* Jacq.
鹅绒委陵菜	*Potentilla anserina* L.
蔓委陵菜	*Potentilla flagellaris* Willd. ex Schlecht.
翻白委陵菜	*Potentilla discolor* Bge.
星毛委陵菜	*Potentilla acaulis* L.
三出委陵菜	*Potentilla leucophylla* Pall.
莓叶委陵菜	*Potentilla fragarioides* L.
灰白委陵菜	*Potentilla strigosa* Pall. ex Pursh
委陵菜	*Potentilla chinensis* Ser.
线叶委陵菜	*Potentilla chinensis* Ser. lineariloba Franch. et Sav.
细叶委陵菜	*Potentilla multifida* L.
二裂委陵菜	*Potentilla bifurca* L.
腺毛委陵菜	*Potentilla longifolia* Willd. ex Schlecht.
铺地委陵菜	*Potentilla supina* L.
多裂委陵菜	*Potentilla multifida* L.
绢毛委陵菜	*Potentilla sericea* L.
大萼委陵菜	*Potentilla conferta* Bge.
蒿叶委陵菜	*Potentilla tanacetifolia* Willd. ex Schlecht.
红茎委陵菜	*Potentilla nudicaulis* Willd. ex Schlecht.
抱茎委陵菜	待定
多花委陵菜	待定
地榆	*Sanguisorba officinalis* L.
小白花地榆	*Sanguisorba parviflora* （Maxim. ） Takeda
白花地榆	待定
山刺玫	*Rosa davurica* Pall.
大叶蔷薇	*Rosa macrophylla* Lindl.

西伯利亚杏	*Prunus sibirica* L.
稠李	*Padus asiatica* Kom.
山里红	*Crataegus pinnatifida* Bge.
光叶山楂	*Crataegus dahurica* Koehne
山荆子	*Malus pallasiana* Juzep.
毛山荆子	*Malus mandshurica* （Maxim.） Kom.
苦参	*Sophora flavescens* Alt.
山岩黄耆	*Hedysarum alpinum* L.
岩黄耆	待定
鸡眼草	*Kummerowia striata* （Thunb.） Schindl.
长萼鸡眼草	*Kummerowia stipulacea* （Maxim.） Makino
胡枝子	*Lespedeza bicolor* Turcz.
绒毛胡枝子	*Lespedeza tomentosa* （Thunb.） Sieb.
达乌里胡枝子	*Lespedeza davurica* （Laxm.） Schindl.
细叶胡枝子	*Lespedeza hedysaroides* Kitag. *var. subsericea* （Kom.） Kitag.
野火球	*Trifolium lupinaster* L.
白花野火球	*Trifolium lupinaster* L. *var. albiflorum* Ser.
紫花苜蓿	*Medicago sativa* L.
天蓝苜蓿	*Medicago lupulina* L.
细齿草木樨	*Melilotus dentatus* （Wald. et Kit.） Pers.
黄花草木樨	*Melilotus suaveolens* Ledeb.
大豆	*Glycine max* （L.） Merr.
野大豆	*Glycine soja* Sieb. et Zucc.
野豌豆	*Vicia sepium* L.
黑龙江野豌豆	*Vicia amurensis* Oett.
大叶野豌豆	*Vicia pseudorobus* Fisch. et C. A. Mey.
山野豌豆	*Vicia amoena* Fisch. ex DC.
多茎野豌豆	*Vicia multicaulis* Ledeb.
广布野豌豆	*Vicia cracca* L.
灰野豌豆	*Vicia cracca* L. *var. canescens* Maxim. ex Franch. et Sav.
歪头菜	*Vicia unijuga* A. Br.
五脉山黧豆	*Lathyrus quinquenervius* （Miq.） Litv. et Kom.
山黧豆	*Lathyrus palustris* var. *pilosus* （Cham.） Ledeb.
大花棘豆	*Oxytropis grandiflora* （Pall.） DC.
棘豆	*Oxytropis leptophylla* （Pall.） DC.

东北棘豆	*Oxytropis mandshurica* Bge.
多叶棘豆	*Oxytropis myriophylla* （Pall.） DC.
硬毛棘豆	*Oxytropis hirta* Bunge
少花米口袋	*Gueldenstaedtia verna* （Georgi） Boriss.
华黄耆	*Astragalus chinensis* L. f.
湿地黄耆	*Astragalus uliginosus* L.
斜茎黄耆	*Astragalus adsurgens* Pall.
牻牛儿苗	*Erodium stephanianum* Willd.
北方老鹳草	*Geranium erianthum* DC.
灰背老鹳草	*Geranium wlassowianum* Fisch. ex Link
粗根老鹳草	*Geranium dahuricum* DC.
鼠掌老鹳草	*Geranium sibiricum* L.
野亚麻	*Linum stelleroides* Planch.
白藓	*Dictamnus albus* L. *ssp. dasycarpus* （Turcz.） Wint.
远志	*Polygala tenuifolia* Willd.
细叶远志	待定
卵叶远志	*Polygala sibirica* L.
叶底珠	*Securinega suffruticosa* （Pall.） Rehd.
铁苋菜	*Acalypha australis* L.
地锦	*Euphorbia humifusa* Willd.
狼毒大戟	*Euphorbia fischeriana* Steud.
锥腺大戟	*Euphorbia savaryi* Kiss.
乳浆大戟	*Euphorbia esula* L.
大戟	*Euphorbia pekinensis* Rupr.
猫眼草	*Euphorbia lucorum* Budge
桃叶卫矛	*Nymus bungeanus* Maxim
鸡爪槭	*Acer palmatum* Thunb.
凤仙花	*Impatiens balsamina* L.
水金凤	*Impatiens noli-tangere* L.
小叶鼠李	*Rhamnus parvifolia* Bunge
鼠李	*Rhamnus davurica* Pall.
锐齿鼠李	*Rhamnus arguta* Maxim.
光叶蛇葡萄	*Ampelopsis heterophylla* （Thunb.） Sieb. et Zucc. var. hancei Planch.
北锦葵	*Malva mohileviensis* Downar

棋盘花	*Zigadenus sibiricus*（L.）A. Gray
长柱金丝桃	*Hypericum ascyron* L.
乌腺金丝桃	*Hypericum attenuatum* Choiry.
小叶金丝桃	*Hypericum perforatum* L.
金丝桃	*Hypericum monogynum* L.
掌叶堇菜	*Viola dactyloides* Roem. et Schult.
卵叶堇菜	待定
裂叶堇菜	*Viola dissecta* Ledeb.
总裂叶堇菜	*Viola fissifolia* Kitag.
东北堇菜	*Viola mandshurica* W. Beck.
紫花地丁	*Viola yedoensis* Makino
斑叶堇菜	*Viola variegata* Fisch.
早开堇菜	*Viola prioantha* Bunge
白花堇菜	*Viola lactiflora* Nakai
阴地堇菜	*Viola yezoensis* Maxim.
狼毒	*Stellera chamaejasme* L.
千屈菜	*Lythrum salicaria* L.
月见草	*Oenothera odorsts* Jacp.
沼生柳叶菜	*Epilobium palustre* L.
柳叶菜	*Epilobium hirsutum* L.
柳兰	*Epilobium angustifolium*（L.）Scop.
兴安柴胡	*Bupleurum sibiricum* Vest
柴胡	*Bupleurum chinensis* DC.
泽芹	*Sium suave* Walt.
蛇床	*Cnidium monnieri*（L.）Cuss.
石防风	*Peucedanum terebinthaceum*（Fisch.）Fisch. ex Turcz.
柳叶芹	*Czernaevia laevigata* Turcz.
短毛独活	*Heracleum lanatum* Mickx.
当归	*Angelica sinensis*（Oliv.）Diels
兴安白芷	*Angelica dahurica*（Fisch.）Benth. et Hook.
迷果芹	*Sphallerocarpus gracilis*（Bess.）K. -Pol.
东北茴芹	*Pimpinella thellungiana* Wolff
东北羊角芹	*Aegopodium alpestre* Ledeb.
葛缕子	*Carum carvi* L.
防风	*Saposhnikovia divaricata*（Turcz.）Schischk.

红瑞山茱萸	*Cornus alba* L.
鹿蹄草	*Pyrola calliantha* H. Andr.
兴安杜鹃	*Rhododendron dauricum* L.
箭报春	*Primula fistulosa* Turkev.
樱草	*Primula sieboldii* E. Morren
胭脂花	*Primula maximowiczii* Regel
点地梅	*Androsace umbellata* （Lour.） Merr.
小点地梅	*Androsace gmelinii* （Gaertn.） Roem. et Schuit.
黄连花	*Lysimachia davurica* Ledeb.
狼尾花	*Lysimachia barystachys* Bunge
鳞叶龙胆	*Gentiana squarrosa* Ledeb.
大叶龙胆	*Gentiana macrophylla* Pall.
龙胆	*Gentiana scabra* Bunge
大花龙胆	*Gentiana szechenyii* Kanitz
三花龙胆	*Gentiana triflora* Pall.
扁蕾	*Gentianopsis barbata* （Froel.） Ma
肋柱花	*Lomatogonium carinthiacum* （Wulf.） Reichb.
花锚	*Halenia corniculata* （L.） Cornaz
睡菜	*Menyanthes trifoliata* L. Sp.
萝藦	*Metaplexis japonica* （Thunb.） Makino
白薇	*Cynanchum atratum* Bunge
紫花杯冠腾	*Cynanchum purpureum* K. Schum.
徐长卿	*Cynanchum paniculatum* （Bunge） Kitagawa
地梢瓜	*Cynanchum thesioides* （Freyn） K. Schum.
大菟丝子	*Cuscuta europaea* L.
菟丝子	*Cuscuta chinensis* Lam.
藤长苗	*Calystegia pellita* （Ledeb.） G. Don
日本打碗花	*Calystegia japonica* Choisy
毛打碗花	*Calystegia dahurica* （Herb.） Choisy
打碗花	*Calystegia hederacea* Wall.
田旋花	*Convolvulus arvensis* L.
花荵	*Polemonium liniflorum* V. Vassil.
白花花荵	*Polemonium liniflorum* f. alba V. Vassil.
紫草	*Lithospermum erythrorhizon* Sieb. et Zucc.
鹤虱	*Lappula echinata* Gilib.

东北鹤虱	*Lappula redowskii* Greene
东北齿缘草	*Eritrichium mandshuricum* M. Pop.
齿缘草	*Eritrichium rupestre*（Pall.）Bge.
附地菜	*Trigonotis peduncularis*（Trev.）Benth. ex Baker et Moore
湿地勿忘草	*Myosotis caespitosa* Schultz
多花筋骨草	*Ajuga multiflora* Bunge
水棘针	*Amethystea caerulea* L.
纤弱黄芩	*Scutellaria dependens* Maxim.
黄芩	*Scutellaria baicalensis* Georgi
并头黄芩	*Scutellaria scordifolia* Fisch. ex Schrank
多裂叶荆芥	*Schizonepeta multifida*（L.）Briq.
荆芥	*Nepeta cataria* L. 待定
光萼青兰	*Dracocephalum argunense* Fisch. ex Link
青兰	*Dracocephalum ruyschiana* L.
块根糙苏	*Phlomis tuberosa* L.
鼬瓣花	*Galeopsis bifida* Boenn.
野芝麻	*Lamium album* L.
益母草	*Leonurus japonicus* Houtt.
细叶益母草	*Leonurus sibiricus* L.
兴安益母草	*Leonurus tataricus* L.
毛水苏	*Stachys baicalensis* Fisch. ex Benth.
华水苏	*Stachys chinensis* Bunge ex Benth.
水苏	*Stachys japonica* Miq.
地笋	*Lycopus lucidus* Turcz.
异叶地笋	*Lycopus lucidus* Turcz. ex Benth *var. maackianus* Maxim. ex Herd.
兴安薄荷	*Mentha dahurica* Fisch. ex Benth.
薄荷	*Mentha haplocalyx* Briq.
亚洲百里香	*Thymus serpyllum* L. *var. asiaticus* kitag.
香薷	*Elsholtzia ciliata*（Thunb.）Hyland.
蓝萼香茶菜	*Rabdosia glaucocalyx* Maxim.
龙葵	*Solanum nigrum* L.
草本威灵仙	*Veronicastrum sibiricum*（L.）Pennell
管花腹水草	*Veronicastrum tubiflorum*（Fisch. et Mey.）Hara
细叶婆婆纳	*Veronica linariifolia* Pall. ex Link
大婆婆纳	*Veronica dahurica* Stev.

长尾婆婆纳	*Veronica longifolia* L.
水苦荬	*Veronica anagallis-aquatica* L.
柳穿鱼	*Linaria vulgaris Mill. subsp. sinensis* (Bebeaux) Hong
阴行草	*Siphonostegia chinensis* Benth.
弹刀子菜	*Mazus stachydifolius* (Turcz.) Maxim.
旌节马先蒿	*Pedicularis sceptrum-carolinum* L.
大花马先蒿	*Pedicularis grandiflora* Fisch.
红纹马先蒿	*Pedicularis striata* Pall.
返顾马先蒿	*Pedicularis resupinata* L.
马先蒿	待定
穗花马先蒿	*Pedicularis spicata* Pall.
轮叶马先蒿	*Pedicularis verticillata* L.
山萝花	*Melampyrum roseum* Maxim.
黄花列当	*Orobanche pycnostachya* Hance
北车前	*Plantago media* L.
平车前	*Plantago depressa* Willd.
车前	*Plantago asiatica* L.
长柄车前	*Plantago hostifolia* Nakai et Kitag.
北方拉拉藤	*Galium boreale* L.
爬拉藤	*Galium spurium* L. *var. echinospermum* (Wallr.) Cuf.
蓬子菜	*Galium verum* L.
沼拉拉藤	*Galium uliginosum* L.
少花拉拉藤	*Galium pauciflorum* Bunge.
茜草	*Rubia cordifolia* L.
黄花忍冬	*Lonicera chrysantha* Turcz.
黄花龙牙	*Patrinia scabiosaefolia* Fisch
岩败酱	*Patrinia rupestris* (Pall.) Juss.
缬草	*Valeriana stubendorfii* Kreyer
华北蓝盆花	*Scabiosa tschiliensis* Grün.
桔梗	*Platycodon grandiflorus* (Jacq.) A. DC.
聚花风铃草	*Campanula glomerata* L. *subsp. cephalotes* (Nakai) Hong
展枝沙参	*Adenophora divaricata* Franch. et Sav.
厚叶沙参	*Adenophora gmelinii* (Spreng.) Fisch. 待定
狭叶沙参	*Adenophora gmelinii* (Spreng.) Fisch.
柳叶沙参	*Adenophora gmelinii* Fisch. *var. coronopifolia* (Fisch.) Y. Z. Zhao

细叶沙参	*Adenophora paniculata* Nannf.
有柄紫沙参	*Adenophora paniculata* Nannf. 待定
多歧沙参	*Adenophora wawreana* Zahlbr.
锯齿沙参	*Adenophora tricuspidata* (Fisch.) A. DC.
轮叶沙参	*Adenophora tetraphylla* (Thunb.) Fisch.
长柱沙参	*Adenophora stenanthina* (Ledeb.) Kitagawa
白鼓钉	*Eupatorium lindleyanum* DC.
全叶马兰	*Kalimeris integrifolia* Turcz. ex DC.
山马兰	*Kalimeris lautureana* (Debx.) Kitam.
裂叶马兰	*Kalimeris incisa* (Fisch.) DC.
翠菊	*Callistephus chinensis* (L.) Nees
阿尔泰狗娃花	*Heteropappus altaicus* (Willd.) Novopokr.
细枝狗娃花	*Heteropappus tataricus* (Ledeb.) Tamtamsch.
狗娃花	*Heteropappus hispidus* (Thunb.) Less.
东风菜	*Doellingeria scaber* (Thunb.) Nees
女菀	*Turczaninowia fastigiata* (Fisch.) DC.
紫菀	*Aster tataricus* L.
西伯利亚紫菀	*Aster sibiricus* L.
乳菀	*Galatella dahurica* DC.
飞蓬	*Erigeron acer* L.
火绒草	*Leontopodium leontopodioides* (Willd.) Beauv.
柳叶旋覆花	*Inula salicina* L.
线叶旋覆花	*Inula lineariifolia* Turcz.
欧亚旋覆花	*Inula britanica* L.
旋覆花	*Inula japonica* Thunb.
苍耳	*Xanthium sibiricum* Patrin ex Widder
小花鬼针草	*Bidens parviflora* Willd.
狼把草	*Bidens tripartita* L.
羽叶鬼针草	*Bidens maximovicziana* Oett.
辣子草	*Galinsoga parviflora* Cav.
单叶蓍	*Achillea acuminata* (Ledeb.) Sch. -Bip.
短瓣蓍	*Achillea ptarmicoides* Maxim.
紫花野菊	*Dendranthema zawadskii* (Herb.) Tzvel.
山野菊	*Dendranthema zawadskii var. latiloba* (Maxim.) H. C. Fu.
线叶菊	*Filifolium sibiricum* (L.) Kitam.

变蒿	*Artemisia commutata* Bess.
茵陈蒿	*Artemisia capillaries* Thunb.
猪毛蒿	*Artemisia scoparia* Waldst. et Kit.
南牡蒿	*Artemisia eriopoda* Bge.
牡蒿	*Artemisia japonica* Thunb.
差巴嘎蒿	*Artemisia halodendron* Turcz. et Bess.
柳蒿	*Artemisia integrifolia* L.
宽叶山蒿	*Artemisia stolonifera* （Maxim.） Komar.
锯叶家蒿	*Artemisia vulgaris* L. *var. vulgatissima* Bess.
水蒿	*Artemisia selengensis* Turcz.
蒙古蒿	*Artemisia mongolica* （Fisch. ex Bess.） Nakai
青蒿	*Artemisia carvifolia* Buch. -Ham. ex Roxb.
艾蒿	*Artemisia argyi* Levl. et Vant.
野艾蒿	*Artemisia lavandulaefolia* DC.
大籽蒿	*Artemisia sieversiana* Willd.
线叶蒿	*Artemisia subulata* Nakai
黄花蒿	*Artemisia annua* L.
裂叶蒿	*Artemisia tanacetifolia* L.
万年蒿	*Artemisia gmelinii* Web. et Stechm.
万年蓬	*Artemisia vestita* Wall. ex Bess.
麻叶千里光	*Senecio cannabifolius* Less.
羽叶千里光	*Senecio argunensis* Turcz.
林阴千里光	*Senecio nemorensis* L.
红轮千里光	*Senecio flammeus* Turcz. ex DC.
红纹千里光	待定
狗舌草	*Senecio campestris* （Turcz.） DC. *subsp. kirilowii* （Turcz.） Kitag.
河滨千里光	*Senecio pierotii* Mig.
全缘橐吾	*Ligularia mongolica* （Turcz.） DC.
西伯利亚橐吾	*Ligularia sibirica* （L.） Cass.
蹄叶橐吾	*Ligularia fischeri* （Ledeb.） Turcz.
兔儿伞	*Syneilesis aconitifolia* （Bunge） Maxim.
蓝刺头	*Echinops latifolius* Tausch.
关苍术	*Atractylodes japonica* Koidz. ex Kitam.
苍术	*Atractylis chinensis* DC.
烟管蓟	*Cirsium pendulum* Fisch. ex DC.

大蓟	*Cirsium setosum* （Willd.） MB.
小蓟	*Cephalanoplos segetum* Bge. Kitam.
绒背蓟	*Cirsium vlassovianum* Fisch. ex DC.
飞廉	*Carduus crispus* L.
祁州漏芦	*Rhaponricum uniflorum* （L.） DC.
山牛蒡	*Synurus deltoides* （Ait.） Nakai
多花麻花头	*Serratula polycephala* Iljin
伪泥胡菜	*Serratula coronata* L.
麻花头	*Serratula centauroides* L.
草地麻花头	*Serratula komarovii* Iljin.
美花风毛菊	*Saussurea pulchella* Fisch.
风毛菊	*Saussurea japonica* （Thunb.） DC.
山风毛菊	*Saussurea umbrosa* Kom.
密花风毛菊	*Saussurea acuminata* Turcz.
蓖苞风毛菊	*Saussurea pectinata* Bunge
龙江风毛菊	*Saussurea amurensis* Turcz.
大丁草	*Gerbera anandria* （L.） Turcz.
兴安毛莲菜	*Picris japonica* Thunb.
猫儿菊	*Hypochaeris ciliata* （Thunb.） Makino
笔管草	*Scorzonera albicaulis* Bunge
狭叶雅葱	*Scorzonera radiate* Fisch.
东北鸦葱	*Scorzonera manshurica* Nakai
鸦葱	*Scorzonera austriaca* Willd.
亚洲蒲公英	*Taraxacum asiaticum* Dahlst.
白缘蒲公英	*Taraxacum platypecidum* Diels
红梗蒲公英	*Taraxacum erythrospermum* Kitag.
蒲公英	*Taraxacum mongolicum* Hand. -Mazz.
东北蒲公英	*Taraxacum ohwianum* Kitam.
细裂叶蒲公英	*Taraxacum ohwianum* Kitam 待定
光苞蒲公英	*Taraxacum lamprolepis* Kitag.
苣荬菜	*Sonchus arvensis* L.
北山莴苣	*Lagedium sibiricum* （L.） Sojak
山莴苣	*Lagedium indica* L.
山柳菊	*Hieracium umbellatum* L.
屋根草	*Crepis tectorum* L.

抱茎苦荬菜　*lxeris sonchifolia* Hance
山苦荬　*Ixeris chinensis* (Thunb.) Nakai
丝叶山苦荬　*Ixeris chinensis* (Thunb.) Nakai *var. graminifolium* (Ledeb.) H. C. Fu.
狭叶山苦荬　*Ixeris chinensis* (Thunb.) Nakai *var. intermedia* King.
香蒲　*Typha orientalis* Presl
小香蒲　*Typha minima* Funk
狭叶香蒲　*Typha angustifolia* L.
小黑三棱　*Sparganium simplex* Huds.
矮黑三棱　*Sparganium minimum* Wallr.
水麦冬　*Triglochin palustre* L.
泽泻　*Alisma orientale* (Sam.) Juzepcz.
野慈姑　*Sagittaria trifolia* L.
花蔺　*Butomus umbellatus* L.
野大麦　*Hordeum brevisubulatum* (Trin.) Link
芒颖大麦　*Hordeum jubatum* L.
老芒麦　*Elymus sibiricus* L.
披碱草　*Elymus dahuricus* Turcz.
肥披碱草　*Elymus excelsus* Turcz.
垂穗披碱草　*Elymus nutans* Griseb.
羊草　*Leymus chinensis* (Trin.) Tzvel.
鹅观草　*Roegneria kamoji* Ohwi
纤毛鹅观草　*Roegneria ciliaris* (Trin.) Nevski
毛叶毛盘草　*Roegneria barbicalla* Ohwi *var. pubifolia* Keng
偃麦草　*Elytrigia repens* (L.) Nevski
中间偃麦草　*Elytrigia intermedia* (Host) Nevski
虎尾草　*Chloris virgata* Sw.
草沙蚕　*Tripogon bromoides* Roem. et Schult.
菵草　*Beckmannia syzigachne* (Steud.) Fern.
看麦娘　*Alopecurus aequalis* Sobol.
短穗看麦娘　*Alopecurus brachystachyus* Bieb.
兴安野青茅　*Calamagrostis turczaninowii* (Litv.) Y. L. Chang
大叶章　*Calamagrostislangsdorffii* (Link) Kunth
小叶章　*Calamagrostis angustifolia* (Kom.) Y. L. Chang.
假苇拂子茅　*Calamagrostis pseudophragmites* (Hall. F.) Koel.

拂子茅　*Calamagrostis epigeios*（L.）Roth
小糠草　*Agrostis gigantea* Roth
华北剪股颖　*Agrostis clavata* Trin.
细弱剪股颖　*Agrostis tenuis* Sibth.
剪股颖　*Agrostis matsumurae* Hack. ex Honda
贝加尔针茅　*Stipa baicalensis* Roshev.
克氏针茅　*Stipa krylovii* Roshev.
长芒草　*Stipa bungeana* Trin.
京芒草　*Achnatherum pekinense*（Hance）Ohwi
羽茅　*Achnatherum sibiricum*（L.）Keng
虉草　*Phalaris arundinacea* L.
光稃茅香　*Hierochloe glabra* Trin.
洽草　*Koeleria cristata*（L.）Pers.
野燕麦　*Avena fatua* L.
芦苇　*Phragmites australis*（Cav.）Trin. ex Steud.
多叶隐子草　*Cleistogenes polyphylla* Keng
丛生隐子草　*Cleistogenes caespitosa* Keng
中华隐子草　*Cleistogenes chinensis*（Maxim.）Keng
画眉草　*Eragrostis pilosa*（L.）Beauv.
小画眉草　*Eragrostis minor* Host
缘毛雀麦　*Bromus ciliatus* L.
无芒雀麦　*Bromus inermis* Layss.
大臭草　*Melica turczaninowana* Ohwi
细叶臭草　*Melica radula* Franch.
水甜茅　*Glyceria triflora*（Korsh.）Kom.
早熟禾　*Poa annua* L.
贫叶早熟禾　*Poa oligophylla* Keng
硬质早熟禾　*Poa sphondylodes* Trin.
林地早熟禾　*Poa nemoralis* L.
泽地早熟禾　*Poa palustris* L.
草地早熟禾　*Poa pratensis* L.
细叶早熟禾　*Poa angustifolia* L.
羊茅　*Festuca ovina* L.
紫羊茅　*Festuca rubra* L.
星星草　*Puccinellia tenuiflora*（Turcz.）Scribn. et Merr.

狗尾草	*Setaria viridis* （L.） Beauv.
金狗尾草	*Setaria lutescens*（Weig.） F. T. Hubb.
紫穗狗尾草	*Setaria viridis* （L.） Beauv. var purpurascens Maxim.
菰	*Zizania caduciflora* （Turcz.） Hand. -Mazz.
黍	*Panicum miliaceum* L.
野黍	*Eriochloa villosa* （Thunb.） Kunth
止血马唐	*Digitaria linearis* （Krock） Crep.
长芒稗	*Echinochloa caudata* Roshev.
稗	*Echinochloa crusgali* （L.） Beauv.
无芒稗	*Echinochloa crusgali* （L.） Beauv. *var. mitis* （Pursh） Peterm. Fl.
野古草	*Arundinella hirta* （Thunb.） C. Tanaka
大油芒	*Spodiopogon sibiricus* Trin.
荩草	*Arthraxon hispidus* （Thunb.） Makino
扁秆藨草	*Scirpus planiculmis* Fr. Schmidt
单穗藨草	*Scirpus radicans* Schk.
东方藨草	*Scirpus orientalis* Ohwi
水葱	*Scirpus tabernaemontani* Gmel.
内蒙古扁穗草	*Blysmus rufus* （Huds） Link
东方羊胡子草	*Eriophorum polystachion* L.
荸荠	*Eleochari dulcis* （Burm. F.） Trin. ex Henschel
牛毛毡	*Eleocharis acicularis* Svens.
卵穗荸荠	*Eleocharis ovatus* （Roth） Rome. et Schult.
球穗莎草	*Cyperus difformis* L.
莎草	*Cyperus rotundus* L.
密穗莎草	*Cyperus fuscus* L.
毛笠莎草	*Cyperus orthostachyus* Franch. et Savat.
大穗薹草	*Carex rhynchophysa* C. A. Mey.
离穗薹草	*Carex eremopyroides* V. Krecz
脚薹草	*Carex pediformis* C. A. Mey.
凸脉薹草	*Carex lanceolata* Boott
乌拉草	*Carex meyeriana* Kunth
异鳞薹草	*Carex heterolepis* Bunge
翼果薹草	*Carex neurocarpa* Maxim.
尖嘴薹草	*Carex leiorhyncha* C. A. Mey.
华北薹草	*Carex hancockiana* Maxim.

薹草	*Carex dispalata Boott ex* A. Gray
丛薹草	*Carex caespitosa* L.
塔头薹草	待定
寸草	*Carex duriuscula* C. A. Mey.
走茎薹草	*Carex reptabunda*（Trautv.） V. Krecz.
莎薹草	*Carex cyperoides* Murr.
菖蒲	*Acorus calamus* L.
鸭跖草	*Commelina communis* L.
灯心草	*Juncus effusus* L.
小灯心草	*Juncus bufonius* L.
细灯心草	*Juncus gracillimus* Krecz et Gontsch.
尖被灯心草	*Juncus turczaninowii*（Buchenau） V. I. Kreczetowicz
兴安天冬	*Asparagus dauricus* Link
南玉带	*Asparagus oligoclonos* Maxim.
绵枣儿	*Scilla thunbergii* Miyabe et. Kudo
少花顶冰花	*Gagea pauciflora* Turcz.
山韭	*Allium senescens* L.
细叶韭	*Allium tenuissimum* L.
辉韭	*Allium strictum* Schrader
矮韭	*Allium anisopodium* Ledeb.
长梗韭	*Allium neriniflorum*（Herb.） G. Don
野韭	*Allium ramosum* L.
野蒜	*Allium macrostemon* Bunge
蒙古葱	*Allium mongolicum* Regel
毛百合	*Lilium dauricum* Ker-Gawl.
有斑百合	*Lilium concolor* Salisb. *var. pulchellum*（Fisch.） Regel
细叶百合	*Lilium tenuifolium* Fisch.
小黄花菜	*Hemerocallis minor* Mill.
黄花菜	*Hemerocallis citrina* Baroni
知母	*Anemarrhena asphodeloides* Bunge
铃兰	*Convallaria keiskei* Miq.
藜芦	*Veratrum nigrum* L. *var. ussuriense* Nakai.
卷叶黄精	*Polygonatum cirrhifolium*（Wall.） Royle
玉竹	*Polygonatum odoratum*（Mill.） Druce
小玉竹	*Polygonatum humile* Fisch. ex Maxim.

囊花鸢尾	*Iris ventricosa* Pall.
细叶鸢尾	*Iris tenuifolia* Pall.
马蔺	*Iris ensata* Thunb.
紫苞鸢尾	*Iris ruthenica* Ker. -Gawl.
野鸢尾	*Iris dichotoma* Pall.
北陵鸢尾	*Iris typhifolia* Kitagawa
鸢尾	*Iris tectorum* Maxim.
单花鸢尾	*Iris uniflora* Pall. ex Link
射干	*Iris chinensis* （L.） Redouté
溪荪	*Iris nertschinskia* Loddiges
紫花鸢尾	*Iris kaempferi* Sieb.
大花杓兰	*Cypripedium macranthum* Sw.
十字兰	*Habenaria linearifolia* Maxim.
密花舌唇兰	*Platanthera hologlottis* Maxim.

4 结 论

本次共采集植物标本有 75 个科 281 个属 669 种（含变种和变型），该项目为草地资源调查项目，不是植物种类调查，植物种类一定会有很多遗漏。

本次尚未鉴定出来或有待商榷有 20 种，期待新物种的产生。

（本文发表于《呼伦贝尔高等职业教育》，2020，（1）：10）

第二节 草地病害

• 内蒙古扎兰屯偃麦草的新病害

1 寄主范围

1989 年秋季经系统调查，发现黑痣病的寄主已有 6 种，发病较严重的是偃麦草、狗尾草、金穗狗尾草（表 1）。

表 1 禾黑痣病菌寄主及为害程度（扎兰屯市）

寄主	病情指数	为害程度	国内分布
偃麦草（*Elytrigia repens*）	81.03	+++	未报道

（续表）

寄主	病情指数	为害程度	国内分布
披碱草（*E. dahuricus*）	20.00	+	吉林
紫芒披碱草（*E. purpuraristus*）	15.00	+	未报道
羊草（*Aneurolepidium chinense*）		+	河北
狗尾草（*Setaria Viridis*）	29.63	++	未报道
金穗狗尾草（*S. lutescens*）	26.08	++	黑龙江

2 病害为害程度

根据被害株病斑在茎叶上的分布面积及数量分为5级：全株无病为0级；叶片上有3个以下病斑或茎部病斑占主茎面积的5%以下为1级；叶片上有4～7病斑或茎部病斑占主茎面积5%～20%为2级；叶片上有8～10个病斑或茎部病斑占主茎面积20%～50%为3级；叶片上有10个以上病斑或茎部病斑占主茎面积50%以上为4级。9月中旬调查，偃麦草黑痣病病情指数高达81.03，发病率90%～100%。中下部叶片形成大量黑斑，影响光合作用，导致植株生长发育不良，成为当地生产上亟待解决的问题。

3 病害症状及病原菌特征

寄主茎叶上受病菌侵染后均可形成黑痣状病斑，叶片上病斑两面生，黑色有光泽，近圆形，椭圆形或相联时呈条状，大小在（0.5～8）mm×（0.5～2）mm，病斑连片时造成叶片干枯。在寄主体表病斑稍突出，经切片镜检即为病原菌的菌座；一般菌座为盾状，长椭圆形或呈线形。子囊壳着生于叶肉中的子座内，每个子座内着生4～7个不等的子囊壳，子囊壳宽130～180 μm；子囊圆柱形，子囊壳厚薄一致，大小（71～100）μm×（8～12）μm，每个子囊内一般着生8个子囊孢子，子囊孢子椭圆形，单胞，淡黄色，12 μm×6 μm。病原分类系统为子囊菌亚门，核菌纲，球壳菌目，疗座霉科，黑痣菌属，禾黑痣菌［*Phyllachora graminis*（Pers.）Fuck.］

4 建 议

此病在当地已造成为害，应列为研究课题，探明其发病规律及可行的防治措施。在未有成功措施前，可试用以下综合措施防治：①清除田间病残体，减少病菌的初侵染源。可在春秋季烧荒；②提倡禾草与豆科牧草混播；③合理施肥，注意N、P配合；④在发病初期（8月上中旬）应用药剂防治，可试用50%甲基托布津可湿性粉剂1 000倍喷雾；50%多菌灵可湿性粉剂500～1 000倍喷雾；75%百菌清可湿性粉剂500倍液喷雾或应用速克灵、扑海因等药剂防治。

（本文发表于《中国草业》，1990（6）：69）

• 偃麦草黑痣病的研究

偃麦草黑痣病（*Phyllachora graminis*）是扎兰屯一带的新病害，近年来大流行，秋末调查发病率高达100%，病情指数81.03，对偃麦草的产量和品质有较大的影响，已成为当地生产中急待解决的问题。笔者自1988年以来对此病的发生、为害、寄主范围及防治规律进行了系统研究，现将结果简报如下。

1 材料与方法

药剂防治试验选用50%速克灵WP 2 000倍液，50%甲基托布津WP、25%多菌灵WP、75%百菌清WP、15%粉锈灵WP及40%灭病威胶悬剂均为800倍液。采用随机区组设计，三次重复，小区面积为20 m^2，以喷清水为对照，发病前和发病初期各喷一次（7月上中旬）。

施肥与发病关系的研究共设四个处理（即尿素5 kg/亩重过磷酸钙5 kg/亩尿素2.5 kg+重过磷酸钙2.5 kg/亩），在人工草地上按随机区组设计，三次重复，偃麦草返青后期追施。

2 结果与分析

2.1 施肥与发病的关系

施肥与黑痣病病情指数之间有显著的差异。以亩施氮肥5 kg的病情指数（11.43）为高，显著高于其他处理，发病程度较对照增加63.56%。以亩施磷肥5 kg的病情指数为最低（3.15），其发病程度较对照明显降低54.97%。氮磷肥混施的病情指数与单施磷肥的无差异，其病情指数较对照增加16.25%。追施氮肥后促进植株营养体生长，加大田间湿度，降低了植株体的抗病性。在生产中可控制氮肥的使用，适当增施磷钾肥可提高寄主的抗病能力，减轻病害的发生（表1）。

表1 偃麦草施肥对黑痣病的影响

处理	平均病情指数	差异	
		0.05	0.01
尿素（5 kg/亩）	11.43	a	A
重过磷酸钙（5 kg/亩）	3.15	b	A
尿素加重过磷酸钙（各2.5 kg/亩）	8.15	b	AB
对照	6.99	c	B

2.2 春秋季烧荒与发病的关系

春秋季烧荒对偃麦草黑痣病有明显的效果，防效分别为87.69%和92.98%。烧荒可清除病残体，减少病源基数，从而使发病率降低。

2.3　化学防治效果

速克灵、百菌清、甲基托布津、灭病威和粉锈灵防治后病情指数分别为2.23、2.73、3.99、4.28和4.79显著低于对照（10.95），防治效果分别为79.63%、74.52%、63.56%、60.91%和56.26%。几种药剂的防效无显著差异，其中以速克灵和百菌清的防治效果较高些，可在牧草试验场或采种田应用。多菌灵防效较低（表2）。

表2　药剂防治黑痣病的效果

处理	平均病指	差异	
		0.05	0.01
对照	10.95	a	A
多菌灵	7.02	b	AB
粉锈灵	4.79	bc	B
灭病威	4.28	bc	B
甲基托布津	3.99	bc	B
百菌清	2.73	c	B
速克灵	2.23	c	B

3　讨　论

偃麦草黑痣病的防治应以农业防治为主，在豆科与禾本科牧草混播的草地上可采用春秋季烧荒和清洁草地卫生的方法防治。对人工草地适当追施磷钾肥和合理施用氮肥基本可控制病害。在采种草地或试验地可采用化学防治措施，应用速克灵、百菌清等药剂均可达到理想防效。

（本文发表于《中国草地》，1992（6）：74）

• 胡枝子锈病发生为害的调查

摘要： 1989—1990年在扎兰屯市选择不同类型的草地，采用定点定时系统调查的方法，明确了胡枝子锈病的发生时期和为害程度，经镜检鉴定病原为胡枝子单胞锈菌。本文重点描述了病原菌的特征及病害的典型症状，提出了适时刈割，清除病残体以及药剂治疗的综合防治建议。

关键词： 细叶胡枝子　达乌里胡枝子　锈病

胡枝子锈病（Uromyces lespedezae-bicoloris Taietcheo）在国内分布较广，但系统的调查研究资料尚少。近年来在呼伦贝尔市扎兰屯地区大流行，1989—1990年病情指数高达 50.00～60.00，发病率 100%，成为当地影响胡枝子产量和品质的重要因素。本文对胡枝子锈病的发生为害及在当地发生规律调查研究的结果报道如下。

1　研究方法及为害程度

1989—1990 年 7 月下旬至 9 月上旬分别在扎兰屯市的河西郑家沟和成吉思汗牧场，采取选择不同的草场类型（山坡草地、路边草地、牧草园）定点定期系统调查的方法。按对角线法随机选点，每点取样不少于 15 株，按自拟的 7 级标准（表 1）统计病情指数，每隔 5～10 天调查一次（表 2，表 3）。

表 1　胡枝子锈病严重度分级标准

病级	为害程度
0	全株无锈病孢子堆。
1	锈病孢子堆占叶面积 5%以下。
2	锈病孢子堆占叶面积 5%～10%。
3	锈病孢子堆占叶面积 11%～25%。
4	锈病孢子堆占叶面积 26%～40%。
5	锈病孢子堆占叶面积 41%～65%。
6	锈病孢子堆占叶面积 66%～100%。

表 2　细叶胡枝子调查日期与病情指数

调查日期	代换值（以 7 月 25 日为零）	病情指数
7.28	3	16.57
8.16	21	17.86
8.20	25	22.82
8.25	30	21.09
8.31	36	24.34
9.1	37	28.10
9.10	47	36.92
9.19	55	61.02

表 3　达呼里胡枝子调查日期与病情指数

调查日期	代换值（以 7 月 20 日为零）	病情指数
7.21	1	10.32
8.16	26	12.50
8.20	30	21.90
8.31	41	21.16
9.19	60	60.00

侵染的寄主在当地有细梗胡枝子（*Lespedeza. virgata*）和达乌里胡枝子（*Lespedeza dahurica*（*Laxm.*）Schindl.）。两年调查发病率均在100%，病情指数50左右。后期感病植株大量落叶（50%以上的叶片脱落），影响牲畜的适口性及产量和品质。

2　病害的症状及病原菌特征

受害叶片上的夏孢子堆在叶两面生、散生或聚生，近椭圆形或不规则形，直径150.00～238.46～400.00 μm，淡褐色，粉状，周围表皮翘起；冬孢子堆叶两面生，散生或聚生，圆形或近圆形，直径122.22～297.40～468.51 μm黑褐色及黑色；冬孢子近球形，卵形或椭圆形，（24～30）μm×（14～18）μm，顶端圆或圆锥形渐尖或平切，顶壁变厚达7～6 μm，柄长24～29 μm，柄宽4～5 μm，柄无色，冬孢子栗褐色，有密生的小疣，冬孢子外壁厚1.4～2.0 μm。

3　胡枝子锈病发生期预测

将调查日期代换值与病情指数进行相关分析结果表明，经计算在一定的调查日期与病情指数间有密切的相关性；细叶胡枝子$r=0.8368$，$Y=4.4921-0.759X$；达呼里胡枝子的$r=0.8524$，$Y=0.0669-0.7946x$，根据直线回归方程，大体上可以预测胡枝子的锈病在我地的发生始盛期。扎兰屯地区发病初期为7月下旬，9月上旬为发病高峰期。

4　病害分析及防治建议

此病在当地主要发生在8—9月，其原因一是此期高温潮湿的条件有利用此病流行（扎兰屯地区8月、9月日均温在15～20℃，相对湿度在70%左右）。另一原因是胡枝子生育后期抗病性降低所致。在防治上建议试用以下措施。

科学地利用和管理草地，是防治锈病的基础。勿过施氮肥，增施磷、钙肥，可以提高抗病性。

合理排灌，勿使田间积水或过湿，可以预防锈病流行，但一旦发生较重之后，应适当增加灌溉，以防止牧草萎蔫和减产。

留种草地若严重发生锈病，应及时刈割，不可再作种用。同一块草地，刈牧和留种最好交替进行，不宜连续几年用于采种，否则由于田间菌源太多，而成为当地锈病流行的菌源地。

草地应宽行条播，利于通风透光，可以减轻发病。

冬季用焚烧或耙地等方法，消灭病残体搞好草地卫生。

铲除地边和附近的大戟属转主寄主。

科研地需进行化学保护时，可试用以下药物：①波尔多液。②0.5～10波美的石硫合剂。③氧化萎锈灵—百菌清混合剂（0.4和0.8 kg/hm²）或先用前者，继之使用后者。④代森锰锌0.2 kg/hm²。⑤15%粉锈宁WP；⑥50%萎锈灵WP；⑦50%多菌灵WP及甲基托布津等药剂。在防治上可采取。

（本文发表于《内蒙古草业》，1992（2）：46）

● 内蒙古呼伦贝尔盟植物白粉病调查

内蒙古呼伦贝尔盟地处祖国东北边疆，位于北纬47°05′～53°20′，东经115°31′～126°04′。草场面积118 781.54 km^2，是世界三大草原之一。该地无霜期80～120 d，全年平均降水量394 mm，降水多集中在夏季。森林、草原覆盖率比较高，蒸发量小，气候比较湿润，利于植物白粉病的发生流行，使农作物、森林、牧草等植物的产量和品质受到影响，但至今尚未见系统调查研究。笔者自1990年以来进行了较系统的调查研究，现将结果简报如下。

在天然草地、林地及农田采用定点定期系统调查的方法。选代表性植株测定其为害性，并于闭囊壳成熟期采集标本镜检，鉴定其病原菌。

共采集到植物白粉病46种。其中牧草病害15种、花卉病害7种、瓜菜类病害7种、林果病害8种、中草药病害9种。经鉴定病原菌分属于白粉菌属（Erysiphe）、叉丝壳属（Microsphaera）、单囊壳属（Sphaerotheca）、钩丝壳属（Uncinula）和粉孢属（Oidium）中的27个种侵染所致。

在这46种白粉病中，有4种未见国内报道，翼果唐松草（*Thalictrum aquileglfolium*）白粉病（*Erysiphe aquilegiae*）、直穗鹅观草（*Roegneria turczaninovii*）白粉病（*E. graminis*）、毛蕊老鹳草（*Gerannium eriostemon*）白粉病（*Sphaerotheca sp.*）和兴安胡枝子（*Lespedeza davurica*）白粉病（*Uncinula sp.*）。有20种未见内蒙古自治区报道，有黄花草木樨（*Melilotus suaveoles*）白粉病（*E. pisi*）、龙牙草（*Agrimonia pilosa*）白粉病（*S. aphanis*）、车前（*Plantago asiatica*）白粉病（*E. sordida*）、酸模叶蓼（*Polygonum lapathifolium*）白粉病（*E. polygoni*）、垂果南芥（*Arabis pendula*）白粉病（*E. arabidis*）、艾蒿（*Artemisia argyi*）白粉病（*E. artemisiae*）、香薷（*Elsholtzia ciliate*）白粉病（*E. hommae*）、毛水苏（*Stachys riederi*）白粉病（*E. galeopsidis*）、凤仙花（*Lmpatiens dalsamina*）白粉病（*S. balsaminae*）、金盏花（*Calendula offienadis*）白粉病（*S. fusca*）、大波斯菊（*Cosmos dipinnalus*）白粉病（*S. fusca*）、月季花（*Rosa chinensis*）白粉病（*S. pannosa*）、菊花（*Dendranthema morifolium*）白粉病（*Oidium chrysanthemi*）、紫丁香（*Syringa oblate*）白粉病（*Microsphaera alni*）、榆（*Ulmus pumila*）白粉病（*Uncinula kenjiana*）、金丝瓜（*Cucurbita sp.*）白粉病（*Oidium sp.*）、金老梅（*Dasiphora fruficosa*）白粉病（*S. aphanis*）、芩叶槭（*Acer negundo*）白粉病（*U. aceris*）、毛蕊老鹳草（*Gerannium eriostemon*）白粉病（*Sphaerotheca sp.*）、鼠掌草（*G. sibiricum*）白粉病（*S. sp.*）和角蒿（*Lncarvillea sinensis*）白粉病（*Oidium sp.*）。为害较重的病害有黄花草木樨、垂果南芥、香薷、艾蒿、凤仙花、杨树、紫丁香及瓜类白粉病，病情指数均达50以上。

（本文发表于《草业科学》，1995，12（4）：53）

• 扎兰屯市野生药用植物白粉病调查

摘要： 本文报道了位于大兴安岭东麓野生药用植物白粉病23种，病菌分属于白属单囊壳属、叉丝壳属和粉孢属中的14个种。并对病害的为害、发病原因进行了分析，提出了综合防治措施。

关键词： 大兴安岭东麓　药用植物　白粉病　调查

扎兰屯市位于内蒙古东部，大兴安岭东麓，地理位置为东经120°28′51″至132°17′30″，北纬47°5′40″至48°36′34″，海拔高度453 mm，无霜期积温2 160～2 800℃，湿润度0.74，有利于野生药用植物的生长发育。药用植物是当地待开发的资源之一，由于白粉病的发生，使药用植物的生育、产量和品质受到影响。笔者自1990年以来，针对白粉病的种类，发生为害进行了较系统的调查研究，现将结果报道如下。

1　调查研究方法

在天然草地，林地采用定点定期系统调查的方法，选代表性植株统计发病率和病情指数，并测定其为害，于闭囊壳成熟期采集标本镜检，鉴定其病源。

2　白粉病种类及为害状

几年来共采集到药用植物白粉病23种（表1），其中为害较重的有垂果南芥、香囊、艾蒿。药用植物受到病菌侵染后的症状共性是在叶片上形成白色粉层，丝体生天叶背，初为白色粉状，后扩展成灰白色的毡状斑片，使叶片卷曲枯死，病部出现由黄到黑的小点，小黑点多聚生于叶背，少叶面生。受害叶片较健叶重降低达10%（达乌里黄耆）和19.51%～31.2%（黄花草木樨）。

表1　扎兰屯市野生药用植物白粉病

寄主	病原	为害程度
（1）达乌里黄耆 (*Astralus dahuricus*)	黄芪单囊壳 (*Sphaerotheca astragali*)	++
（2）兴安胡枝子 (*Lespedeza dahurica*)	胡枝子白粉菌 (*Erysiphe glucines*)	+
（3）细叶胡枝子 (*L. hedysaroides*)	胡枝子白粉菌 (*Erysiphe glucines*)	+
（4）胡枝子 (*L. bicolor*)	胡枝子白粉菌 (*Erysiphe glucines*)	+
（5）地榆 (*Sanguisorba offcinalisL.*)	*Oidium sp.*	+
（6）柠条锦鸡子 (*Cara—gana korshinskii*)	锦鸡儿叉丝壳 (*Microsphaeraal phifoides*)	++

（续表）

寄主	病原	为害程度
(7) 狭叶米口袋 (*GUELDENSFA—edfia stenophylla*)	蓼白粉菌 (*E. polygoni*)	+
(8) 金老梅 (*Dasiphora fraficosa*)	羽衣草单囊壳 (*S. aphanis*)	++
(9) 角蒿 (*Incarrillea sinensis*)	*Oidium sp.*	++
(10) 益母草 (*Leonurus japonicus*)	*Oidium sp.*	+
(11) 扁蓄蓼 (*Polygonum aviculare*)	蓼白粉菌 (*E. polygoni*)	++
(12) 蒙古栎 (*Quercusmon-golica Fisch*)	叶背叉丝壳 (*M. alphifoides*)	+
(13) 酸模叶蓼 (*P. lapathi-folium*)	蓼白粉菌 (*E. polygoni*)	++
(14) 车前 (*Plantago asiatica*)	污白色白粉菌 (*E. sordida*)	++
(15) 垂果南芥 (*Arabis pendala*)	南芥白粉菌 (*E. arabidis*)	+++
(16) 龙芽草 (*Agrimonia pilosa*)	羽衣单囊壳 (*S. aphanis*)	+++
(17) 翼果唐松草 (*Thali-ctrum aquilegifolium*)	毛根耧斗菜白粉菌 (*E. aquileg-iae*)	+
(18) 艾蒿 (*Artemisia argyi*)	蒿白粉菌 (*E. artemisiae*)	+++
(19) 香薷 (*Elsholtzia ciliata*)	本间白粉菌 (*E. hommae*)	+++
(20) 毛水苏 (*Stachys baicalensis*)	鼠由瓣花白粉菌 (*E. galeopis-dis*)	+
(21) 黄花草木樨 (*Melilo-tusofficinalis*)	豌豆白粉菌 (*E. pisi*)	+++
(22) 山野豌豆 (*Vicia amoena*)	豌豆白粉菌 (*E. pisi*)	++
(23) 紫丁香 (*Syringa obiata*)	华北紫丁香叉丝壳 (*M. syringae-japo-nicae*)	++

3 发病规律及发病原因分析

野生药用植物白粉病菌多以闭囊壳在病株残体上越冬，次年春子囊孢子或休眠菌丝上旌的分生孢子进行多次再侵染，生长季节由分生孢子进行多次再侵染。7 月中下旬开始发病，8 月中下旬开始形成小黑点（闭囊壳）。如紫丁香白粉病日期（以 8 月 10 日为零转换）与病情指数间有密切的相关性 $r=0.8207$，经计算得出一条预测式为 $y=31.3909+0.388x$，其他种类的白粉病发病期大体相同。

野生药用植物白粉病发生与流行的原因有以下 3 方面：首先是野生药用植物生长在自然条件下，有的是越年生，多年生，病叶脱落，病原菌逐年积累，导致病害逐年加重。其次是人为的利用（草地放牧、刈割、挖采）不合理，年年收获而很少进行能量投入，使寄主的生长势减弱。最后是当地 7—8 月温湿度适宜发病。白粉病一般在气温 20～24℃，相对湿度 50%～75%以上适宜发病。此期当地 7 月、8 月常年月均温分别为 20.9℃、18.9℃，7 月、8 月两月降水量为 266.6 mm，相对湿度 72%左右，对白粉病的发生有利。

4　防治建议

在条件允许的情况下，建议试用以下综合措施防治：①清除病残体，可在春秋季烧掉；②合理施肥，增施磷钾肥；③药剂防治，可选用粉钙宁、粉锈灵、甲基托布津、多菌灵等药剂，在田间发病初期开始喷药，连续喷药 2 到 3 次，每次间隔 7～10 d。

（本文发表于《内蒙古草业》，1998（4）：45）

第三节　草地虫害

• 扎兰屯市蝗虫大发生的原因及综合防治技术

摘要： 1992—1995 年采用定点定期调查的方法，对扎兰屯市蝗虫发生为害、种类进行了系统的调查，明确了蝗虫发生的种类、原因、采用综合措施防治取得较好的效果。

关键词： 扎兰屯　蝗虫　综合防治

扎兰屯市位于大兴安岭东麓，地域辽阔，土层深厚，土壤肥沃，雨量充沛、地形复杂、气候差异大、植被条件好、农牧林区相接，是呼伦贝尔盟的重要粮食生产旗（市）之一，林牧业也占一定的比重。1992 年以来，蝗虫在市内个别乡镇点片发生，逐渐蔓延到大部分乡镇，导致农作物、草场和林地受到较严重的为害，农业生态条件恶化。为此我们于 1992—1995 年针对蝗虫大发生的原因及综合防治技术进行了系统的研究。

1　调查研究方法

在市内有代表性乡（镇）选点定期调查，采集标本进行室内鉴定，选择不同的药剂做防治试验，通过办班资料交流和电视广播等途径进行宣传，使蝗虫综合防治技术及时得到示范推广。

2 蝗虫的种类及为害

扎兰屯市发生的种类主要有 17 种（表 1）。

表 1 扎兰屯市发生的主要蝗虫种类

中名	学名
短星翅蝗	*Calliptamus abbreriatus* I Konnikoy
中华稻蝗	*Oxya chinensis*（Thunberg）
笨蝗	*Haplotropis brunneriana* Saussure
亚洲小车蝗	*Oedaleus asiaticus Bey*-Bienko
褐色雏蝗	*Chorthippus brunneus*（Thunberg）
素色异爪蝗	*Euchothippus unicolor*（Ikonnikoy）
黄胫小车蝗	*Oedaleus infernalis* Saussue
黄胫痂蝗	*Bryodema holdereri holdereri* Krauss
狭翅雏蝗	*Chorthippus dubius*（Iub.）
大垫尖翅蝗	*Epacromius coerulipes*（Ivan）
小翅雏蝗	*Chorthippus fallax*（Iub.）
黑翅雏蝗	*Chorthippus aethalinus*（Iub.）
轮纹痂蝗	*Bryodema tuberculatun* Dilutuvn
鼓翅皱膝蝗	*Angarcris barabensis*（Pall.）
条纹鸣蝗	*Mongoiotettix japonicus vittatus*（Uv.）
短翅粗角雏蝗	*Chorthippus sp.*
长角短翅雏蝗	*Chorthippus sp.*

蝗虫在扎兰屯市分布广。不同的地理环境，由于气候、植被、土质等环境因素的不同，分布种类不同，取食的范围不同。大体可分为三个类型。

2.1 水田和积水地

主要种类有中华稻蝗、大垫尖翅蝗等，多在水稻抽穗和乳熟期为害，影响养分和水分上升，影响产量。除为害水稻外，也可取食玉米、高粱、豆类、麦类及其禾本科杂草等。

2.2 低湿草滩地

主要种类有短星翅蝗、素色异爪蝗、大垫尖翅蝗等。为害麦类、禾本科牧草及河边榆、柳、杨树、在树上虫口密度最高达 3 000头以上/株，平均每棵树上有虫 500～

1 000头，严重的整棵树叶片吃光。草地上虫口密度10～100头/m^2，农田虫口密度5～20头/m^2，被害率达10%～20%。

2.3 山坡丘陵草地

常见种类有亚洲小车蝗、轮纹痂蝗、黄胫小车蝗、短星翅蝗、笨蝗等，为害谷子、小麦和玉米、蔬菜、爪类、向日葵和多种牧草。导致产量下降，草场退化。

3 蝗虫大发生的原因分析

近年来，由于草甸草地开垦改种水稻，使原有的生物群落发生变化，天敌数量减少，如鸟类、蛙类和蜘蛛类、寄生蜂、寄生蝇，使蝗虫生长繁殖有利。

雨季集中在秋季，使低洼、河岸草地积水、落水、造成利于蝗虫产卵的条件。扎兰屯市蝗虫卵量调查（越冬后）见表2。

春季气候干旱，坡地被开垦，过度放牧，使草场严重退化，地面裸露沙化，使蝗虫的适生区扩大，种群数量不断增加。

当地对蝗虫的发生为害一直末引起重视，虫口密度几年来不断积累，适境条件成灾为害。

4 综合防治技术

4.1 搞好蝗情普查和预测预报工作

4.1.1 调查卵量

在每年越冬前后调查适发区卵量，结果见表2、表3。通过几年来的调查可以看出，我地蝗虫适发区越冬前的卵量在62.3块/m^2，越冬后卵量为48.02块/m^2，越冬死亡率在29.74%左右。在我地卵孵化期在5月上旬至中旬，如以5月1日为零作为x值，以卵孵化率为y值，两者间有一定的正相关，$r=0.8601^*$，$n=6$，$y=-36.385+5.8654x$；用这条直线可以估测扎兰屯市卵的孵化日期。在扎兰屯市每块卵有17～20粒。

表2　扎兰屯市蝗虫卵量调查（越冬后）

日期	平均卵量（块/m^2）	卵孵化率（%）	每块卵粒数
1993-05-02	30.67	2	18.75
1993-05-18	—	80	—
1993-05-20	—	100	—
1994-05-10	95.00	10	17～20
1995-05-12	52.40	2	17～20
1996-05-02	14.00	—	—

表 3　扎兰屯市蝗虫卵量调查（越冬前）

日期	平均卵量（块/m^2）
1992-10-27	56.0
1994-09-28	88.2
1995-09-17	42.6

4.1.2　调查蝗蝻发生期，掌握虫龄大小，为防治奠定基础

在当地每年 4 月中旬开始调查，5 月下旬为止，每隔 3～4 d，调查一次，当蝗蝻大量出土时，即可发出防治预报，一般在 5 月中下旬。

4.2　蝗虫的防治短期及防治指标

蝗虫种类多，发育进度参差不齐，因此必须以优势种为基础，同时兼顾其他种类，防治适期应在孵化盛期开始，扎兰屯市为 5 月中旬。此期大多数蝗虫在 3 龄以前，用药效果好，防治指标一般掌握在农田附近，植被好天敌少的情况下，10 头以上/m^2，要进行防治。

4.3　采用全面规划，综合治理技术

秋季开展植树造林，治理小流域防止水土流失，防止过度放牧，兴修水利，扩大灌溉面积，大力发展果树，营造农田防护林，严禁乱垦荒，是从根本上解决蝗虫为害的措施。

搞好田间侦查，集中力量，消灭蝗虫在小面积，高密度集中发生期，可采用灭杀毙 2 000倍，辛硫磷 1 000倍及马拉松、乐果喷雾，或用 2.5%敌百虫粉，2.5%马拉硫磷粉，防治效果均达 90%以上，经过几年来的防治，基本控制了向大田扩散。

充分利用天敌，控制蝗虫基数，采用人为措施，保护鸟类、蛙类、蜘蛛以及捕食性、寄生性天敌，对蝗虫有积极的控制效果。

5　效益分析

扎兰屯市每年播种面积 13.33 万 hm^2，采用综合防治技术使农作物免受严重损失，可挽回损失达 5%，如按平均单产每公顷 1 500 kg折算，每年总产为 2 亿 kg，如按平均每千克 1 元折算，每年可收益 2 亿元，每年防治可挽回损失约 2 亿元×5% = 1 000万元，具有广泛的应用前景。

采用综合防治技术，可使农业生态系统结构合理，恢复生态平衡，具有显著的生态效益。

（本文发表于《内蒙古草业》，1999（4）：18）

第三章　人工草地

第一节 人工草地有害生物

• 关于开展呼伦贝尔草地有害生物消长规律与科学管理研究的意见

摘要：根据呼伦贝尔草地的现状和多年来有害生物防治工作中取得的成果和经验，提出开展呼伦贝尔草地有害生物消长规律与科学管理研究的意见：一是进一步开展草场和人工草地有害生物种类、为害性及分布范围的调查，摸清呼伦贝尔草地有害生物种类、数量、为害程度及造成损失的量化关系；二是针对占优势的有害生物开展深入系统的消长规律的研究；摸清有害生物与生态条件间的关系，有害生物与有益生物间的动态平衡关系；三是建立有害生物发生预测预报网络和有害生物的预警系统，为生态建设科学决策提供依据；四是建立呼伦贝尔市草地有害生物模式化科学管理技术组合，并在草业生产中实施，将有害生物控制在不足为害的水平以下。从而实现生态效益、经济效益与社会效益的共同提高。

关键词：呼伦贝尔草地　有害生物　种类　消长规律　科学管理

呼伦贝尔草原驰名中外，它与大兴安岭一道共同构筑了我国东北和华北重要的生态屏障。近年来，由于自然气候变迁和人为因素的影响，呼伦贝尔草原退化、沙化日趋严重，成为制约农牧业生产发展和农牧民生活水平提高的重要因素，如再不加以有效的治理，其后果将不仅仅是呼伦贝尔草原的消失，而且对整个东北和华北地区的生态环境、畜牧业生产和国民经济的发展产生严重的影响。为此提出以下几方面的意见。

1 呼伦贝尔草地的概括

呼伦贝尔市位于内蒙古自治区东北部，总面积 25 万 km^2。呼伦贝尔中部是全国闻名的大兴安岭森林区。东部是灌丛和草甸草原地区。西部是由多种类型的草场构成的大草原。呼伦贝尔草场总面积 1 126.67万 hm^2，其中可利用草场面积 833.33 万 hm^2，占全市土地面积的 39.2%，占内蒙古自治区草原总面积的 11.4%。呼伦贝尔市的自然植被自东向西为森林草原、森林、森林草原、草甸草原、干草原。土壤相应为暗棕壤、棕色针叶林土、灰色森林土、黑钙土、栗钙土。呼伦贝尔市属于大陆性季风气候区，春季干旱多大风，冬季严寒，夏季雨热同季，秋季降温快，霜冻来得早。无霜期 80～120 d，各地年均温-5～2℃，≥10℃年积温 1 235～2 413℃。年平均降水量 394 mm，太阳辐射年总量为 4 670～5 720 MJ/m^2。

2 问题的提出

2.1 国家生态建设的需要

根据国家 1998 年制定的《全国生态环境建设规划》，呼伦贝尔草原区属于国家要

2010年之前优先实施的四个重点建设地区之一。其因是这里存在着草原退化、森林功能衰退、农田土壤肥力下降、水土流失严重和生物多样性受到破坏等生态环境问题。因此，只有摸清呼伦贝尔草地有害生物的消长规律，并加以科学的管理，逐步达到生态平衡，才能实现各种自然资源永续利用、地区和社会经济的可持续发展，从而实现生态效益、经济效益与社会效益的共同提高。

2.2　草地退化、沙化

呼伦贝尔草原是欧亚大陆草原的重要组成部分，是当今世界上保留最完美的一块天然草地。但是，近年来由于自然因素和人工因素干扰，大部分地区草地生态环境遭到不同程度的破坏，草地“三化”现象比较严重，伴随着草原沙化、退化、生物多样性的减少，草地生物灾害从无到有，从轻到重，其生物灾害的发生加剧了草地的退化、沙化。

2.3　化学防治对环境的影响

以往我们对草地生物灾害大多采取了化学防治方法，这种方法会产生很多问题，如：污染环境、杀伤天敌，产生或增强抗药性，对人类健康产生为害等。为了保护好呼伦贝尔草原和已建植的人工草地，尽快恢复已退化的植被，实现保护生物多样性、保护生态环境的生物灾害可持续治理已迫在眉睫，因此，我们必须加强对草地有害生物消长规律和防治技术进行系统研究，并制定科学的、切实可行的管理模式，实现生物灾害防治工作的经济、高效、科学、无污染、无为害。

2.4　草地有害生物成为制约生产的主要因素

呼伦贝尔草原是我国北方重要的生态屏障，是我区重要的畜牧业生产基地。近年来，草地有害生物的流行，如天然草场鼠害、虫害和人工草地的根腐病、草地螟和田间杂草的发生为害，是草场出现大面积退化、产量降低、质量变劣的重要原因之一。为此，国内在草地有害生物的研究及防治方面开展了一些工作，但草地有害生物消长规律与科学管理方面的研究还不系统，尚有许多的空白。因此，提出了“呼伦贝尔市草地有害生物消长规律与科学管理研究项目”。

3　国内外研究现状

3.1　鼠害的研究现状

美国亚利桑那州立大学生物系 Tempe，Arizona 论文中指出：当本土小型哺乳动物种群达到较高的密度，它们就经常被标注成有害的生物种群并受到控制，高原鼠兔就是一个例子。这种生物大规模分布于整个青藏高原的高地草原。常年以来，这些高原鼠兔被指责导致家畜（牛、羊、马）饲料减少并引起栖息地退化（被地方上的人称“黑沙滩”）（Ekvall，1968；Schaller，1985；Wang et al，1995；Fan et al，1999）。由于这些偏见以及最近四十年来高海拔草场退化的加剧（Lang et al，1997），高原鼠兔已经变成广泛控制的对象。毒杀高原鼠兔和中华鼢鼠 Myospalax fontanierii 的行动从 1958 年开始，并于 1962 年大幅增强力度（Fan et al，1999）。1964 年、1965 年，在青海省 20 个县的大于 26 667 km^2的范围里施用磷酸锌和植物醋酸盐 floroacetate（混合物 1980，Fan et al，1999）。Fan 等（1999）估计，从 1960 年到 1990 年青海省累计在 208 000 km^2的土地上施了灭鼠药。Drandui 于 1996 年估计，在 1986 年和 1994 年昆虫和啮齿目动物控制计划在大于 1/5 的青海草地，即大于 74 628 km^2的土地上被广泛实施。尽管缺乏对高原鼠兔在生态系统中的作用的综合性分析，这些大规模的投毒计划仍在进行中（Smith and Foggin，2000）。青海—新疆维吾尔自治区（西藏自治区）高原高地草地的面积超过 250 万 km^2，占中国面积的 1/4。多年来，这里维持着牦牛和其他家畜畜牧业的可持续性发展和高寒植物和动物群（Goldstein and Beall，1990；Zhou，1992；Miller，1995；Richard，2000）。现在，这个地区走到了十字路口。这块草地在过去几十年遭受了极大的退化。许多综合性的研究表明：在青海省内 111 个抽样村庄发现，相关生产量 30 年内，地上生物量下降了 73%，有毒的植物传播增加了 5.6 倍（Lang et al，1997）。与此同时，本地自然动物群已经大规模地减少，几乎每个大中型哺乳动物物种都已成为濒危动物，被列入中华人民共和国野生动物保护法重点保护名录一、二类（MacKinnon et al，1996；Schaller，1998）。青藏高原上的高地生态系统面临着大量丧失本地生物多样性的危险，并难以维持可持续性的放牧能力和地区内基本经济活动（Foggin，2000）。这一点已经变得越来越明显。要改变这种趋势并保证这一地区下一代环境管理策略有助于草原的健康和生物多样性的长期保存，有关这一高原生态系统和它的生态学研究的精确数字和分析是十分必要的。

3.2 病害研究现状

国外英、美两国草类病害研究工作起步较早，英国剑桥大学出版社 1941 年出版了《英国禾草和豆科牧草病害》、美国农业部 1943 年出版了《苜蓿、草木樨和三叶草属植物的真菌》。我国自 20 世纪 80 年代以来，西北农业大学商鸿生教授、北京农业大学赵美琦教授等着手于草类作物病害的研究。2003 年南志标报道，截至 1998 年，我国已在 15 科 182 属的 903 种牧草上发现 2 831种病害，其中以禾本科牧草上报道的最多，为 1 289种，占病害总数的 45.5%。其次为豆科和菊科牧草病害，分别为 764 种（27.0%）和 410 种（14.5%）。就苜蓿病害种类全世界已发现 70 余种，我国记录了真菌病害 26 种，细菌病害和病毒病害 2 种。从目前国内各地已知病害发生情况看，苜蓿锈病、霜霉病、褐斑病、白粉病等是我国紫花苜蓿的主要病害，南方菌核病和炭疽病也比较严重。新疆以白粉病最为严重，其次是丛矮病；甘肃白粉病和褐斑病为最重要的病害，霜霉病在个别年份流行；陕西和山西主要是锈病和褐斑病；内蒙古呼和浩特地区以锈病和褐斑病为主，而锡林浩特地区则是褐斑病和斑枯病多发生。呼伦贝尔当地主要发生的是褐色斑病和根腐病。国内近年来对紫花苜蓿的病害做了一些研究工作，候天爵、南志标、袁庆华、陈亚君等分别对锈病、霜霉病、褐斑病和根腐病的病菌生物学特性及不同品种的抗病性等进行了研究。在人工草地虫害及田间杂草防治的研究方面的研究还不够深入。

3.3 虫害研究现状

为了加强内蒙古草原蝗虫灾害预测预报和应急防治决策能力，在农业部（2018年，国务院组织机构调整，农业部更名为农业农村部，下同）的大力支持下，内蒙古从2004年开始实施"草原蝗虫灾害监测预警与防治决策系统"研制和开发，内蒙古草原工作站依托全国畜牧兽医总站草业饲料处和中国农科院生物防治研究所进行了野外数据的采集调查，对历年蝗灾发生情况的数据进行了整理和分析，并开始着手研发蝗虫监测预警软件。这项工作旨在建立内蒙古草原蝗虫数据库平台，实现对草原蝗虫动态监测；与农业部和各盟市旗县联网，形成草原蝗虫灾情信息迅速上报机制；利用分析模型来判别蝗虫发生及成灾的概率值，为防治决策提供科学依据，实现对蝗灾的早期预警和中长期预测。尽快建立和完善草业有害生物检验和鉴定体系，开展外来草地有害生物检验鉴定工作，建立必要的技术性贸易壁垒，是保护我国草业健康稳定发展的需要。

4 主要研究的内容

4.1 呼伦贝尔草地有害生物种类及为害性

项目完成后摸清呼伦贝尔天然草地鼠害种类、发生数量、分布范围和为害程度及造成损失的量化关系；害虫种类、为害程度及分布；有毒有害植物种类、分布及为害性。呼伦贝尔市人工草地，饲料作物病害，虫害及田间杂草种类、数量、分布及为害程度。为合理的开发利用草场和有害生物综合治理奠定基础。

4.2 呼伦贝尔草地有害生物的消长规律

摸清天然草场主要鼠害生活史、生活习性、为害特点及生物学特性与生态条件间的关系；害虫的生活史、生活习性、为害特点；有毒有害植物的生长发育规律。摸清呼伦贝尔市人工草地病虫及杂草的发生规律，有害生物与有益生物间的动态平衡关系。

4.3 建立有害生物预测预报网络及预警系统

建立有害生物发生预测预报网络及预警系统，及时做出灾情发生时间、程度、地域等预测预报，使草地有害生物的防治工作做在发生为害前，减少投入和对环境的污染，取得较好的效益。

4.4 建立呼伦贝尔草场有害生物的科学管理技术规程

根据当地自然 生态条件和有害生物发生规律，合理地利用农业的，生物的，物理的，化学的和生态的调控措施，建立呼伦贝尔市草地有害生物模式化科学管理技术组合和可操作性强的科学管理方案，并在草业生产中实施，将有害生物控制在不足危害的水平以下。

5 效益分析

5.1 经济效益分析

本项研究直接的经济效益预测：从呼伦贝尔天然草地计算总面积为 1 129.8 hm^2，可利用面积为998.05 万 hm^2，平均单产干草约1 987.5 kg，有害生物发生为害后造成减产 10%，采用综合措施控制有害生物的为害，单从干草产量每年可挽回损失 1 987.5 kg×10%×998.05 万 hm^2 = 1 983 615 431 kg，如按干草 0.2 元/kg，折合人民币 1 983 615 431 kg×0.20 = 396 723 086.20元。从人工草地计算，2003 年末全市累计人工种草面积 11.46 万 hm^2，其中建成 0.3 万 hm^2的牧草种籽繁育基地，生产各类牧草种籽 24.87 万 kg，如采取综合防治技术，按挽回 10%的损失计算，就产草籽这一项既可增收草籽 24.84 万 kg×10% = 2.484 万 kg，按每千克草籽 50 元计算，2.484 万 kg×50 = 124.2 万元。随着人工草地面积的增加，经济效益也随着增大。

5.2 社会效益分析

通过草地有害生物的消长规律与科学管理的研究，可提高有关领导和广大农牧民对草地有害生物的重视，促进草业发展，加速种植业结构调整速度，提高本地天然草场和人工草地有害生物防治技术，提高农牧民收入。

5.3 生态效益分析

有害生物的科学管理将大幅度提高牧草产量和品质，将带动绿色产品、绿色肉产品、绿色奶产品的生产销售，有利于自然植被的保护和已退化草场植被的恢复，减少水土流失，也有利于加快取缔高毒、高残留农药在牧草田和草产品上的应用。

6 结论意见

通过项目的实施，摸清呼伦贝尔草地有害生物种类、数量、分布及为害程度；摸清有害生物与生态条件间的关系，有害生物与有益生物间的动态平衡关系；及时做出灾情发生时期、程度、地域等预测预报，并制定出可操作性强的科学管理方案。建成呼伦贝尔草地主要有害生物综合防治技术规程用于生产。采取积极的生物的无污染的防治措施，将有害生物控制在不足危害的水平以下。

（本文发表于《草业科学》，2006，23（7）：79）

• 呼伦贝尔大兴安岭岭东国内外优良牧草引种驯化栽培试验报告

摘要： 通过对 43 种（品种）豆科、禾本科人工栽培和当地野生牧草引种驯化栽培试验，经过两年的试验观察，牧草春播是呼伦贝尔大兴安岭岭东地区是适宜的播种方式，龙牧801苜蓿、美国黄花苜蓿4号、美国黄花苜蓿3号、敖汉苜蓿、WL168苜蓿、美国黄花苜蓿2号、俄罗斯苜蓿、内农1号羊草、偃麦草、阿坝垂穗披碱草等牧草适应当地的气候条件，安能全越冬，且牧草产量高，是适合当地栽培的优良牧草。

关键词：呼伦贝尔　大兴安岭　优良牧草　驯化栽培

1　试验目的

通过引进国内外优良紫花苜蓿品种，进行引种栽培试验，选择抗寒、抗旱、抗病虫害，适应高纬度、高寒地区的生长的优良品种，在呼伦贝尔市地区及周边地区推广栽培。

2　材料与方法

2.1　实验场地

呼伦贝尔申宽生物技术研究所试验基地。位于扎兰屯市西郊，S302省道西侧，呼伦贝尔市水土保持试验站东。黎明山脉北坡，地形北低南高，坡度平缓，由东向西土壤肥力逐减，土壤为草甸土、暗棕色土壤过渡段。

2.2　气候条件

试验地属寒温带大陆性季风气候。气候特点是太阳辐射较强，日照丰富，冬季漫长、严寒干冷；夏季短而温热，雨量集中，气温年、日较差大。春季升温快，秋天气温幅度大，积温有效性高；年平均气温3.2℃，年降水量500 mm左右。属大兴安岭东部林缘温凉湿润、半湿润林牧业和温暖半湿润农业区过渡带。

2.3　材料来源

从国内外引进呼伦贝尔杂花苜蓿、呼伦贝尔黄花苜蓿、草原三号苜蓿、猎人河苜蓿、新牧1号杂花苜蓿、龙牧801苜蓿、大庆苜蓿、肇东苜蓿、敖汉苜蓿、甘农3号苜蓿、新疆大叶苜蓿、俄罗斯苜蓿、苏联苜蓿、赤塔苜蓿、杜马苜蓿、WL168苜蓿、WL232HQ苜蓿、WL323ML苜蓿、阿尔岗金苜蓿、惊喜/阿迪娜苜蓿、皇后苜蓿、雪豹苜蓿、骑士2号苜蓿、康赛苜蓿，美国1号黄花苜蓿、美国2号黄花苜蓿、美国3号黄花苜蓿、美国4号黄花苜蓿、东方山羊豆、红豆草、沙打旺、白三叶，还有从呼伦贝尔岭东地区采集的野生豆科牧草从呼伦贝尔市采集的野生豆科牧草山野豌豆、胡枝子、多花胡枝子、达乌里胡枝子、野火球等37个种（品种）；禾本科牧草蒙农杂种冰草、内农1号羊草、偃麦草、阿坝垂穗披碱草、黑麦草、长穗偃麦草等6个种（品种），共43份材料。

2.4　整地与播种

耕翻20～25 cm，通过耕翻来疏松耕层，翻埋地表残茬和病、虫繁殖体，然后进行耙地和镇压，每个小区面积 15 m^2（3 m×5 m）。

播种前进行种子处理，将豆科牧草种子进行硬实处理，采取摩擦、碾压等方法破坏种皮，减少种子硬实率，提高种子发芽率。对禾本科牧草种子进行去芒处理。紫花苜蓿、黄花苜蓿行、沙打旺、红豆草、东方山羊豆等小粒种子每小区种子播量 15～20 g，山野豌豆、胡枝子、野火球等种子稍大，每小区播种量为 40～45 g，禾本科牧草每小区播种量为 40～50 g；条播，行距 30 cm，每小区 10 行，播种深度 2～3 cm，播后镇压。牧草种（品种）小区选择采取随机抽样的方法确定。

2.4.1 春 播

呼伦贝尔杂花苜蓿、呼伦贝尔黄花苜蓿、俄罗斯苜蓿、苏联苜蓿、赤塔苜蓿、杜马苜蓿、WL168 苜蓿、美国黄花苜蓿 1 号、美国黄花苜蓿 2 号、美国黄花苜蓿 3 号、美国黄花苜蓿 4 号、草原三号苜蓿、猎人河苜蓿、龙牧 801 苜蓿、大庆苜蓿、肇东苜蓿、甘农 3 号苜蓿、东方山羊豆、红豆草、沙打旺、白三叶、山野豌豆、胡枝子、野火球、蒙农杂种冰草、内农 1 号羊草、偃麦草、阿坝垂穗披碱草、黑麦草等 29 个种（品种）2015 年 5 月 8 日、9 日播种；WL232HQ 苜蓿、WL323ML 苜蓿、新疆大叶苜蓿、阿尔岗金苜蓿、皇后苜蓿、敖汉苜蓿、多花胡枝子 7 个种（品种）于 2015 年 5 月 30 日播种。

2.4.2 夏 播

新牧 1 号杂花苜蓿、惊喜/阿迪娜苜蓿、达乌里胡枝子 3 个品种，于 2015 年 6 月 20 日播种。

2.4.3 秋 播

雪豹苜蓿、骑士 2 号苜蓿、康赛苜蓿、长穗偃麦草 4 个种（品种 2015 年 8 月 4 日播种）。

2.5 田间管理

2.5.1 杂草防除

2015 年、2016 年 6 月初进行人工除草，6 月中旬采用氟磺胺、烯禾啶、烯草酮混合药剂，进行化学杂草防除。7 月、8 月初进行人工除草。

2.5.2 施 肥

整地前每亩施用厩肥 1 000 kg/亩，第二年 6 月初追施厩肥一次，施 1 000 kg/亩。

3 试验牧草生育期观察及生物生物量观测

2015 年、2016 年不同豆科牧草育期观测见表 1、表 2，2015 年、2016 年不同禾本科牧草育期观测见表 3、表 4，2015 年、2016 年不同豆科牧草产量测产记录见表 5、表 6。

4 试验小结与分析

4.1 适宜播种期

人工栽培牧草春播为宜。从表 2 可看出，适合本地栽培的人工栽培牧草春季播种，

表 1　2015 年豆科牧草田间观测记载

小区编号	参试品种	播种期	出苗期	分枝期	现蕾期	现蕾期株高（cm）	初花	盛花	开花初期株高（cm）	结荚期	成熟期	成熟期株高（cm）
1.3	呼伦贝尔黄花苜蓿	8/5	25/5	16/6	6/7	25	15/7	20/7	35	9/8	27/8	63
1.4	呼伦贝尔黄花苜蓿	8/5	25/5	16/6	6/7	25	15/7	20/7	37	9/8	27/8	57
2.3	俄罗斯苜蓿	8/5	19/5	14/6	10/7	35	20/7	25/7	38	15/8	4/9	56
2.4	俄罗斯苜蓿	8/5	19/5	14/6	10/7	35	20/7	25/7	40	15/8	4/9	55
3.3	美国黄花苜蓿 2 号	8/5	18/5	12/6	26/6	36	5/7	20/7	45	6/8	21/8	65
3.4	美国黄花苜蓿 2 号	8/5	18/5	12/6	26/6	35	5/7	20/7	44	6/8	21/8	59
4.3	美国黄花苜蓿 4 号	8/5	19/5	10/6	28/6	30	10/7	20/7	55	7/8	22/8	65
4.4	美国黄花苜蓿 4 号	8/5	19/5	10/6	28/6	30	10/7	20/7	53	7/8	22/8	69
5.1	猎人河苜蓿	9/5	20/5	6/21	6/7	34	20/7	1/8	40	16/8	29/8	70
5.2	猎人河苜蓿	9/5	20/5	6/21	6/7	35	20/7	1/8	40	16/8	29/8	67
5.3	美国黄花苜蓿 3 号	9/5	18/5	14/6	1/7	43	10/7	15/7	50	10/8	26/8	65
5.4	美国黄花苜蓿 3 号	9/5	18/5	14/6	1/7	45	10/7	15/7	50	10/8	26/8	63
6.1	呼伦贝尔杂花苜蓿	9/5	21/5	20/6	9/7	33	10/7	20/7	36	6/8	28/8	44
6.2	呼伦贝尔杂花苜蓿	9/5	21/5	20/6	9/7	35	10/7	20/7	38	6/8	28/8	44
6.3	美国黄花苜蓿 1 号	9/5	26/5	16/6	9/7	24	15/7	28/7	27	17/8	6/9	33
6.4	美国黄花苜蓿 1 号	9/5	26/5	16/6	9/7	24	15/7	28/7	25	17/8	6/9	24
7.1	龙牧 801 苜蓿	9/5	21/5	10/6	5/7	46	15/7	25/7	46	16/8	4/9	69
7.2	龙牧 801 苜蓿	9/5	21/5	10/6	5/7	46	15/7	25/7	46	16/8	4/9	67
7.3	WL168 苜蓿	9/5	18/5	11/6	1/7	40	11/7	20/7	55	1/8	23/8	70

（续表）

小区编号	参试品种	播种期	出苗期	分枝期	现蕾期	现蕾期株高（cm）	初花	盛花	开花初期株高（cm）	结荚期	成熟期	成熟期株高（cm）
7. 4	WL168 苜蓿	9/5	18/5	11/6	1/7	45	11/7	20/7	51	1/8	23/8	71
8. 1	大庆苜蓿	9/5	19/5	15/6	2/7	30	17/7	27/7	44	4/8	26/8	41
8. 2	大庆苜蓿	9/5	19/5	15/6	2/7	32	17/7	27/7	44	4/8	26/8	46
8. 3	肇东苜蓿	9/5	19/5	17/6	3/7	35	17/7	27/7	45	5/8	29/8	65
8. 4	肇东苜蓿	9/5	19/5	17/6	3/7	38	17/7	27/7	44	5/8	29/8	64
9. 1	苏联苜蓿	9/5	20/5	21/6	3/7	33	13/7	24/7	42	1/8	25/8	58
9. 2	苏联苜蓿	9/5	20/5	21/6	3/7	33	13/7	24/7	41	1/8	25/8	58
9. 3	甘农 3 号苜蓿	9/5	19/5	20/6	3/7	30	20/7	30/7	45	6/8	1/9	60
9. 4	甘农 3 号苜蓿	9/5	19/5	20/6	3/7	30	20/7	30/7	46	6/8	1/9	57
10. 1	赤塔苜蓿	9/5	21/5	18/6	2/7	30	14/7	24/7	43	2/8	27/8	53
10. 2	杜马苜蓿	9/5	19/5	20/6	1/7	37	19/7	30/7	42	6/8	2/9	55
10. 3	野火球	9/5	26/5	10/7	19/7	5/8	25/7					26
10. 4	野火球	9/5	26/5	10/7	19/7	5/8	25/7					25
11. 1	白三叶	9/5	22/5		20/7	27/7	30/7					8
11. 2	白三叶	9/5	22/5		20/7	27/7	30/7					9
11. 3	东方山羊豆	9/5	26/5	19/6								36
11. 4	东方山羊豆	9/5	26/5	19/6								40
12. 1	草原三号	9/5	19/5	12/6	30/6	30	10/7	25/7	38			55

（续表）

小区编号	参试品种	播种期	出苗期	分枝期	现蕾期	现蕾期株高（cm）	初花	盛花	开花初期株高（cm）	结荚期	成熟期	成熟期株高（cm）
12. 2	沙打旺	9/5	25/5	20/6								32
12. 3	山野豌豆	9/5	10/6	24/6								16
12. 4	山野豌豆	9/5	10/6	24/6								17
13. 1	WL232HQ 苜蓿	30/5	9/6	10/7								38
13. 2	WL323ML 苜蓿	30/5	9/6	25/7								28
13. 3	红豆草	9/5	24/5	18/6								
13. 4	胡枝子	9/5	26/5	21/6								16
14. 1	大叶苜蓿	30/5	10/6	20/6								37
14. 2	阿尔岗金苜蓿	30/5	10/6	20/6								43
14. 3	多花胡枝子	30/5	10/6	15/6								24
14. 4	达乌里胡枝子	20/6	26/6	5/7								25
15. 1	惊喜/阿迪娜苜蓿	20/6	26/6	6/7								35. 4
15. 2	新牧 1 号杂花苜蓿	20/6	27/6	6/7								35
15. 3	敖汉苜蓿	30/5	11/6	28/6								52
15. 4	皇后苜蓿	30/5	11/6	29/6								56
16. 1	雪豹苜蓿	4/8	14/8	26/8								
16. 2	骑士 2 号苜蓿	4/8	14/8	26/8								
16. 3	康赛苜蓿	4/8	13/8	26/8								

表 2　2016 年豆科牧草田间观测记载

小区编号	参试品种	越冬率（%）	返青期	分枝期	现蕾期	现蕾期株高（cm）	初花期	盛花期	开花初期株高（cm）	结荚期	成熟期	成熟期株高（cm）
1.3	呼伦贝尔黄花苜蓿	91	21/4	5/5	16/6	40	25/6	3/7	45	5/8	25/8	65
1.4	呼伦贝尔黄花苜蓿	94	21/4	5/5	16/6	40	25/6	3/7	43	5/8	25/8	64
2.3	俄罗斯苜蓿	100	20/4	1/5	9/6	55	19/6	25/6	68	20/7	31/8	60
2.4	俄罗斯苜蓿	100	20/4	1/5	9/6	48	19/6	25/6	65	20/7	31/8	61
3.3	美国黄花苜蓿 2 号	100	25/4	7/5	8/6	68	16/6	25	70	20/7	17/8	73
3.4	美国黄花苜蓿 2 号	100	25/4	7/5	8/6	69	16/6	25	73	20/7	17/8	72
4.3	美国黄花苜蓿 4 号	100	25/4	7/5	4/6	50	18/6	26/6	73	22/7	19/8	72
4.4	美国黄花苜蓿 4 号	100	25/4	7/5	4/6	50	18/6	26/6	75	22/7	19/8	70
5.1	猎人河苜蓿	70	1/5	15/5	19/6	33	28/6	8/7	55	5/8	25/8	70
5.2	猎人河苜蓿	95	1/5	15/5	19/6	35	28/6	8/7	55	5/8	25/8	69
5.3	美国黄花苜蓿 3 号	93	23/4	11/5	7/6	41	20/6	27/6	56	28/7	21/8	71
5.4	美国黄花苜蓿 3 号	65	23/4	11/5	7/6	40	20/6	27/6	56	28/7	21/8	70
6.1	呼伦贝尔杂花苜蓿	55	5/5	29/5	6/6	30	10/6	25/6	40	8/8	25/8	51
6.2	呼伦贝尔杂花苜蓿	85	5/5	29/5	6/6	30	10/6	25/6	40	8/8	25/8	49
6.3	美国黄花苜蓿 1 号	100	26/4	6/5	10/6	35	19/6	22/6	48	5/8	1/9	35
6.4	美国黄花苜蓿 1 号	100	26/4	6/5	10/6	33	19/6	22/6	48	5/8	1/9	33
7.1	龙牧 801 苜蓿	85	6/5	12/5	9/6	38	15/6	25/6	40	5/8	27/8	70
7.2	龙牧 801 苜蓿	95	6/5	12/5	9/6	38	15/6	25/6	40	5/8	27/8	69
7.3	WL168 苜蓿	100	22/4	7/5	6/6	59	19/6	24/6	68	5/8	21/8	72

（续表）

小区编号	参试品种	越冬率（%）	返青期	分枝期	现蕾期	现蕾期株高（cm）	初花期	盛花期	开花初期株高（cm）	结荚期	成熟期	成熟期株高（cm）
7. 4	WL168 苜蓿	100	22/4	7/5	6/6	57	19/6	24/6	67	5/8	21/8	73
8. 1	大庆苜蓿	85	4/5	16/5	19/6	30	6/7	14/7	30	8/8	25/8	42
8. 2	大庆苜蓿	95	4/5	16/5	19/6	30	6/7	14/7	33	8/8	25/8	41
8. 3	肇东苜蓿	100	23/4	8/5	9/6	60	17/6	24/6	50	6/8	26/8	65
8. 4	肇东苜蓿	100	23/4	8/5	9/6	60	17/6	24/6	50	6/8	26/8	63
9. 1	苏联苜蓿	93	29/4	17/5	13/6	35	19/6	25/6	50	5/8	22/8	60
9. 2	苏联苜蓿	94	29/4	17/5	13/6	35	19/6	25/6	50	5/8	22/8	59
9. 3	甘农 3 号苜蓿	95	23/4	12/5	20/6	35	5/7	14/7	45	7/8	29/8	61
9. 4	甘农 3 号苜蓿	93	23/4	12/5	20/6	35	5/7	14/7	45	7/8	29/8	58
10. 1	赤塔苜蓿	83	1/5	27/5	8/6	40	15/6	28/6	45	7/8	26/8	54
10. 2	杜马苜蓿	75	8/5	29/5	8/6	45	15/6	27/6	50	5/8	1/9	56
10. 3	野火球	100	29/4	15/5	25/5	25	29/5	4/6	30	25/6	15/8	35
10. 4	野火球	100	29/4	15/5	25/5	25	29/5	4/6	30	25/6	15/8	35
11. 1	白三叶	0										
11. 2	白三叶	0										
11. 3	东方山羊豆	100	15/5	14/7	12/7	47	18/7	25/7	50	10/8	15/9	60
11. 4	东方山羊豆	100	15/5	14/7	12/7	47	18/7	25/7	50	10/8	15/9	60
12. 1	草原三号	70	8/5	29/5	15/6	40	27/6	14/7	50	3/8	28/8	55

（续表）

小区编号	参试品种	越冬率（%）	返青期	分枝期	现蕾期	现蕾期株高（cm）	初花期	盛花期	开花初期株高（cm）	结荚期	成熟期	成熟期株高（cm）
12.2	沙打旺	90	6/5	19/6	25/7	70	8/7	28/7	75			
12.3	山野豌豆	80	5/5	1/6	20/7	45	2/8	10/8	50	18/8	5/9	53
12.4	山野豌豆	80	5/5	1/6	20/7	45	2/8	10/8	50	18/8	5/9	52
13.1	WL232HQ 苜蓿	15	24/5	1/6								
13.2	WL323ML 苜蓿	0										
13.3	红豆草	0										
13.4	胡枝子	100	16/5	1/6	19/6	25	10/7	25/7	30	7/8	28/8	32
14.1	新疆大叶苜蓿	30	11/5	29/51	5/6	35	5/7	15/7	45	7/8	26/8	48
14.2	阿尔岗金苜蓿	40	11/5	25/5	22/6	30	3/7	14/7	40	5/8	25/8	45
14.3	多花胡枝子	100	25/5									
14.4	达乌里胡枝子	100	20/5		5/8	30	15/7	23/7	35	6/8	29/8	40
15.1	惊喜/阿迪娜苜蓿	10	12/5	24/5	19/6	25	6/7	15/7	30	8/8	28/8	38
15.2	新牧 1 号杂花苜蓿	10	12/5	24/5	20/6	24	25/6	10/7	35	8/8	27/8	43
15.3	敖汉苜蓿	100	5/5	25/5	6/6	35	15/6	21/6	50	5/8	26/8	52
15.4	皇后苜蓿	100	5/5	25/5	10/6	35	16/6	28/6	45	5/8	25/8	49

表 3　2015 年禾本科牧草田间观测记载

小区编号	参试品种	播种期	出苗期	分蘖期	拔节期	孕穗期	抽穗期	抽穗期株高（cm）	开花期	乳熟期	蜡熟期	完熟期	完熟期株高（cm）
1.1	蒙农杂种冰草	8/5	20/5	18/6	19/6	2/7							60
1.2	蒙农杂种冰草	8/5	20/5	18/6	19/6	2/7							62

（续表）

小区编号	参试品种	播种期	出苗期	分蘖期	拔节期	孕穗期	抽穗期	抽穗期株高（cm）	开花期	乳熟期	蜡熟期	完熟期	完熟期株高（cm）
2.1	内农1号羊草	8/5	26/5	17/6	20/6	25/6	1/7	36	28/7	20/8	29/8	12/9	65
2.2	内农1号羊草	8/5	26/5	17/6	20/6	25/6	1/7	36	28/7	20/8	29/8	12/9	69
3.1	偃麦草	8/5	21/5	14/6	21/6	2/7	15/7	50	27/7	18/8	29/8	10/9	89
3.2	偃麦草	8/5	21/5	14/6	21/6	2/7	15/7	50	27/7	18/8	29/8	10/9	88
4.1	阿坝垂穗披碱草	8/5	26/5	12/6	20/6	8/7	18/7	53	25/7	17/8	25/8	10/9	97
4.2	黑麦草	8/5	21/5	8/6	10/6	18/6	28/6	65	27/7	18/8	27/8	12/9	103
16.4	长穗偃麦草	4/8	13/8										

表4 2016年禾本科牧草田间观测记载

小区编号	参试品种	越冬率	返青期	分蘖期	拔节期	孕穗期	抽穗期	抽穗期株高（cm）	开花期	乳熟期	蜡熟期	完熟期	完熟期株高（cm）
1.1	蒙农杂种冰草	100	16/4	10/5	24/	3/6	11/6	43	28/6	20/7	7/8	20/8	61
1.2	蒙农杂种冰草	100	16/4	10/5	24/	3/6	11/6	43	28/6	20/7	7/8	20/8	60
2.1	内农1号羊草	100	18/4	15/5	20/5	30/5	4/6	69	30/6	25/7	10/8	21/8	74
2.2	内农1号羊草	100	18/4	15/5	20/5	30/5	4/6	69	30/6	25/7	10/8	21/8	75
3.1	偃麦草	100	17/4	11/5	21/5	18/6	22/6	50	2/7	26/7	10/8	20/8	88
3.2	偃麦草	100	17/4	11/5	21/5	18/6	22/6	50	2/7	26/7	10/8	20/8	90
4.1	阿坝垂穗披碱草	100	19/4	11/5	24/5	1/6	10/6	52	25/6	8/7	20/7	7/8	98

第二年都可安全越冬，越冬率在95%以上；而夏播的牧草第二年越冬率仅为30%～40%，秋播的牧草不能越冬。野生驯化牧草可春季播种，也可夏季播种，如达乌里胡枝子夏季播种第二年越冬率达到100%。

4.2 适应性观察

呼伦贝尔杂花苜蓿、美国黄花苜蓿3号、猎人河苜蓿、美国黄花苜蓿4号、俄罗斯苜蓿、美国黄花苜蓿2号、呼伦贝尔黄花苜蓿、东方山羊豆、皇后苜蓿、敖汉苜蓿、苏联苜蓿、肇东苜蓿、大庆苜蓿、WL168苜蓿、龙牧801苜蓿、美国黄花苜蓿1号、蒙农杂种冰草、内农1号羊草、偃麦草、阿坝垂穗披碱草以及山里豌豆等野生驯化品种都能适应当地的气候条件，越冬率在90%以上，能正常地进行生长发育。

WL232HQ苜蓿、阿尔岗金苜蓿、新牧1号杂花苜蓿、惊喜/阿迪娜苜蓿等春播和夏播牧草品种第二年越冬率仅为10%左右，白三叶、红豆草、WL323ML苜蓿、黑麦草越冬率为0，雪豹苜蓿、骑士2号苜蓿、康赛苜蓿、长穗偃麦草4个秋播种（品种）越冬率均为0。

4.3 牧草产量

通过表5、表6可知，2015年产量最高的豆科牧草种（品种）依次为美国黄花苜蓿2号、美国黄花苜蓿4号、美国黄花苜蓿3号、WL168苜蓿，鲜草产量为8 025～22 500 kg/hm^2；干草产量为1 984～6 380 kg/hm^2；2016年产量最高的豆科牧草种（品种）依次为龙牧801苜蓿、美国黄花苜蓿4号、美国黄花苜蓿3号、敖汉苜蓿、WL168苜蓿、美国黄花苜蓿2号、俄罗斯苜蓿等，鲜草产量为24 550～39 925 kg/hm^2，干草产量为10 200～16 675 kg/hm^2。

表5 2015年部分豆科牧草产量测产记录

时间：2015.8.21　　　　测产面积：4 m^2

小区编号	参试品种	测产高度(cm)	鲜草重(kg)	干鲜比*(%)	干草重(kg)	鲜草产量(kg/hm^2)	干草产量(kg/hm^2)
1.4	呼伦贝尔黄花苜蓿	57.1	2.35	32.05	0.753 1	5 875	1 883
2.4	俄罗斯苜蓿	55.6	1.75	23.56	0.412 3	4 375	1 031
3.4	美国黄花苜蓿2号	59.7	9.00	27.28	2.455 2	22 500	6 380
4.4	美国黄花苜蓿4号	69.0	7.65	16.34	1.250 0	19 125	3 125
5.1	猎人河苜蓿	70.7	1.75	28.24	0.494 2	4 375	1 236
5.4	美国黄花苜蓿3号	62.3	3.71	26.68	0.989 8	9 275	2 475
6.1	呼伦贝尔杂花苜蓿	43.8	1.00	30.34	0.303 4	2 500	759
6.4	美国黄花苜蓿1号	62.3	1.51	26.41	0.398 8	3 775	997
7.1	龙牧801苜蓿	69.5	2.10	27.51	0.577 7	5 250	1 444
7.4	WL168苜蓿	70.8	3.21	24.72	0.793 5	8 025	1 984

（续表）

小区编号	参试品种	测产高度（cm）	鲜草重（kg）	干鲜比*（%）	干草重（kg）	鲜草产量（kg/hm²）	干草产量（kg/hm²）
8. 1	大庆苜蓿	40. 8	1. 50	27. 81	0. 417 1	3 750	1 043
8. 4	肇东苜蓿	63. 1	2. 15	27. 53	0. 591 9	5 375	1 480
9. 1	苏联苜蓿	58. 2	1. 35	28. 21	0. 380 8	3 375	952
9. 4	甘农 3 号苜蓿	56. 6	1. 75	28. 32	0. 495 6	4 375	1 239
10. 1	赤塔苜蓿	52. 9	1. 67	28. 07	0. 393 2	4 175	983
10. 2	杜马苜蓿	55. 3	1. 36	26. 01	0. 353 7	3 400	884
12. 1	草原 3 号苜蓿	55. 1	1. 43	32. 84	0. 469 6	3 575	1 174

表 6　2016 年豆科产草量测产记录

时间：2016. 8. 21　　　　测产面积：4 m²

小区编号	参试品种	测产高度（cm）	鲜草重（kg）	干鲜比（%）	干草重（kg）	鲜草产量（kg/hm²）	干草产量（kg/hm²）
1. 4	呼伦贝尔黄花苜蓿	64. 5	7. 65	30. 07	2. 53	19 125	6 325
2. 4	俄罗斯苜蓿	61. 4	9. 82	41. 55	4. 08	24 550	10 200
3. 4	美国黄花苜蓿 2 号	72. 6	10. 32	39. 34	4. 06	25 800	10 150
4. 4	美国黄花苜蓿 4 号	72. 3	15. 55	42. 89	6. 67	38 875	16 675
5. 2	猎人河苜蓿	69. 2	6. 37	37. 36	2. 38	15 925	5 950
5. 4	美国黄花苜蓿 3 号	70. 8	12. 96	35. 34	4. 58	32 400	11 450
6. 2	呼伦贝尔杂花苜蓿	49. 6	7. 84	35. 08	2. 75	19 600	6 875
6. 4	美国黄花苜蓿 1 号	33. 5	5. 52	36. 78	2. 03	13 800	5 075
7. 2	龙牧 801 苜蓿	75. 7	15. 97	38. 76	6. 19	39 925	15 475
7. 4	WL168 苜蓿	66. 8	11. 84	35. 98	4. 26	29 600	10 650
8. 2	大庆苜蓿	41. 9	7. 65	33. 86	2. 59	19 125	6 475
8. 4	肇东苜蓿	63. 7	8. 16	33. 95	2. 77	20 400	6 925
9. 2	苏联苜蓿	59. 1	7. 44	39. 78	2. 96	18 600	7 400
9. 4	甘农 3 号苜蓿	61. 3	8. 32	30. 14	2. 83	20 800	7 075
10. 1	赤塔苜蓿	54. 5	4. 72	32. 20	1. 52	11 800	3 800
10. 2	杜马苜蓿	56. 4	7. 39	39. 78	2. 94	18 475	7 350
10. 4	野火球	35. 8	3. 81	46. 98	1. 79	9 525	4 475
12. 1	草原三号	60. 9	8. 80	41. 25	3. 63	22 000	9 075
12. 2	沙打旺	75. 2	6. 08	36. 02	2. 19	15 200	5 475

（续表）

小区编号	参试品种	测产高度（cm）	鲜草重（kg）	干鲜比（%）	干草重（kg）	鲜草产量（kg/hm²）	干草产量（kg/hm²）
12.4	山野豌豆	52.8	4.32	29.17	1.26	10 800	3 150
13.4	胡枝子	32.6	4.96	37.10	1.84	12 400	2 600
14.1	新疆大叶苜蓿	48.5	2.24	33.48	0.75	5 600	1 875
14.2	阿尔岗金苜蓿	45.2	3.92	34.18	1.34	9 800	3 350
14.4	达乌里胡枝子	40.7	5.12	41.60	2.13	12 800	5 325
15.1	惊喜/阿迪娜苜蓿	38.9	6.72	39.74	2.35	16 800	5 876
15.2	新牧 1 号杂花苜蓿	43.5	4.32	28.47	1.23	10 800	3 075
15.3	敖汉苜蓿	52.7	13.12	38.79	5.09	32 800	12 725
15.4	皇后苜蓿	49.5	7.36	39.94	2.94	18 400	7 350

4.4 田间管理

豆科、禾本科多年生牧草第一年生长缓慢，容易受杂草侵害，应及时除草，防治田间杂草可采用人工除草，也可采用化学除草。播种后第二年，牧草生长较第一年旺盛，与杂草竞争力增强，杂草得到一定程度的抑制，但还需搞好田间除草工作。

5 存在问题

部分豆科牧草品种性状出现变异。如美国黄花苜蓿 2 号、美国黄花苜蓿 3 号、美国黄花苜蓿 4 号开花颜色为紫色，呼伦贝尔杂花苜蓿、新牧 1 号杂花苜蓿开花颜色产紫色，而无黄色和白色花的出现。

土壤肥力对牧草生长影响较大。实验地从东致西肥力逐渐降低，试验地东部的小区，各种（品种）牧草生势普遍很好，株高普遍高于实验地西部的小区，2015 年播种当年，东部小区的品种几乎全部开花，而西部的小区开花的株数低于 50%，最低的低于 30%。这种情况是否与试验地的肥力不均衡有关，尚需进一步观察。

野生豆科牧草种子出苗晚，出苗率低。野火球、山野豌豆、胡枝子、多花胡枝子、达乌里胡枝子等从野外采集的野生牧草种子，出苗晚，出苗率低，野火球出苗率在10%以下，胡枝子、多花胡枝子、达乌里胡枝子出苗率也不高于 30%，山野豌豆于播种的第二年出苗。

（本文为呼伦贝尔市级课题研究内容）

●呼伦贝尔市人工草地主要有害生物种类调查

摘要： 采用定点定期调查和室内鉴定相结合的方法，对呼伦贝尔市人工草地病害、虫害及杂草的发生种类、为害程度进行了系统的调查，结果表明：人工草地有病害15种，虫害38种，田间杂草有80种，并分析了有害生物发生的原因，为下一步开展防治打下基础。

关键词： 呼伦贝尔 人工草地 有害生物 种类调查

呼伦贝尔是我国著名的草场，由于天然草场缩减退化，人工草场就成了必然的选择。近年来，栽培牧草面积有了很大的发展，全市面积已超过7万 hm^2。人工草场对改善生态，发展畜牧业，调整种植业结构，出口创汇发挥了重要作用，正在迅速形成我市的一个重要的支柱产业。随着人工草场面积的扩大，有害生物为害也逐年加重，在一些地区已经成为草业发展的严重障碍。为了掌握全市人工牧草病虫杂草发生为害情况，我们于2001—2003年在市内主要旗市开展了取样调查。

1 研究方法

以豆科的苜蓿和禾草的披碱草为主选择扎兰屯、莫旗、牙克石等地有代表性地块，定点定期调查病害、虫害和杂草发生的种类和为害程度，并采集标本，室内鉴定。将调查结果进行分析比较。

2 结果与分析

2.1 病害种类

苜蓿病害种类共有8种（表1）。为害较为严重的有根腐病，其中莫旗有一地块根腐病率达30%，造成成片死亡。其他病害目前除局部地块外总体上不太严重。

表1 牧草病害种类调查结果

牧草种类	病害	分布	为害程度
	根腐病		
	(*Fusarium oxyspo-rium Vsr medica-ginis* Weimer)	全市	+ + +
	立枯病	全市	
	Rhizoctonia solani Kuhn		+ +
	褐斑病	全市	+ +
紫花苜蓿	*Pseudopeziza medi-caqinis*（Lib）Sacc		
	猝倒病	全市	+
	霜霉病（*Peronospora aestivalis* syd）	扎、莫	+
	菌核病 *Sclerotinia sclerotiorum*	扎、莫	+
	花叶病毒病（AMV）	莫	+
	生理性病害	全市	+++

（续表）

牧草种类	病害	分布	为害程度
披碱草	锈病 *P graminis heeminhhosporium*	全市	+ +
	禾草根腐病 *Sativum P* KB	扎、阿、莫	+ + +
	禾草赤霉病（根腐病）*Fusarium gramine arum* schw		+ + +
	黑痣病 *Phyllachora graminis*	扎兰屯	
	麦角病 *Laviceps purpuren*	扎兰屯	+
	纹枯病 *Pellicularia* Sosakii	扎、阿、莫	++
	黑穗病 *Ustilago bullate*	扎、阿、莫	+
	白粉病 *Ergsiphe graminis*	扎、阿、莫	+

近几年我市有不少地块苜蓿幼苗期和返青时有较重的生理病害，主要诱因为品种适应性差，残留药害，冻害，干旱或积水，已造成多起大面积死苗，一度成为苜蓿生产中的主要问题。

披碱草病害共发现8种。其中两种根腐病较为严重，一般发病在5%左右，严重地块死苗达30%以上。

2.2 虫害种类（苜蓿田）

经调查害虫共有38种（表2），为害面积最大，程度最为严重的是草地螟，虫口密度达到20～40头/m^2，全市2001年发生面积60多万hm^2。其他如地老虎、跳甲、夜蛾在局部地区为害较重，分别达到5头、5～10头、3～5头/m^2（表3）。

表2 苜蓿害虫种类调查结果

害虫	分布	为害性
草地螟 *Loxostege sticalis* linnaeus	全市	+ + +
苜蓿盲蝽 *Adelphocoris lineolatus* Gcoze	全市	+
苜蓿夜蛾 *Heliothis Viriplaca* Hufnagel	全市	+ +
黄曲条跳甲 *Phyllotrotrela Viltata*（Faabricius）	全市	+ +
直条跳甲 *Phyllotrotrela Viltata*（Redtenbocher）	全市	+
细胸金针虫 *Agriotes fuscicollis* Miwa	全市	+
宽背金针虫 *Selalosomus Latus* Fabricius	全市	+
白边痂蝗、毛足棒角蝗、轮文痂蝗、亚洲小车蝗、苯蝗	扎、莫	+
豆灰蝶 *Plebejus argus*（Linnaeus）	扎、阿、莫	+
豆粉蝶 *Colias erate*（Esper）	扎、阿、莫	+
菜粉蝶 *Pieris rapae* Linnaeus	全市	+

（续表）

害虫	分布	为害性
大青叶蝉 *Fettigoniella*	扎、阿、莫	+
小青叶蝉	扎、阿、莫	+
蚜虫 *Aphis craccivora* Koch	扎、阿、莫	+
白边地老虎 *Euxoa oberthuri* Leech	全市	+ +
八字地老虎 *Agrotis c-nigrum* Linnaeus	扎	+
盲蝽（*Lygus lucorum*）	扎	+
黑三条地老虎	扎	+
蛴螬（数种）	全市	+
斑须蝽 *Dolycoris baccarum*（Linnaeus）	扎、莫、阿	+
中华芫菁 *Epicauta gorhami* Marseul	扎、牙	+
豌豆潜蝇 *Phytomyza horticola* Goureau	扎、满、海	+
毒蛾 *Porthesiasimiles*（Fueszly）	扎、阿、莫	+
古毒蛾 *oryia antique*	扎、阿、莫	+
豆小卷叶蛾 *Matsumuraeses phaseoli*	扎、阿、莫	+
二条叶甲 *Monole-pta nigrobilineata*		+
双斑萤叶甲 *Monolepta hierogly-phica*	扎、阿、莫	+
暗伏豆芫菁 *Epicauta obscurocephala*	全市	+
茄无网长管蚜 *Aalacorthum solani*	扎、牙	+
红棕灰夜蛾 *Oolia illoba*	扎、阿、莫	+
黏虫 *Mythimna separate*	全市	+
麦长管蚜 *Macrosiphum granarium*	全市	+
中华草螽 *Conocephalus chinensis*	扎	+
日本草螽 *Conoce-phalus japonicus*	扎	+

表3　呼伦贝尔市人工草地杂草中累计为害性

杂草名称		学名	分布	为害
（唇形科）	香薷	*Elsholtzia ciliate*（Thunb）Hgland	扎、阿、莫	+ +
	水棘针	*Amethystea caerulea* L	扎、阿、莫	+ +
	野薄荷	*Mentha haplocatyx* Briq	扎、阿、莫	+
	鼬瓣花	*Galeopsis bifida* Boenn	扎、阿、莫	++
	野地瓜苗	*Lycopus lucidus* Turcz	扎、阿、莫	++

（续表）

杂草名称		学名	分布	为害
（藜科）	轴藜	*Axyris amaranthoides* L	扎、阿、莫	+
	刺藜	*Chenopodium aristatum* L	扎、阿、莫	+
	地肤	*Kochia scoparia* （L） Schrad	扎、阿、莫	+
	藜	*Chenopodium albun* L	扎、阿、莫	++++
	猪毛菜	*Salsola collina* Pall	扎、阿、莫	+
（十字花科）	垂果南芥	*Arabis pendula* L *var hypoglauca* Franch	扎、阿、莫	+
	葶苈	*Draba nemorosa* L	扎、阿、莫	+
	荠	*Capsella bursa-patoris* （L）	扎、阿、莫	+
	风花菜	*Rorippa palustris* （Leyss） Bess	扎、阿、莫	+
	野油菜	*Brassica campesris* L	牙	++
（蔷微科）	高二裂萎菜	*Potentilla bifurca* L Var	牙、扎、阿、莫	++
	地榆	*Sanguisorba officinalis* L	牙、扎、阿	++
（蓼科）	卷茎蓼	*Polygonum convolvulus* L	全市	++++
	苦荞麦	*Fagopyrum tataricum* （L） Gaerfn	扎、阿、莫、牙	+++
	桃叶蓼	*Apaotvgonum persicaria* L	扎、阿、莫	+
	长刺酸模	*Rhenm marittmus* L	扎、阿、莫	+
	叉蓼	*Polygonum divaricatum* L	扎、阿、莫	++
	柳叶刺蓼	*Polygonum bumgeanum* Turcz	扎、阿、莫	++
	酸模叶蓼	*Polygonum lapathifolium* L	扎、阿、莫	+++
	皱叶酸模	*Rumex crispus* L	扎、阿、莫	++
	兴安蓼	*Polygonum alpinum* All	扎、阿、莫	+
	扁畜蓼	*Polygonum aviculare* L	扎、阿、莫	+
（禾本科）	冰草	*Agropyron cristatum* （L） Gaertner	牙、阿、莫	++++
	光稃茅香	*Hierochloe odorata* （L） Beauv	牙、阿、莫	++++
	稗	*Echinochloa*	扎、阿、莫	++++
	野小麦	*Triticum aestivum* L	牙、莫	++
	野燕麦	*Avena fatua* L	扎、阿、莫、牙	+++
	狗尾草	*Setaria viridis* （L） Beauv	扎、阿、莫	+++
	金狗尾草	*Setaria glauca* （L） Beauv	扎、阿、莫	++
	野黍	*Ertochloa villosa* Kunth	扎、阿、莫	+++
	马唐	*Digtlaria adscendens* Henrard	扎、阿、莫	+

（续表）

杂草名称		学名	分布	为害
（禾本科）	羊草	*Aneuro lepidiun nevshi chinense* Kitag	扎、阿、莫	++
	画眉草	*Eragrostis cilianensis* （All） LinK	扎、阿、莫	+
	早熟禾	*Paa annua* L	扎、阿、莫	+
	芦苇	*Phragmites communis* Trin	扎、阿、莫	++
	剪股颖	*Hgrostis* L	扎、阿、莫	+
（菊科）	山莴苣	*Lactuca indica* L	扎、阿、莫	+
	猪毛蒿	*Artcmisia scoparia* Waldst ef kitag	全市	++
	黄花蒿	*Artemisia annua* L	全市	++
	蒙古蒿	*ArtemisiaMongolia* Fisch ex Bess	全市	++
	辣子草	*Galinsoga parviflora* cav	扎、阿、莫	+
	兴安毛连菜	*Picris japonica* Thunb	扎、阿、莫	+
	大粒蒿	*Artemisia sieversiana* Willd	扎、阿、莫	+
	鼠鞠草	*G naphalium affine* D Don	扎、阿、莫	+
	苍耳	*Xanlhium sibiricum* Partin	扎、阿、莫	++
	大蓟	*Caphalanoplos setosum* （Wiad） kitam	全市	
	小蓟	*Caphalanoplos setosum* （Bye. ）	全市	+++
	苣卖菜	*Sonchus brachyotus* Dc	扎、阿、莫	+++
	羽叶鬼针草	*Bidens parviflora* Willd	扎、阿、莫	+++
	狼把草	*Fripartitl* L	扎、阿、莫	+
	驴耳风毛菊	*Saussurea amara* （L） DC	扎、阿、莫	+
	全叶马兰	*Kalimeria integrifalia* Turcz.	全市	
	茵陈蒿	*Artemisis capillaries* Thunb.	扎、阿、莫	
	烟管蓟	*Cirsium pendulum* Fisch.	扎、阿、莫	
	飞廉	*Ccarduus* L.	扎、阿、莫	
（豆科）	苦马豆	*Sphaerophysa salsula* （Pall） dc	扎、阿、莫	+
	野大豆	*Glyeine soja sieb et zucc*	扎、阿、莫	+
	山野豌豆	*Vieia amoena Fisch.* exDC	扎、阿、莫	++
	野火球	*Trifolivm* L	扎、阿、莫	+
（芒牛儿苗科）	芒牛儿苗	*Erodium stephanianum* Willd	扎、阿、莫	+
	鼠掌老鹳草	*Geranium sibiricum* L	扎、阿、莫	+

（续表）

杂草名称		学名	分布	为害
（石竹科）	繁缕	*Stellarta media* （L） Cyr	扎、阿、莫	+
	麦瓶草	*Sileme venose* （Gilib） Aschers	扎、阿、莫	+
（茄科）	龙葵	*Solanum nigrum* L	扎、阿、莫	+
（鸭跖草科）	鸭跖草	*Commelina communis* L	扎、阿、莫	+
（伞形科）	迷果芹	*Sphallerocarpus gracilis* Bess. ex DC	牙、阿、莫	++
（苋科）	反枝苑	*Amaranthus retrtoftexus* L	扎、阿、莫	++++
（木贼科）	问荆	*Equisetum arvense* L	全市	++
（马齿苋科）	马齿苋	*Portulaca oleracea* L	扎、阿、莫	++
（毛科）	棉团铁线蓬	*Clematis hexapetala* pall	牙	+
（车前科）	平车前	*Plantago depressa* Willd	扎、阿、莫	+
（旋花科）	打碗花	*Calystegia hederacea* Wallich	扎、阿、莫	+
	田旋花	*Convolvulus arvensis* L	扎、阿、莫	++

2.3 杂草种类

调查结果表明，呼市人工草地共有杂草 80 种，其中强害杂草 13 种，包括：蓼、稗、冰草、茅香、反枝苋、刺菜、苣荬菜、野黍、野燕麦、狗尾草、酸模叶蓼、卷茎蓼、苦荞麦等。黄花蒿、香薷、鸭跖草、水棘针、问荆、苍耳等在个别旗市为害较重。杂草不仅种类多分布广而且为害严重。目前杂草为害性远大于病虫害而居于前位。有不少人工草场因杂草没控制住，导致减产 30%～80%，甚至无法销售。杂草增多还常导致病虫加剧，从而进一步加大牧草损失。各地杂草种类不尽相同，但人工草地杂草种类基本上和当地其他农田的杂草谱相同，可以断定，杂草绝大多数是原地块遗留或从周边环境中传播来的。

2.4 人工草地有害生物发生的原因分析

人工草地病虫杂草种类逐年增多，为害日渐加重的原因经调查分析主要有以下几方面。

2.4.1 环境因素

近年来呼伦贝尔市自然灾害频繁，旱、涝、霜、冻等常使牧草生长迟缓，抗病虫杂草的能力下降。旱涝冻害等自然灾害还能直接引发牧草的生理病害，常导致萎蔫，矮小，烂根，茎枯乃至死亡。许多病害在高湿积水年份易于扩散、侵染和增殖，而大多数害虫在干旱年份利于其滋生，而杂草对环境适应性及抗逆性远高于人工牧草，牧草长得越差，杂草就会获得更多的竞争优势。

人工草地邻近草原、荒地和农田、由于风雨因素，病虫杂草会很快就近传入草场。另外人工草地的前茬遗留下来的病虫杂草籽会形成最早的侵染源。一般周边环境中病虫杂草为害越重，人工草场的受害程度也会越大。

2.4.2　人为因素

人工草场病虫杂草发生为害加重的关键还是人为因素。近年来，由于人工草场发展较快，出现了盲目引种，使用不合格种子的现象，种子中混杂病、虫、杂草籽的情况也时有发生。这些牧草种类因适应性差或质量差造成生育不良，出苗不齐，给病虫杂草的防治带来诸多不便，也增加了受侵害的机会。在我市还出现过几次因盲目引种造成的毁田事故。

草场布局不合理。现在大面积单一种植较为普遍，这给病虫就近扩散造成了良好条件。

选择地块不认真。未能根据牧草特性选择条件适中，病、虫、杂草较少的地块。

管理粗放。由于人少地多，我市大多草场未能实现精细经营。种、管、收、运过程中存在极大的随意性，缺乏科学的规划和管理。播前灭茬整地，种子精选处理，播期，播量、化除、化肥用量配比及化学防治中农药种类选择，用量、用法、时期等都不同程度存在一些容易忽视的问题，多项措施累加，就会使牧草病虫杂草的发生为害发生质的变化。管理粗放有技术上的落后也有经济条件方面的限制。

法制、法规不健全。许多病虫草是能远距离传播和迁移的，如果措施不统一，个别地块即使防治，对流行性病害和迁飞性害虫也不会有太好的防效。由于土地所有权的限制，防治的死角很多。有些荒弃半荒弃的地块，已事实上成为病虫杂草传播基地，而目前法制法规对此却无能为力。

3　小　结

呼伦贝尔市人工草场经调查已发现紫苜蓿病害 8 种，披碱草病害 6 种，虫害 26 种，杂草 80 种。其中根腐病是主要病害，为害较重。草地螟、跳甲是主要害虫。杂草是有害生物中为害最重的一种。强害杂草有 13 种，包括：黎、稗、冰草、茅香、反枝苋、刺菜、苣荬菜、野黍、野燕麦、狗尾草、酸模叶蓼、卷茎蓼、苦荞麦等。

病虫杂草发生的原因一方面受自然因素影响，更重要的是由于人为所致。自然灾害和盲目引种，技术落后，管理粗放，相互叠加，使病虫杂草发生为害逐年加重。

要保证人工草场建设健康发展，必须开展综合防治，必须把治理生态，农田基本建设和栽培技术结合起来，把植物检疫和各种防治措施结合起来，还要提高政府部门和全社会的综防意识，推进牧草产业化进程。

（本文发表于《内蒙古民族大学学报（自然科学版）》，2005，20（1）：52）

• 呼伦贝尔草地有害生物综合防治技术研究报告

摘要：2000—2006 年采用野外调查与田间小区试验相结合的方法，开展了呼伦贝尔草地有害生物综合防治技术的研究。通过几年的研究初步摸清了呼伦贝尔草地主要有害生物的种类及发生规律，提出了在当地目前草业生产中可行的综合防治技术，对保护草原生态，促进草业可持续发展有一定的指导作用。

关键词：呼伦贝尔草地　有害生物　综合防治

呼伦贝尔草原是目前我国面积较大且植被条件最好的草原，是重要的畜牧业生产基地和我国内陆地区的生态屏障。近年来，因干旱和过度利用，草原退化严重，鼠虫灾害频繁发生，党中央、国务院对草原鼠虫害防治工作高度重视，为此，温家宝总理、回良玉副总理等领导同志，对保护呼伦贝尔草原先后多次做出重要批示，强调草原鼠虫害日趋严重，已成为破坏草原生态系统的重要因素。要从根本上解决草原退化问题，就必须摸清草原有害生物种类，有害生物的分布与发生规律、有害生物发生所需要的生态条件，找出切实可行的综合防治措施，控制有害生物的发生，减轻鼠虫害损失，巩固和发展生态建设成果，促使人和生物与环境相和谐，使呼伦贝尔草地达到可持续发展。为加速实现这一目标，我们于2000—2006年开展了呼伦贝尔草地有害生物综合防治技术的研究。本项研究的意义有以下几方面：

一是草地是牧民赖以生存的生产、生活资料。

自17世纪30年代开始，居住在贝加尔湖地区的巴尔虎蒙古族，就迁入了美丽富饶的呼伦贝尔草原，至今已经定居270多年，从那时起，这片“天苍苍、野茫茫，风吹草低见牛羊”的呼伦贝尔草原，就已经成为广大牧民群众赖以生存的生产、生活资料。饲草饲料是家畜的粮食，而饲养家畜又是草原牧民的经济与生活来源，饲养牲畜的多少、放牧压力的大小、鼠虫病害的发生和草原的合理利用，将直接关系到草原的退化；草原出现退化，又直接影响着牧民群众的经济与生活，威胁着他们的生存与发展，因此，草原上人与环境相和谐，草地资源与畜牧业经济发展相协调，树立草原经济可持续发展观，将直接关系到草原儿女能否实现世代相传的大事，保护好这片绿色净土不受有害生物的侵害，是草原人民义不容辞的责任，科学的防治有害生物，是涉及草原人民生存与可持续发展的头等大事。

二是草地是发展牧区地方经济的重要物质基础。

我们知道，资源、资金、技术和政策，是发展地方经济的四要素，就草地资源而言，它不仅仅是发展畜牧业经济的基础，也是发展其他经济的有效载体和制约因素，草地资源的枯竭，不但畜牧业经济发展受阻，而且，还将直接导致地方整体经济的衰败。有史以来，草原地区因放牧压力过重、草场退化沙化、鼠虫灾害频繁发生等诸多原因，最终导致沙进人退，牧民背井离乡的悲惨景象屡见不鲜，因此，对于一个具有14亿人口的大国来说，保护和珍稀资源，推进科技进步，发展节约型社会，走可持续发展的道路，是确保国民经济稳步发展，实现中华民族伟大复兴的唯一道路。呼伦贝尔市通过加快草原建设步伐，改善草原生态环境，增强全社会的生态保护意识，鼓励和引导农牧民发展饲草饲料生产，改良草场，加大灭鼠灭虫等保护草原力度，实施“先增草，后增畜，增草大于增畜”的政策，科学合理地利用草地资源，充分认识到了保护草地资源与发展地方经济的重要性，草地是发展牧区地方经济的重要物质基础，必须采取一切可行的措施对呼伦贝尔草原进行全面保护。

三是当地生态建设的需要。

环境恶化、资源短缺、人口增长是目前人类社会最为关心的头等大事，而有害生物在自然界中的泛滥成灾，将不可避免地造成资源的破坏和环境的进一步恶化，直接影响着人类的生存和发展。据估计，全世界有70 000多种不同的有害生物种类危害着农田和草原，包括大约2 800多种啮齿动物，9 000多种昆虫和螨类，50 000多种植物病原体和8 000多种杂草，仅农业方面防治有害生物，全世界每年投资约260亿美元，使用农药250万t，但每年有害生物危害造成的损失仍为全世界的食用和纤维作物产量的35%和42%，损失价值高达2 440亿美元，因此，为了满足人口不断增长对资源的需求和对环境的改善，人类必须采取一切可行的方法与有害生物进行抗争，尽可能地控制和减少有害生物给人类造成的损失，为了实现这一目标，我们必须首先建立健全对有害生物的监测机构，并利用先进的科学技术手段，对有害生物实施长期监测和提前做好灾情预报。使有害生物得到有效的控制。

四是草地资源的合理利用和保护的需要。

草地号称人类的“绿色之舟”，是重要的生物资源之一。我国拥有各类天然草地4亿hm^2，约占国土面积的40%，是耕地的4倍、林地的3倍，仅次于澳大利亚，居世界第2位。但人均占有草地仅0.33hm^2，约为世界人均草地面积的1/2。我国草地的98.6%为天然草地，而对稳定和提高草地畜牧业生产水平、缓解天然草地压力、防止草地退化、沙化、碱化有着重要意义的人工草地仅占全国草地面积的1.4%。天然草地中又大多为山地草地，主要分布在利用条件较差的山地和高海拔地区。干旱缺水的荒漠草地、严寒的高海拔草地和品质欠佳的热带草地的面积占全国草地面积的61%以上。由于草地建设投入严重不足，过度放牧，重用轻养，对草地只索取而少投入，投入产出比例失调，使草原生产力退化。目前，我国90%的草地已经或正在退化，其中中度退化程度以上（包括沙化、碱化）的草地达1.3亿hm^2，并且每年以200万hm^2的速度递增，退化速度每年约为0.5%，而人工草地和改良草地的建设速度每年仅为0.3%，建设速度远远赶不上退化速度。

五是呼伦贝尔草地是我国北方地区生态屏障的重要组成部分。

阿拉善草原、巴彦诺尔草原、锡林郭勒草原、科尔沁草原和呼伦贝尔草原共同构成了我国北方地区的生态屏障，这一巨大的绿色屏障，长期承担着太阳光能的转换、水分的循环、空气的净化、以及万物繁衍的重要使命，这一区域是我国的北部边疆，蒙古文化的发源地，是畜产品生产的重要基地，也是我国内陆地区生态环境的保护神。

呼伦贝尔市有总土地面积约2 468万hm^2，其中天然草地面积1 129.7万hm^2，森林面积871.9万hm^2，水域44.3万hm^2。在这庞大的生态系统中，天然草地面积占总土地面积的45.77%，在呼伦贝尔森林草原生态系统中，占有举足轻重的重要地位。

呼伦贝尔草原是大兴安岭山地与西伯利亚地区以及蒙古高原相连的纽带，两边高，中间低的地势，造就了河流纵横交错，湖泊星罗棋布，湿地遍布原野，物种繁多滋生繁茂的草地生态系统，从区域内动植物的多样性及动植物物种种群变化趋势看，呼伦贝尔草原生态系统在20世纪80年代以前是基本平衡的，进入80年代中期以后，由于环境的干旱，放牧压力的逐渐增大以及人们对草地生态环境保护不够重视等原因，草场出现了严重退化、沙化，鼠害虫害频繁发生，优良牧草减少，有毒有害植物大量滋生的草地生态系统严重失衡的现象。

近年来，随着阿拉善草原的沙化，锡林郭勒草原的严重退化，人们对草原的赤地千里和风沙进京的严重现象，看在眼里，急在心上，真正地认识到了对生态屏障的破坏会给我们以及我们的子孙后代带来怎样的后果，同样，呼伦贝尔人民在锡林郭勒草原出现严重退化的前车之鉴下，也充分地认识到，呼伦贝尔草地生态环境如不及时加以保护，也会出现像前者那样的悲惨景象，而且更清楚地看到，如果像呼伦贝尔草原这样河流纵横交错，湖泊星罗棋布，湿地遍布原野，物种滋生繁茂的草地生态系统，也变成像阿拉善草原那样沙海茫茫，这就会影响到西伯利亚、蒙古高原、东北平原、华北平原乃至整个东北亚地区的生态平衡与稳定，这将涉及更多人群生存与发展的根本利益，因此，保护呼伦贝尔草地生态环境的责任重大且任重而道远。建立草地有害生物的预测预报系统，有效的综合防治草地有害生物，将为做好草地生态环境的保护工作，打下坚实的基础。

1 试验材料及方法

1.1 试验材料

1.1.1 药 剂

选用新型的杀鼠剂有：氯敌鼠钠盐；杀鼠醚；杀鼠灵等。

杀虫剂有：25%快杀灵乳剂；菊马乳油；虫必净；25%敌百虫 EC；25%敌马 EC；灭幼脲三号；50%辛硫磷 EC（连云港市农药厂生产）；40%乐果 EC（上海农药厂）；50%甲基 1605EC（杭州农药厂）；35%甲基硫环磷 EC（淄博市博山农药厂）；80%敌敌畏 EC（天津农药厂）；来福灵（进口）等。

杀菌剂有：50%速克灵 WP（美国进口）；70%甲基托布津 WP（日本曹达式株式会社生产）；25%多菌灵 WP（江苏无锡农药厂生产）；75%百菌清 WP（美国进口）；15%粉锈灵 WP（四川省化学工业研究所生产）；40%灭病威（多硫胶悬剂）（广州珠江电化厂产品）；武夷菌素（BO-10）（中国农科院植保所微生物研究室研制）等。

除草剂有：5%豆施乐水剂（山东京博农化有限公司）；48%排草丹水剂（巴斯夫中国有限公司农药部）；72%2,4-D 丁酯乳油（大连松辽化工公司）；5%精克草能乳油（合肥丰乐农化厂）；25%氟磺胺草醚水剂（大连松辽化工公司）；24%克阔乐乳油（德国艾格福公司）等 28 种药剂。

1.1.2 品 种

紫花苜蓿品种（种）有肇东苜蓿、阿尔岗金、润布勒、呼盟苜蓿、草原 2 号、佳木斯苜蓿、克山苜蓿、新疆大叶苜蓿、和田苜蓿、巴州苜蓿、西北农学院苜蓿、晋南苜蓿、苏联苜蓿、苏联兰花苜蓿 14 个品种。以上品种均由呼伦贝尔市草原研究所引入。

甜菜共有 24 个品种，分别为：9145（瑞士先正达农业服务亚洲公司（北京代表处）；3418（来源同上）；4121（来源同上）；0149（来源同上）；9454（赤峰市红山区绿璐种子经销处)；3418（甘肃武威市奔马种业有限责任公司)；0318（哈尔滨工业大学甜菜研究学院)；双丰单粒3号（同7)；0311（同7)；0302（同7)；0324（同7)；0305（同7)；0310（同7)；甜单302（中国农科院呼兰甜菜研究所)；02350（同14)；03306B（同14)；T320—16（同14)；02360（同14)；02354（同14)；普瑞宝（黑龙江九三种业)；巴士森（同20)；瑞马（同20)；6231（内蒙古甜菜种子公司)；甜研303。

鲁梅克斯（Rumk）K-1杂交酸模等种类及品种。

共计39份材料。

1.2 试验方法

1.2.1 呼伦贝尔草地有害生物种类及为害调查

1.2.1.1 草地鼠虫害调查

根据呼伦贝尔草地不同的地貌分区和不同的草原植被类型选择调查点，进行定点定期调查，鼠害进行区系调查、害鼠数量调查、害鼠生态调查和害情调查，每年年终将调查数据进行统计分析。

害虫的调查样点的虫口密度、为害程度、为害面积、造成损失等内容。

1.2.1.2 病害调查

草地病害调查采用普查与定点调查相结合的方法，在植物的不同时期调查田间发病率和病情指数，并采集典型的病株进行室内分离鉴定。

1.2.1.3 草地有毒有害植物调查

采用在植物不同的生育时期选择不同的草原类型普查，采集标本，记载发生的量及造成的为害程度。

1.2.1.4 常用的调查计算公式

P（夹日捕获率%）$=n$（捕获鼠数）$/N$（鼠夹数）$\times h$（捕鼠昼夜数）$\times 100$；

洞口系数=捕获鼠总数/有效洞口数；

虫口密度=调查总虫数/调查总单位数×每亩单位数；

发病率或被害率（%）=发病（有虫）单位数/调查单位总数×100；

病情指数=（各级叶数×各级严重度等级）的总和/调查总叶数×最严重的等级×100。

1.2.2 草地主要有害生物防治试验研究

1.2.2.1 室内研究

（1）有害生物标本制作

将采集到的各类有害生物的标本及时的整理，制作成永久性标本，对照工具书镜检定名。并对一些不常见的病害进行室内分离培养，获得纯培养物后进行镜检。病害分离时选用PDA培养基和选择性培养基鉴定。

（2）室内药效试验

针对人工草地杂草的防除选用5%豆施乐水剂等除草剂在室内采用完全随机化设计

方法，选用 17 cm×33 cm 的聚丙烯塑料袋制作成营养钵，每个营养钵播种 20 粒种子，分别与出苗前进行土壤封闭处理和出苗后进行茎叶处理，处理后测定牧草生育性状和对杂草的防除效果，并计算出栽培牧草的药害指数和对杂草的防除效果，筛选出较好的药剂和配方用于田间。

1.2.2.2　田间试验研究

（1）试验设计

针对优势有害生物的发生，在田间进行防治试验，鼠害试验采用大区对比法设计，每一大区面积不少于 1 hm^2。草地蝗虫采用大区飞机灭蝗和人工喷药相结合的试验方法。人工草地病虫草害的防治试验采用小区试验与大区对比试验相结合，小区试验采用随机区组法设计，小区长 10 m，五行区，小区面积为 32.5 m^2，设三次重复。大区试验示范采用对比法设计，每大区在 300 m^2 以上，调查人工牧草处理后的生物学性状和病虫草的防治效果，将试验资料进行统计分析。

（2）试验调查

调查药剂对不同种类有害生物的防治效果、防治后的增产作用，对植物和对环境的影响。

（3）产量品质测定

在刈割收获时测定株高、经济性状、小区鲜重和干重，并换算成公顷产量。并将结果进行统计分析。

2　试验的过程与结果

2.1　试验过程

本项研究采取了牧科教结合，草业科研与草业生产部门结合的多家联合攻关的形式；从技术上采用大田踏查与定点定期调查相结合，室内药效试验与大田示范相结合，外引技术与当地生产经验相结合的技术路线。针对呼伦贝尔草地有害生物的种类、发生为害程度、综合防治技术等多方面进行了系统的调查研究。

试验在广泛收集当地相关资料的基础上，制定出可操作性强的实施方案，选择代表性观察点系统调查，按照有害生物的发生规律采集标本，进行室内标本的制作和种类鉴定；在种类调查的基础上选择主要有害生物种类进行室内的防治试验和田间小区试验，取得较好效果的综合防治方法在大面积的推广应用。

2.2　试验结果

2.2.1　呼伦贝尔草地的有害生物种类

2.2.1.1　鼠害种类

呼伦贝尔市共有啮齿动物 2 目 7 科 33 种（仓鼠科含 4 亚科）。其中，兔形目 2 个科 5 种，即兔科 3 种，鼠兔科 2 种；啮齿目 5 科 28 种，即松鼠科 4 种，鼢鼠科 1 种，跳鼠科 1 种，鼠科 5 种，仓鼠亚科 4 种，沙鼠亚科 1 种，鼢鼠亚科 2 种，田鼠亚科 10 种（表 1）。

表 1　呼伦贝尔草地鼠害名录

兔形目 LAGOMORPHA

兔科 Leporidae

01. 草兔（蒙古兔）*Lepus capensis* Linnaeus，1758

02. 雪兔 *Lepus timidus* Linnaeus，1758

03. 东北兔 *Lepus mandschuricus* Radde，1861

鼠兔科 Ochotonidae

04. 达乌尔鼠兔 *Ochotona daurica*（Pallas，1776）

05. 高山鼠兔 *Ochtona alpina*（Pallas，1773）

啮齿目 RODENTIA

鼯鼠科 petauristidae

06. 飞鼠 *Pteromys volans*（Linnaeus，1758）

松鼠科 Sciurdae

07. 花鼠 *Eutamias sibiricus*（Laxmann，1796）

08. 松鼠 *Sciurus vulgaris* Linnaeus，1758

09. 旱獭 *Marmota sibirica* Radde

10. 达乌尔黄鼠 *Citellus dauricus*（Brandt，1844）

跳鼠科 Dipodidae

11. 五趾跳鼠 *Allactaga sibirica*（Forster，1778）

鼠科 Muridae

12. 褐家鼠 *Rattus norvegicus*（Berkenhout，1769）

13. 小家鼠 *Mus musculus* Linnaeus，1758

14. 巢鼠 *Micromys Minutus*（Pallas，1771）

15. 黑线姬鼠 *Apodemus agrarius*（Pallas，1771）

16. 大林姬鼠 *Apodemus Peninsulae*（Thomas，1906）

仓鼠科 Cricetidae

17. 大仓鼠 *Cricetulus triton*（dr Winton，1899）

18. 黑线仓鼠 *Cricetulus barabensis*（Pallas，1773）

19. 黑线毛足鼠 *Phodopus sungorus*（Pallas，1773）

20. 小毛足鼠 *Phodopus roborovskii*（Satunin，1903）

21. 长爪沙鼠 *Meriones unguiculatus*（Mine-Edwards，1867）

22. 草原鼢鼠 *Myospalax aspalax*（Pallas，1776）

23. 东北鼢鼠 *Myospalax psilurus*（Milne-Edwards，1874）

（续表）

24. 麝鼠 *Ondatra zibethica*（Linnaeus，1776）
25. 林旅鼠 *Myopus schisticolor*（Lilljeborg，1844）
26. 棕背 *Clethrionomys rufocanus*（Sundevall，1846）
27. 红背 *Clethronomys rutilus*（Pallas，1779）
28. 狭颅田鼠 *Microtus grails*（Plaaas，1779）
29. 布氏田鼠 *Microtus drandti*（Radde，1861）
30. 普通田鼠 *Microtus arvalis*（Pallas，1779）
31. 莫氏田鼠 *Microtus maximowczii*（Schrenk，1859）
32. 东方田鼠 *Microtus fortis* Bü chner，1889
33. 蒙古田鼠 *Microtus mongolicus*（Radde，1862）

2.2.1.2　害虫种类

呼伦贝尔草原环境复杂，植被类型多样，草地害虫种类较多，呼伦贝尔草地害虫种类的调查始于1980年，历经26年的时间，我们采集了呼伦贝尔草原的主要害虫，在国内许多专家的帮助下，初步鉴定共计517种，分属于7个目，53科，其中直翅目昆虫7科37属73种、同翅目有3科9种、半翅目9科77种、鞘翅目10科97种、鳞翅目16科198种、双翅目4科21种、膜翅目4科42种。直翅昆虫是呼伦贝尔草原最主要的害虫，它们种类多，为害严重。

2.2.1.3　草原主要牧草（饲料作物）病害种类

呼伦贝尔草原牧草（饲料作物）病害种类共计有174种，其中有白粉病46种、锈病30种、黑痣病8种、黑穗病8种、纹枯病6种、麦角病4种、叶斑病类22种和其他病害20种。其中有24种病害在国内是初次报道，有41种病害在内蒙古自治区为初次报道。经过研究明确了呼伦贝尔草地牧草的流行病害有紫苜蓿褐斑病、偃麦草黑痣病、黄花草木樨白粉病、胡枝子锈病、山野豌豆白粉病和山野豌豆锈病7种病害，应在生产中采取防治措施。应引起重视的次要病害有禾草锈 病、麦角病、纹枯病、紫苜蓿霜霉病和狗尾草叶瘟病。当地饲料作物中流行病害有甜菜根腐病、甜菜褐斑病、甜菜立枯病；玉米大斑病、玉米瘤黑粉病和瓜类白粉病。

2.2.1.4　有毒有害植物种类

（1）有毒植物

呼伦贝尔森林、草原共有有毒植物13科25属46种。其中毛茛科7属19种；罂粟科2属4种；大戟科1属5种；瑞香科1属1种；伞形科2属2种；石竹科1属1种；泽泻科1属2种；茄科2属2种；报春花科1属1种；十字花科1属1种；萝摩科1属1种；百合科1属3种。

（2）有害植物

呼伦贝尔草原共有有害植物9科13属28种。其中，蔷薇科1属1种、蒺藜科1属

1种、旋花科1属3种、紫草科4属9种、菊科2属6种、禾本科1属4种、蓼科1属2种、十字花科1属1种、玄参科1属1种。

(3) 人工草地饲料地杂草

呼伦贝尔市人工草地、饲料地主要杂草有21科61属83种。其中，菊科14属24种、禾本科9属11种、蓼科3属10种、唇形科5属5种、藜科4属5种、十字花科4属4种、蔷薇科3属4种、豆科3属3种、牻牛儿苗科2属2种、石竹科2属3种、茄科1属1种、鸭跖草科1属1种、伞形科1属1种、苋科1属1种、木贼科1属1种、马齿苋科1属1种、毛茛科1属1种、车前科1属1种、旋花科2属2种、鸢尾科1属1种、罂粟科1属1种、萝藦科1属1种。

2.2.2 呼伦贝尔草地有害生物的为害程度

2.2.2.1 鼠 害

东北鼢鼠和草原鼢鼠是呼伦贝尔草原东部草甸草原和大兴安岭山地沟谷阶地、低山丘陵坡底草甸及呼伦贝尔高平原沙地植被的主要害鼠。因其生活习性及种群数量的庞大，对草原的破坏非常严重。近10年来，呼伦贝尔草原平均每年高达49.3万 hm^2 的草场发生鼢鼠的为害。在Ⅱ类鼢鼠鼠害的草场中，每 hm^2 草场平均有鼠6只，可在地表形成土丘直径40～50 cm，高15～35 cm，则土丘覆盖草场面积为415.8 m^2，占草场面积的4.16%，如按牧草中等产量计算，产鲜草3 300 kg/hm^2，则草场损失牧草137.25 kg/hm^2。由于鼢鼠的挖掘和啃食作用对草场的破坏多方面。仅以掩埋草场和啃食牧草两项计算，草场平均每年将损失牧草218.25 kg/hm^2，也就是说，平均每年高达49.3万 hm^2的鼠害草场，每年都白白损失鲜草10万t（图1）。

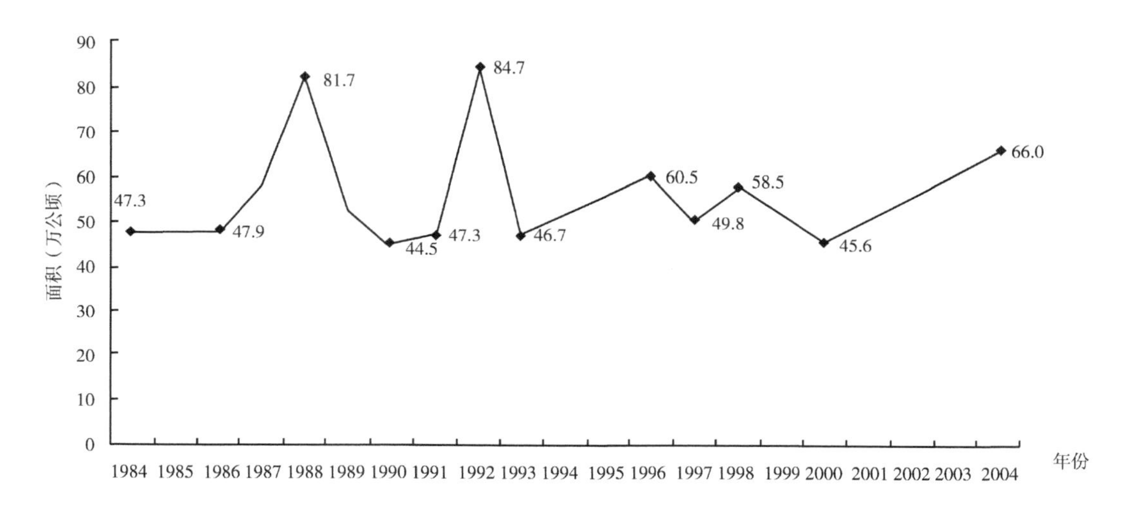

图1 1984—2004年东北酚鼠鼠害发生面积

布氏田鼠是呼伦贝尔西部温性干草原上的主要害鼠，是造成草场退化、沙化，春季风沙四起的主要原因之一。在过去的34年中，呼伦贝尔草原累计发生布氏田鼠鼠害面积1 925.25万 hm^2，是呼伦贝尔草原目前可利用草场面积的2.31倍。在近10年期间，平均每年有 50.87 万 hm^2。每只成体布氏田鼠的夏季平均日食量约为 20～30 g 鲜草，折合干重 7～12g，但食性随季节变化，综合多方面因素进行估算，草场至少每年损失鲜草约 900～1 200 kg/hm^2，约占当年牧草产量的 50%～70%（图 2）。

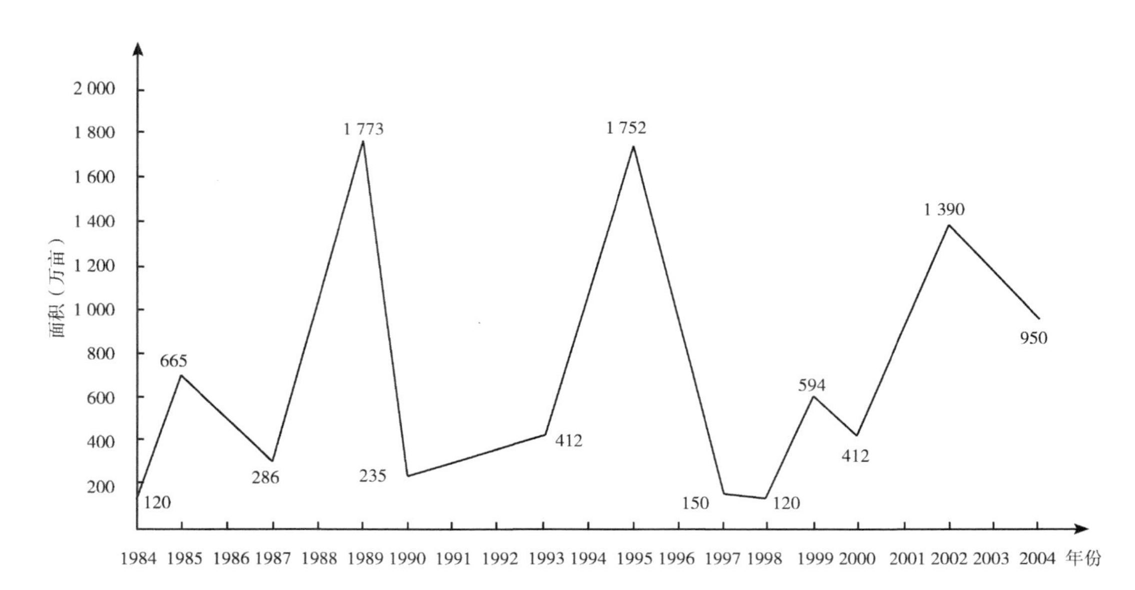

图 2　1984—2004 年布氏田鼠鼠害发生面积

2.2.2.2　虫　害

呼伦贝尔草原蝗虫虫害大多出现在呼伦贝尔草原的中西部地区，这一区域正处在呼伦贝尔草原的低地中心，由乌兰泡、乌尔逊河流域构成了呼伦湖与贝尔湖相连的水系大通道，而由克鲁伦河流域、辉河湿地北部低地共同构成了独特的地域环境，这一区域是呼伦贝尔草原的蝗虫发源地。1980—1994 年，呼伦贝尔草原蝗虫虫害的发生，虽经历了上下波动阶段，但因受当地干扰因素的影响，其发生规律并不十分明显。但 1994—2004 年 10 年间，草原蝗虫虫害发生面积却从 1996 年的 3.3 万 hm^2，一跃上升至 2004 年的 80 万 hm^2，蝗虫种群的快速扩散和灾害的蔓延十分惊人（图 3）。

草地螟也是呼伦贝尔草原和农田的毁灭性害虫，在呼伦贝尔草原具有周期性发生为害的特点。1956—1958 年；1978—1979 年均有严重发生为害。1980 年在农区牧区普遍大发生，面积达 40 多万 hm^2。

1981 年发生面积 2.12 万 hm^2；1982 年高达 60 万 hm^2，严重为害面积 16.67 万 hm^2，绝产 2.4 万 hm^2，造成了巨大经济损失。近年来每年都有不同程度的发生，成为呼伦贝尔草原的主要害虫。

2.2.2.3　病　害

呼伦贝尔天然草地的病害较轻，种类也少，但随着呼伦贝尔市的人工草地（饲料地）面积也逐年增加，2002 年已达 1.933 万 hm^2 左右。病害已成为人工草地生产的重要限制因素。

紫花苜蓿的病害有根腐病（*Fusarium oxyspoxium Var medicaginis*）、萎蔫病（枯萎

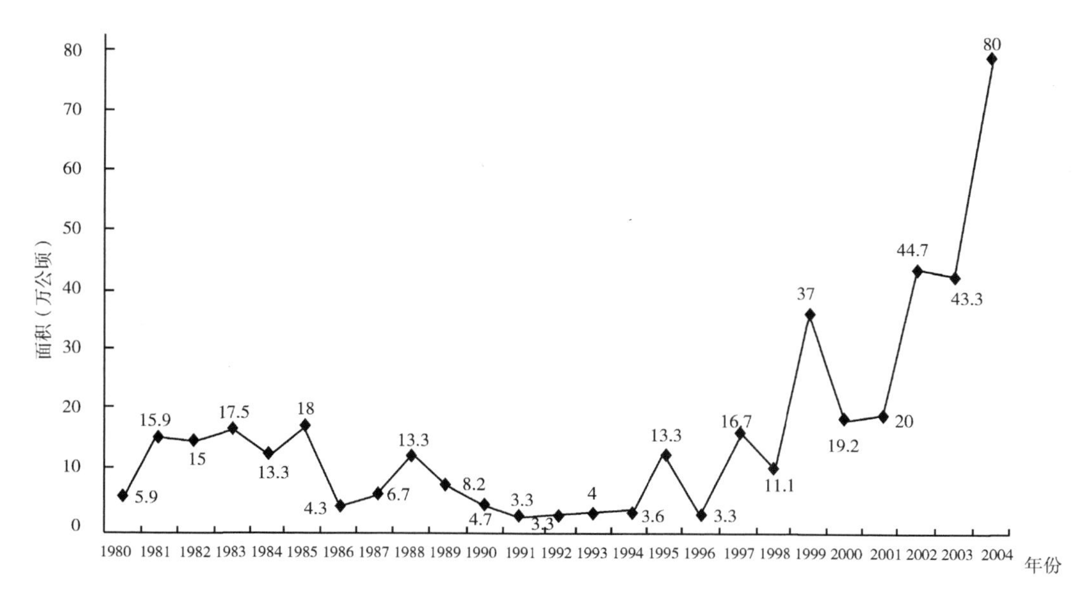

图 3　1980—2004 年蝗虫虫害发生面积

病）、立枯病（*Rhizoctonia solani*），褐斑病（*Pseudopeziza medicaginis*）、霜霉病（*Peronospora aestivalis*）、苜蓿菌核病（*Sclerotinia trifoli-drum*）、苜蓿霉斑病（*Stemphylium botryosum*）和苜蓿花叶病 AMV 等 8 种病害，其为害较重的是褐斑病（病叶率达 25%以上，病情指数达 5%～10%）和根腐病（发病株率在 3%～5%），应采取防治措施，其他病害较轻。

禾本科人工牧草病害有根腐病（*chelminthosporium sativum*）、赤霉病（*Fusarium graminearum*）、麦角病（*Clavictps purpuren*）、纹枯病（*Pellicularia sosakii*）、黑穗病（*custilago bullate*）、黑痣病（*phyllachora graminis*）、锈病（*Puccinia graminis*）和白粉病（*Erysiphe graminis*）8 种，引起为害的是根腐病（发病率 5%左右，局部地区造成缺苗断条），其他病害为害较轻。

2.2.2.4　有毒有害植物的为害性

毒芹、大花飞燕草等有毒植物分布于河边、沼泽草甸及林缘草甸。密度一般为 750～1 500株/hm^2，密集地区可达 15 000株以上，约占草群总生物量的 14.9%。藜芦、乳浆大戟在为害区草地上密度较高，一般为 750～3 000株/hm^2，严重地段每公顷高达 3 万株。

农田杂草是人工草地生产的主要限制因素之一，同人工牧草争光、争肥、争水，导致产量和品质下降，减少产量达 20%以上。

2.2.3　呼伦贝尔草地有害生物发生规律

2.2.3.1　鼠　害

（1）分布规律

鼢鼠分布：依据地域、地形、土壤的地带性分布等条件，可将呼伦贝尔草原的鼢鼠集中栖息地，划分成 4 个大的区域。

Ⅰ——大兴安岭岭西低山丘陵黑钙土分布区。

Ⅱ——大兴安岭山地沟谷阶地黑钙土、草甸土分布区。

Ⅲ——大兴安岭岭东低山丘陵坡底草甸土、黑土分布区。

Ⅳ——呼伦贝尔高平原风沙土、沙质栗钙土分布区。

布氏田鼠：依据气候、土壤、植被等环境条件，可将布氏田鼠在呼伦贝尔草原划分成 3 个主要分布区域。

Ⅰ——新右旗淡栗钙土冷蒿+糙隐子草+杂类草草场；克氏针茅+糙隐子草+杂类草草场；多根葱+羊草+杂类草草场等稀疏植被分布区。

Ⅱ——新左旗栗钙土冷蒿+糙隐子草+杂类草草场；糙隐子草+克氏针茅+寸草苔草场；克氏针茅+糙隐子草+杂类草草场等低矮植被地域分布区。

Ⅲ——陈巴尔虎旗、海拉尔区、鄂温克旗西部栗钙土重度退化草场分布区。

（2）发生的环境条件

呼伦贝尔草地鼢鼠鼠害及布氏田鼠鼠害发生的环境条件，均与温度、降水、土壤、植被以及种内关系（intraspecific relationship）密切相关，其种群变化，因环境因子的主次不同各具特点。东北鼢鼠是相对喜湿动物（hydrophilic animal），喜居于土质肥沃的草甸植被地下，食物丰盛，土壤湿度是控制种群数量变化的重要因素。鼢鼠以主动适应行为，寻找最佳觅食、繁殖、生长环境，当依靠主动适应行为不能找到最适栖息环境时，种群数量出现衰减。而布氏田鼠与鼢鼠相反，喜栖相对干燥的环境中，且种群密度较大，因此，环境中湿度、食物及个体领地大小决定种群密度变化，最适因子连年出现，且种群数量处于上升期，鼠害就会发生。

（3）发生规律

鼢鼠：1984—2004 年，呼伦贝尔草原共发生Ⅱ类以上鼢鼠鼠害面积 1 184. 63万 hm^2，其中，在 20 年当中，鼠害面积波动曲线有 5 次高峰期和 5 次低峰期出现，并且，前 3 个高峰期的出现相隔时间均为 4 年，即 1988—1992 年、1992—1996 年，而所有低峰期的出现相隔时间均为 3～4 年，即 1986—1990 年、1990—1993 年、1993—1997 年、1997—2000 年。在过去的 20 年当中，鼢鼠鼠害面积最大值为 $y \leqslant 84.73$ 万 hm^2，最大平均值为 70. 25 万 hm^2；最小值为 $y \geqslant 44.53$ 万 hm^2，最小平均值为 46. 92 万 hm^2，鼢鼠鼠害面积波动范围为 84. 73 万 hm$^2 \Delta y \geqslant 44.53$ 万 hm^2，平均波动范围为 70. 25 万 hm$^2 \geqslant \Delta \geqslant$ 46. 92 万 hm^2，鼢鼠鼠害面积峰值波动周期为 3～4 年。

根据对鼢鼠种群在低峰时期的调查，鼢鼠的活动频率较平均年偏低，成体雌鼠在繁殖期的受孕率偏小，对草地植被的为害较轻，在鼢鼠种群数量处于上升阶段时，鼢鼠的活动频率及雌鼠孕率均在增加，而达到高峰期后，种群数量开始下降，在下降时期，其活动频率及雌鼠孕率呈下降趋势。由此可以判断，当鼢鼠种群数量处在波动曲线的下限时，大约 2～3 年时间，种群数量即可恢复致高位，发生严重鼠害的概率偏大。依据这一规律，结合对鼢鼠种群的年龄结构、最佳繁殖个体比例以及温度、降水、植被生长状况等因子的变化情况进行调查分析，即可相对准确的预报鼢鼠鼠害的发生期。

布氏田鼠：在过去的 20 年当中，呼伦贝尔草原共出现了 3 次布氏田鼠鼠害大爆发，即 1989 年 118.2 万 hm^2、1995 年 116.8 万 hm^2 和 2002 年 92.67 万 hm^2。在 3 次鼠害大爆发的年份之间，相继出现了 3 次低峰期，即 1984—1987 年、1990—1993 年、1997—2000 年，值得说明的是，相继出现的 3 次低峰期持续年限均为 3 年，并且，有 2 次低峰期的域值完全相同（1984 年、1998 年均为 8 万 hm^2），而 3 次高峰期出现的相隔年限均为 6～7 年，也就是说 20 年当中峰值波动周期为 7 年。在 3 个峰值波动周期中，最大值为 $y \leqslant 118.2$ 万 hm^2，最大平均值为 109.22 万 hm^2，最小值为 $y \geqslant 8$ 万 hm^2，最小平均值为 14.7 万 hm^2，峰值波动范围 118.2 万 $hm^2 \geqslant \Delta y \geqslant 8$ 万 hm^2，平均峰值波动范围 109.22 万 $hm^2 \geqslant \Delta 14.7$ 万 hm^2。

新巴尔虎右旗是呼伦贝尔草原上布氏田鼠鼠害经常发生的重灾区，在过去的 30 多年，曾经在此区域进行过多次大规模的飞机灭鼠工作，这里的土壤、植被、降水等环境条件，决定了布氏田鼠在此长期栖居，是布氏田鼠种群变化规律的典型代表区域。

1984 年至 2003 年，新巴尔虎右旗的降水变率很大，最大降水量与最小降水量相差 490.6 mm，是平均降水量 265.5 mm 的 1.85 倍，最大年降水量是最小年降水量的 5.77 倍。在这期间，1984 年降水量为 416.1 mm、1990 年降水量 446.4 mm、1998 年降水量 593.4 mm，这 3 年恰好是布氏田鼠种群数量处于 1984 年以来的 3 个最低点，而 1989 年降水量 287.4 mm、1995 年降水量 145.9 mm、2002 年降水量 277.0 mm，这 3 年又恰好是布氏田鼠的爆发年。经过对降水与布氏田鼠种群数量变化的对比，我们发现，降水不仅影响着草地植被的产量，而且，还直接影响着布氏田鼠种群数量的变化，原因是，布氏田鼠是比较喜欢干燥环境的鼠类，不适宜生活在较湿或特别干旱的环境中，环境水分过多，不利于布氏田鼠的繁殖和生存，而环境过于干旱，牧草生长不好，环境缺少食物，也不利于布氏田鼠的生存，因此，周期性波动降水，会导致布氏田鼠种群数量随之出现周期性波动的特性，这是布氏田鼠在呼伦贝尔草原上体现出的一个基本规律。我们通过对环境的降水、植被生长状况、可食植物的多少，以及布氏田鼠的种群年龄结构、繁殖特点、天敌种类和数量的多少等因素的分析，便可预测鼠害能否爆发，利用这些规律，提前预测鼠害发生的可能性及鼠害发生的日期，最大限度地避免或减少损失。

2.2.3.2　虫　害

（1）分布

蝗虫：1980 年以来调查研究呼伦贝尔草地蝗虫的发生区域，依据调查结果和行政区域，划分为 4 个主要区域。

Ⅰ——新巴尔虎右旗东南部草原蝗虫发生区。

Ⅱ——新巴尔虎左旗中部草原蝗虫虫害发生区。

Ⅲ——新巴尔虎旗西南部草原蝗虫虫害发生区。

Ⅳ——鄂温克旗西北部草原蝗虫虫害发生区。

草地螟：广泛分布于呼伦贝尔市的农牧业区。

（2）发生条件

蝗虫：蝗虫生活的环境条件是个错综复杂的总体，由非生物因子和生物因子组成，气温、湿度、光照、土壤、捕食性天敌等因素，是影响蝗虫种群变化的重要因素，尤其是土壤环境对蝗虫土栖阶段起着重要的影响，适宜的温度、湿度和充足的食物条件，决定虫害的发生。

草地螟：温度的变化，对草地螟成虫的活动及卵和各龄幼虫蛹的发育有明显的影响，在一定范围内，随温度的升高而历期缩短，随温度的降低而历期延长。

不同的温湿系数，对成虫的分布和生殖力有明显的影响。越冬代成虫出现高峰时田间温湿系数3.6～3.85，成虫大量产卵，造成严重为害。温湿系数2.0～2.3时成虫产卵量少，为害轻。田间温湿系数5.16时成虫多而不见有幼虫为害。

草地螟幼虫天敌很多、已发现有伞裙追寄蝇、花胸姬蜂为多，其他还有寄生菌类，如白僵菌，细菌类及捕食性天敌，如蚂蚁、步行虫、鸟类等。

在大兴安岭南部农区天敌寄生率高于大兴安岭北部牧区和林区天敌寄生率。农区寄生率平均31.4%～58.8%，牧区和林区寄生率最高达81%。

（3）发生规律

在呼伦贝尔市草地螟一年发生两代，主要以一代幼虫为害，二代幼虫为害较轻，仅局部地块为害。

在呼伦贝尔市越冬代成虫5月下旬—6月上旬始见，6月中旬—下旬为盛期，6月下旬—7月上旬为末期；6月中旬初为产卵始期，6月中旬末—6月下旬为产卵盛期，7月上旬为末期；一代幼虫6月中旬始见，6月下旬—7月上旬为害盛期，7月中旬为末期；一代蛹7月上旬为化蛹始期，7月中旬化蛹盛期，7月中下旬为末期；二代卵期7月下旬始见，8月上中旬为发生盛期，8月中旬末老熟幼虫开始入土作茧，极个别9月中旬出现二代成虫。

越冬代成虫多在沿河湖岸，杂草丛生、密源植物较多的荒地，向阳背风的半山坡地活动。白天在植物叶背面或杂草丛中潜伏，受惊动后作2～5 m远的短距离飞行，傍晚黄昏开始活跃，23时以后活动变弱，黄昏后在高空飞行，一般顺风以“S”形路线，速度极快。

成虫羽化一般在清晨5时到8时为最多。

在农田草甸子地，草地螟成虫每天清晨4时到9时成群交尾。交尾时，成虫在草丛中离地面30～50 cm高处飞舞，相互追随。

在系统调查中观察到，成虫产卵在发生盛期较多，盛期前后少。成群交尾的雌蛾，最短6小时，最长31个小时就可以产卵。因此，出现成虫产卵期整齐、集中的特点。成虫产卵较为集中的特点，是以后幼虫发育整齐、集中，造成田间突然爆发的重要原因。

在田间调查中发现成虫产卵对寄主有较强的选择性，多在幼嫩多汁肉质灰菜蒿类等植物上产卵。产卵部位多在植物底部叶背或茎上及细小的须根、枯根上或细沙粒上。

草地螟成虫趋光性很强，对黑光灯的趋性更强。成虫因黑光灯安装高度不同而诱蛾量有明显的差异。

草地螟幼虫1～2龄时，多在植物心叶和叶背面吐丝结网，老熟幼虫多在为害叶片表面上结网，幼虫在丝网内潜居。

幼虫低龄阶段食量少，进入四龄后食量明显增长。在室内用灰菜系统饲养各龄幼虫，调查食量，其结果：1～3龄幼虫的食量占幼虫期总食量的7.5%。而4～5龄幼虫的食量占总食量 92.5%。

2.2.3.3　病　害

以紫苜蓿褐斑病为例：种子本身是否带菌尚不清楚，但夹杂在种子间的碎叶片可以传带病原菌，这可能是多年生草地病害的初侵染来源。病菌在田间未腐烂的叶片下越冬，第二年春季，当温湿度条件适宜时，子囊盘放射出子囊孢子，首先侵染植株下部叶片。以后，由感病叶片产生子囊孢子进行再侵染。在呼伦贝尔市岭东地区六月中旬植株上开始发生少量病斑，但前期常因湿度偏低，病害发展缓慢。7 月中、下旬至 8 月上旬雨水较多时，病情常迅速上升。这与国外报导是吻合的。病害在干燥、炎热的夏季发病率降低而秋季再次回升，在旬均温度达 10.2～15.2℃，空气相对湿度为 58%～75%的情况下，此病可以在几天内爆发成灾。扎兰屯市 7 月、8 月常年月均温分别是 20.9℃，18.9℃，7 月、8 月两月降水量为 266.6 mm，相对湿度 72.0%左右利于褐斑病的流行。其他病害的发生规律就不一一列出。

2.2.4　初步建立草地有害生物预警系统

建立草地有害生物预警系统是确保草原保护工作能够按照及时、高效、科学的方法进行，是实现呼伦贝尔草地生态环境保护和建设的重要技术保证，对保护呼伦贝尔草原生态环境具有十分重要的意义。从以下方面开展工作。

建立盟（市）、旗（县）、苏木（乡镇）三级联网预警机构，是指在盟市所在地建立草地“三害”预测预报中心站，在旗县建立草地“三害”预测预报基层站，在苏木（乡镇）建立草地“三害”日常观察站，并且，在三站之间建立计算机网络信息传递系统，对草地“三害”的预测预报工作，实施三级共同合作，各站分工明确，各站各负其责的运作机制。

根据建立机构地点选择的原则和标准，在呼伦贝尔草地需要建立草地“三害”预测预报机构的地区为：①呼伦贝尔高平原草原布氏田鼠鼠害区；②呼伦贝尔高平原草原蝗虫虫害区；③大兴安岭西麓草甸草原东北鼢鼠鼠害区；④大兴安岭岭东植物病害区；⑤大兴安岭岭东草地螟虫害区。

2.2.5　呼伦贝尔草地有害生物的综合防治技术

2.2.5.1　鼠　害

（1）药物、饵料的选择与毒饵配制

在呼伦贝尔地区，经过多年的实践，小麦是调制毒饵的最佳饵料。常用药为氯敌鼠钠盐、氯敌鼠、杀鼠醚、杀鼠灵等。

毒饵配制时，根据配置总量决定使用容器和配制方法，并根据工期要选择人数。例如，毒饵配制总量在 20 t 以下的。可采用铁槽及人工搅拌的方法配制，一般选用两个铁槽，体积为 1.2 m×2.4 m×0.4 m，人员 6～8 人。如所配毒饵总量在 20 t 以上，最好选用混凝土搅拌机，人员仍 6～8 人。选好设备后，根据容器或搅拌机的大小，计算出饵料量和加药量（一般饵料为 200～300 kg），并按要求配制药液。毒饵配制时，要先加饵料，后加药液，否则会造成药液溅出，使药效降低或发生危险。饵料、药液添加完毕后，开始搅拌，直至拌匀后，停放 10 min 再从容器或搅拌机中取出，堆放在晾晒场，大约半小时后药液全部吸收方可摊堆晾晒，在毒饵晾晒过程中，要严格看守现场并做好拌药人员的防护工作。

（2）灭效试验

当使用新药时，在毒饵大量配制之前，首先要分组配制不同含药量的毒饵进行灭效试验。通过试验找出最佳配药组合，并按此标准开始大量配制毒饵。

（3）人工投饵灭鼠

人工投饵灭鼠，是指发动群众如牧民、学生、机关干部以及社会人员，用手工投饵的方法进行灭鼠。投饵密度将根据所配鼠药种类、浓度以及鼠害程度而定，一般每个洞口旁投放鼠药 15 粒左右，但必须散放，不可将鼠药投入洞中或堆放在洞口旁，以免造成害鼠拒食或家畜中毒死亡。

（4）飞机投饵灭鼠

呼伦贝尔草原鼠害防治，曾多次采用飞机投饵方式进行灭鼠，其优点是，投饵速度快、时间短、投饵面积大、饵料播撒均匀。

在采用飞机投饵灭鼠时，要首先绘制作业区飞行图，标明作业区四周界限并插旗，然后选定机场进行修建。因呼伦贝尔草原春季灭鼠时期恰好也是多风期，季风多为西北—东南方向。所以，在修建机场时，尽量使飞机的起降方向与风向平行。机场、停机坪建好后，要尽快调运灭鼠物资，抓紧一切时间做好前期工作，待所有准备工作完成后再调机。

飞机投饵作业前，首先要进行播量调试，方法是：经过地面初调播量后，升空投试饵料（一般投饵 100 g/亩左右，可根据鼠药种类及配制浓度调整），同时，派出经验丰富的专家组进行地面接粒检测，根据检测结果重新调整播量并确定飞行高度，然后正式投饵作业，计时人员及供饵人员要每天详记飞行时间和装饵量，以此核对每天飞行面积和实际每亩投饵量。

（5）灭鼠效果检查

灭鼠效果检查于投饵 72 h 后开始，检查鼠类存活密度与调查鼠害密度方法相同。

2.2.5.2　虫害防治

（1）蝗虫防治

呼伦贝尔草原蝗虫虫害防治工作始于 1980 年，到目前为止，累计发生蝗虫虫害面积 420.6 万 hm^2，累计防治蝗虫面积 53.4 万 hm^2。其防治方法主要采取了以下三种方法，即：肩背式机械喷雾器喷药防治、小型机动喷雾器喷药防治、大型机械喷药防治和飞机喷药防治。使用的农药主要有：马拉硫磷、敌马合剂、快杀灵乳剂、菊马乳油、虫必净等。

· 肩背式机械喷雾器喷药防治

此种方法主要用于蝗虫发生面积小的草原上。即按照使用药物的说明书配制药物。目前，在呼伦贝尔草原上经常使用的快杀灵乳剂、菊马乳油、虫必净等，需要将原药稀释成 1 000倍液至 2 000倍液使用。

· 小型机动喷雾器喷药防治

此种方法主要用于蝗虫发生面积稍大的草原上。小型机动喷雾器的使用与肩背式机械喷雾器的使用有所不同，其使用的农药药液配制浓度要求高，一般需要将原药稀释成1～3倍液使用（另有配制要求的农药除外），属高浓度气化喷雾防治范畴，此种方法的应用，需要工作人员做好自身的防护工作。

·大型机械喷药防治

此种方法主要用于蝗虫发生面积超过3万hm^2的草原上，此种方法是呼伦贝尔草原上近年来防治蝗虫使用的主要方法之一。

大型机械喷药防治蝗虫，需要配置大型胶轮拖拉机20～40台（如654型胶轮拖拉机），大型农药喷洒设备20～40台，水罐车4～8台（取水距离远，需要根据实际情况另外增加数量），加药车2～4台，生活设施及防护物品、生活物品等。

采用大型机械喷药防治，药液的配制一般将原药稀释成1 000倍液使用，如快杀灵乳剂、菊马乳油、虫必净等。药剂配好后，首先要在蝗虫为害区域进行药效检验，确认效果后，方可开展大规模的防治作业工作。在防治作业工作中，首先要将作业区划分定位，上图标实，并根据实际情况确定每台（套）机械的作业幅和每台次的标准作业距离，一般作业幅为20～25m，（根据现场风速随时调整，作业幅加宽，用药浓度加大。）每台次的标准作业距离为1 200 m。

大规模防治工作开始后，每天的作业情况要随时检查，并根据防治作业图，利用GPS定位，核对每天的作业范围，避免重复防治和漏防。

·飞机喷药防治

利用飞机喷药防治蝗虫，是提高防治效率的重要手段。近年来，随着呼伦贝尔草原保护工作力度的加大，草原上草地围栏的建设速度随之加快，草地围栏已经遍布草原，为了减少地面大型机械防治对草原的碾压破坏，和解决草地围栏为地面大型机械防治重重设障等诸多问题，采用飞机喷药防治蝗虫的方法，受到了各级领导的重视，因此，在今后防治7万～20万hm^2以上面积蝗虫虫害时，采用飞机喷药防治蝗虫的方法，将成为呼伦贝尔草原蝗虫虫害防治的主要手段。

作业区的划定：采用飞机喷药防治蝗虫，首先要对作业区进行划定，即：根据虫害发生情况和飞机载药作业情况，将作业区划成长方形，并利用GPS进行四角定位，绘制比列尺为1：50 000的蝗虫防治作业区示意图。绘制蝗虫防治作业区示意图时，应包括机场跑道、停机坪、现场指挥部等位置。

农药配制：农药配制前，先准备两个配药槽，规格为：长100 cm，宽100 cm，高120 cm，并在槽内垂直方向制作标尺，标尺每格距离为10 cm，共计12个格，每格容积重为100 kg。药槽准备好后，将其下部一半埋入地下。农药配制时，根据农药使用说明书进行配置，一般将农药原药稀释成1～3倍使用。如使用含量为25%快杀灵乳剂时，首先将原药200 kg加入药桶，然后再加入水600 kg进行稀释，边加水边搅拌，当乳白色药剂搅拌均匀后即可使用。

喷药作业：喷药作业前，应首先进行喷量测试，即先加配制好的农药200 kg，然后升空调试，直至将喷量调至喷药量1.5 kg/hm^2为止，一般需要升空两次方能完成。

飞机喷药防治蝗虫，每架次可载农药800 kg，喷药1.5 kg/hm^2，飞行高度为5～7 m，农药喷幅50 m，飞行距离160 km，喷洒面积为533.33 hm^2。喷药作业时，地面工作人员要随时做好各项记录，如飞行时间、飞行架次、加药量、喷洒面积等，要派出技术组到作业区随时监测杀灭率和每天喷药面积，并将喷过药的草场面积用 GPS 定位，每天与飞行员的机载 GPS 系统进行核对，以此确保作业质量。

（2）草地螟的防治

草地螟是杂食性和突发性害虫。其成虫具有远距离迁飞的特点，幼虫具有群集迁移为害的习性。因此，可采取以下几种方法。

· 农业防治

鉴于草地螟幼虫的严重为害，一要严密监测虫情，加大调查力度，增加调查范围、面积和作物种类，发现低龄幼虫达到防治指标田，要立即组织开展防治。二要认真抓好幼虫越冬前的跟踪调查和普查。此虫食性杂，在草地螟成虫产卵盛期应及时清除田间杂草，如：灰菜、蒿类、猪毛菜可消灭部分虫源，秋耕或冬耕还可消灭部分在土壤中越冬的老熟幼虫。

在幼虫迁移为害时，可在地边挖沟，同时在沟底撒一层杀虫剂，杀死沟中幼虫，也可以沟内每隔 2～3m 挖一道小坑，把幼虫集中在坑内消灭。

· 化学药剂防治

草地螟幼虫龄期大小不同，用药剂量应有所不同。几年来大面积防治中以下几种药剂较好。5%敌百虫粉、25%百治屠粉、1.5%甲基 1605 粉剂等，1.5～2 kg/亩进行喷粉。80%敌敌畏乳油 1 000～1 500倍液，90%晶体敌百虫 800～1 000倍液进行喷雾；50%辛硫磷乳油 1 500倍液或 2.5%保得乳油 2 000倍液。

（3）栽培牧草主要害虫的大田防治

在紫花苜蓿田草地螟发生初期（幼虫在二龄前 18 头/m^2），选用高效氯氰菊酯进行喷施，幼虫减退率均达 95%以上。

在禾本科牧草出苗后田间发生黄条跳甲和金针虫的为害，达到了防治指标，选用高效氯氰菊酯等菊酯类药剂喷施，控制了为害，收到了较好的效果。

2.2.5.3 人工草地病害防治

施肥对紫苜蓿褐斑病、偃麦草黑痣病的作用。通过小区试验结果表明。施尿素（75 kg/hm^2），重过磷酸钙（75 kg/hm^2），（N37.5 kg/hm^2+P37.5 kg/hm^2）和对照（空白），紫花苜蓿褐斑病的病情指数分别为 13.05%、9.91%、3.66%、5.26%。前两个处理病情较对照分别增加 148.1%和 88.4%，N+P 混合处理比对照降低 30.44%。偃麦草黑痣病的病情指数分别为 11.43、3.15、8.15、6.99，发病率较对照增减幅度分别是：+63.5%、-54.94%、+16.6%。总体上看增施磷肥或氮磷混合对病害的发生有一定的抑制作用。

药剂防治试验结果，选用速克灵、甲基托布津、多菌灵、百菌清、粉锈灵、灭病威和武夷菌素 7 种杀菌剂，对紫花苜蓿褐斑病的防治效果分别为 68.59%、66.25%、52.53%、67.76%、66.19%、67.58%、59.28%。防治后使紫花苜蓿生物学产量分别较对照增加了 30.84%、17.13%、41.03%、14.45%、39.45%、17.43%、21.7%，并使茎叶比降低、落叶少，使单株粒重增加 18%~90%。

速克灵、甲基托布津、多菌灵、百菌清、粉锈灵、灭病威处理后对偃麦草黑痣病的防效分别为 79.6%、63.6%、35.8%、75.1%、56.3%和 60.9%。

2.2.5.4 有毒有害植物及栽培牧草田杂草的防治技术

（1）有毒有害植物防除

呼伦贝尔草原有毒植物的防除，一直采用人工和简单机械的方法进行防除，从 1990 年至 2003 年全市共除毒草面积 533.14 万亩。化学除毒草仅用于牧草种子田、饲料地及小范围草场，无大规模大型机械或飞机喷雾除毒草记录。

（2）人工草地饲料地杂草防除

· 紫花苜蓿室内抗药性试验

5%豆施乐水剂 130 mL、100 mL 有一定的药害，但过段时间可缓解，在生产上 100 mL/亩剂量可以应用。豆施乐+精克草能没有药害。48%排草丹水剂+5%精克草能，5%精克草能 EC80 mL、40 mL，48%排草丹水剂 60 mL 和 100 mL，25%阔草克 80 g/亩、100 g/亩，14%双锄 EC100 mL/亩、120 mL/亩虽有轻度药害，但影响不大，可在生产上应用。

· 紫花苜蓿大田除草效果

选用豆草除 EC80 mL+喷特 10 mL/亩于播后苗前喷施，喷后过 10 d，20 d 调查对杂草的防除效果，对稗草的防效为 100%，阔叶草的防效 92.8%，总的除草效果为 94.8%。

3 技术关键与创新点

3.1 技术关键

经过 6 年来的系统调查采集标本、室内分类鉴定与文献梳理，探明了呼伦贝尔草地有害生物种类及主要有害生物种类的发生为害程度。共发现啮齿动物 33 种，害虫 517 种，植物病害 174 种，有毒有害植物 74 种，人工草地（饲料地）杂草 83 种。为生产合理开发利用天然草场和人工草地的高产高效优质栽培，科学地防治有害生物打下良好的基础。呼伦贝尔草地优势鼠害种类是鼢鼠和布氏田鼠；优势虫害是草地蝗虫种草地螟；植物主要病害有紫花苜蓿褐斑病，（病叶率达 25%以上，病情指数达 5%～10%）根腐病（发病株率在 3%～5%）。禾本科人工牧草病害有根腐病（chelminthosporium sativum)，（发病率 5%左右，局部地区造成缺苗断条）其他病害为害较轻。主要有毒植物是毒芹、大花飞燕、藜芦、乳浆大戟密度一般为 750～1 500株/hm^2，密集地区可达 15 000株以上，约占草群总生物量的 14.9%。

摸清了主要有害生物种类及其发生条件与规律，为有害生物的可持续控制打下良好的基础。

根据呼伦贝尔草原有害生物发生的特点，采用室内试验与田间小区与大区对比试验相结合的方法筛选出高效的药剂及配方用于生产。摸索出主要有害生物综合防治技术在生产上应用取得较好的效果，探明了大面积飞机灭蝗的应用技术和大面积草场人工灭鼠及有毒植物的技术。筛选出豆施乐、高效氯氰、武夷菌素等多种除草、杀菌、杀虫剂，在人工草地应用效果良好，初步取得一定的社会经济效益。

初步建立了草地有害生物预警系统，为有害生物的科学预测预报打下基础。

3.2 创新点

一是首次探明了呼伦贝尔草地有害生物的种类及其在草地的分布规律，明确了目前生产上的优势种类的发生为害程度。二是探明了高寒地区鼢鼠、布氏田鼠、蝗虫、紫苜蓿褐斑病等发生规律。三是制定出适合于呼伦贝尔天然草场和人工草地的鼠虫病草害综合防治技术规程。有较强的可操作性。

4 技术重点与适用范围

本项技术重点是主要呼伦贝尔草地有害生物的综合防治技术，其中包括呼伦贝尔草地鼠害大面积综合防治技术；草地蝗虫综合防治技术；人工草地和饲料主要病害综合防治技术；人工草地田间杂草防除技术。本项技术可适用于呼伦贝尔天然草场和人工草地（饲料作物）生产及相邻省区生态条件相同的地区应用。

5 推广应用情况及存在的不足

本项技术已在呼伦贝尔市天然草场和人工草地及饲料地生产中广泛应用，累积应用面积 120 万 hm^2，研究成果编写成《中国呼伦贝尔草原有害生物防治》一书，2005 年 12 月由中国农业出版社出版发行；部分研究成果已在《中国草地》《草业科学》《植物保护》《植物医生》《内蒙古草地》《内蒙古畜牧科学》《现代农业》《发现》《内蒙古民族大学学报》等刊物发表，取得了较好的社会，生态和经济效益。

但由于呼伦贝尔草原面积大，生态条件复杂，人工草地种植的年限短，经验不足等原因，本项研究综合限于人力、物力及研究经费不足等因素影响，有些研究领域未能深入，有许多方面还处于空白，不少难题还需继续探索。

（本文为呼伦贝尔草业有害生物综合防治研究课题结课报告）

• 呼伦贝尔盟牧草病害及防治研究

摘要：1985—1992 年采用定点定期系统调查和田间相结合的方法，研究呼伦贝尔盟草场牧草的主要病害，结果表明：①呼盟草牧场牧草病害共计 165 种，其中：有白粉病 46 种；锈病 30 种；菌核病 30 种；黑痣病 8 种；黑穗病 8 种；纹枯病 6 种；麦角病 4 种；叶斑病类 22 种；其他病害 11 种。其中有 24 种病害在国内是初次报道，有 41 种病害在内蒙古自治区为初次报道，经过研究明确了呼盟草场牧草的流行病害有紫花苜蓿褐斑病，偃麦草黑痣病，黄花草木樨白粉病，胡枝子锈病，山野豌豆白粉病，山野豌豆锈病。②探明了紫花苜蓿褐斑病的发生为害规律，找到了切实可行的防治措施，并在国内首次应用农抗 BO-10 防治，取得成功。③在国内首次报道了偃麦草黑痣病，明确了发生为害及防治规律。④首次报道我地的黄花草木樨白粉病为豌豆白粉病菌侵染所致，明确了病原特征及在当地发病规律。⑤系统地调查了胡枝子锈病的发生为害，明确了发病规律，找出适宜收割期。

关键词：呼盟草场　牧草　病害

呼伦贝尔盟草场是我区重要的畜牧业基地，近年来，病虫害鼠害流行为害是草场质量逐年下降，大面积出现退化，产草量降低，牧草品质、营养价值、适口性和可消化率都有所下降的原因之一。但牧草病害研究尚处于空白，生产中牧草病害逐年加重，在此情况下，笔者进行了系统研究，现将研究结果报道如下。

1　研究方法

牧草主要病害种类的研究采用定点定期系统调查法。呼盟牧草主要流行病害发生防治的研究采用田间试验方法，试验田设在本校实习农场牧草园，采用随机区组法，设3～4次重复，小区长5m，宽4 m，共计20 m^2，试验资料进行统计分析。

2　研究结果

通过几年来的系统调查，基本摸清了呼盟草场牧草病害的种类及其为害，共采集病害标本165种（份），其中有白粉病46种；锈病30种；菌核病30种；黑痣病8种；黑穗病8种；纹枯病6种；麦角病4种；叶斑病类22种；其他病害11种。在这些病害中为害较重的有紫花苜蓿褐斑病，胡枝子锈病，草木樨白粉病和锈病，山野豌豆白粉病和锈病，偃麦草黑痣病7种。在调查的病害中有24种为国内首次报道病害；有41种为内蒙古自治区首次报道病害。通过这一结果为我地合理利用规划草场和优良牧草的培育奠定了基础。

采用自拟的紫花苜蓿褐斑病分级标准调查当地病情指数为50 60，经分析病害的病情指数与茎叶比，单枝叶片数均有密切的相关性，相关系数分别为$r=0.907$和$r=-0.7805$，建立了用病情指数预测茎叶比和单枝叶片数的预测式（分别为$Y=1.2851+0.5446$；$Y=209.81-47.7530X$）。为了调查方便，经几年来的调查统计证实紫花苜蓿褐斑病病叶率与病情指数呈极显著的正相关，$r=0.7756$，可以应用预测试，根据病叶率测算出病情指数，为在生产中调查病情提供一条简便易行的公式。研究证实紫花苜蓿褐斑病应采用综合防治措施，以选用抗病品种，春秋季杀灭病残体，与禾草混植及适宜追施磷肥的基础上，适时喷药防治。引种12个苜蓿品种，筛选出润布勒和呼盟苜蓿抗病材料，可在当地推广种植或作为育种原始材料。筛选出防效较高的药剂速克录（68.59%，甲基托布津（66.25%），多菌灵（52.53%），百菌清（67.76%），粉锈灵（66.19%）和灭病威（67.58%），喷药后脱叶减少，生物学产量增加14.39%，千粒重增加14.18%。并且首次应用农抗BO-10防治牧草病害，为国内牧草病害的防治提供一条的途径。

在国内首次报道了偃麦草黑痣病，自拟了病害的分级标准，进行了较系统的发生为害调查，采用田间试验的方法从施肥、烧荒、化学药剂对偃麦草黑痣病的防效进行了系统研究，结果表明：①施肥与黑痣病病情指数之间有显著差异，以施氮磷肥5 kg/亩的病情指数（11.43）为高，显著高于施磷和氮磷混合处理。以施磷肥5 kg/亩的病情指数为最低（3.15），其发病程度较对照明显降低54.97%。氮磷肥混施的病情指数与单施磷肥的无差异。追施氮肥后促进植株营养体生长，加大田间湿度，降低了植株体的抗病性。在生产中可控制氮肥的施用，适当增加磷钾肥可提高寄主的抗病能力，减少病害的发生。②春秋季烧荒对偃麦草黑痣病有明显的效果，防效分别为87.69%和92.98%，烧荒可清除病残体，减少病原基数，从而发病率降低。③速克灵、百菌清、甲基托布津、灭病威和粉锈灵防治后防效分别79.53%、74.52%、65.56%、60.91%、56.26%。

呼盟黄花草木樨白粉病发病率90%～100%，病情指数为60天左右。经鉴定为侵染所致。该病以子囊孢子经风雨吹散，侵染引起植株发病，我地自7月上旬开始发病，8月上中旬形成小黑点（闭囊壳）。生长季内病菌可产生大量分生孢子借风力在田间传播。防治此病可用以下综合措施：①清除病残体，可在春秋季烧掉；②合理施肥，增施磷钾肥；③在田间发病初期喷药防治，可用粉锈宁、粉锈灵、甲基托布津、多菌灵等药剂。

胡枝子锈病发生为害的调查，明确了胡枝子锈病的发生期和为害程度，经镜检鉴定病原为胡枝子单胞锈菌，将调查日期代换值与病情指数进行相关分析，两者有密切的相关性；根据直线回归方程，大体可以预测胡枝子锈病在我地发生的始盛期。扎兰屯发病初期为7月下旬，9月上旬为发病高峰期。可在防治上采用：①适时早割（7月下旬—8月上旬刈割），在病害流行前刈割，减少落叶；②秋末春初清除残体减少有效菌源（烧荒）；③科学利用和管理草地，提高寄生抗病性，在试验田、采种田选用粉绣宁、萎绣灵、多菌灵、甲基托布津等药剂防治。

3 结论与讨论

经过几年的系统的调查与研究，摸清了呼盟牧草主要病害种类，填补了空白，从中发现国内未报道的病害24种，内蒙古自治区尚未见报道的病害41种，为合理地利用规划草场提供了理论基础。但由于受经济和人力的影响，有的旗乡深入得不够，以后应进一步调查，搜集完善，为编写呼伦贝尔牧草病害奠定基础。

鉴定出当地牧草主要病害（紫花苜蓿褐斑病，黄花草木樨白粉病，胡枝子锈病，偃麦草黑痣病）并对其发生为害、防治规律做了较系统的研究，自拟了病情分级标准，提出了一套切实可行的防治措施，如在当地草场应用，可使牧草产量增加20%，使品质提高，对草原管理现代化，发展畜牧业都有积极的促进作用。

（本文发表于南志标、李春杰主编的《中国草类作物病理学研究》，北京：海洋出版社，2003）

• 呼伦贝尔盟草场豆科牧草白粉病的调查

摘要：在介绍呼伦贝尔盟草场豆科牧草白粉病的基础上，简述了各种病害的病原菌特征，为害及分布，分析了发病原因并提出了防治措施。

关键词：呼伦贝尔草地　豆科牧草　白粉病

内蒙古呼伦贝尔盟地处祖国边疆，位于北纬47°05′～53°20′，东经115°31′～126°04′。草原面积118 781.54 km^2，是世界三大草原之一，占内蒙古自治区草原面积的12.5%。该地无霜期80～120 d，全年平均降水量为394 mm（多集中在夏季），森林，草原覆盖率比较高，蒸发量小，气候比较湿润，十分有利于牧草生育，为发展畜牧业奠定了有利的基础。但由于白粉病的发生，使豆科牧草生育、产量和品质受到影响，本文就是笔者根据 1990 年以来进行系统调查研究的结果整理而成的。

1　调查研究方法

在天然草地、林地采用定点定期系统调查的方法。选择代表性植株统计发病率和病情指数，并测定其为害性，于闭囊壳成熟期采集标本镜检，鉴定其病原。

2　豆科牧草白粉病种类及病原菌特征

2.1　黄花草木樨白粉病（*Erysiphe pisi*）

病原为豌豆白粉菌。子囊果散生，暗褐色，扁球形，直径为（85.55～105.92～130.4）μm，壳壁细胞近方形或不规则形，大小为（11～26）μm×（7～22）μm。附属丝多无色或基部为褐色，无分枝，一般每个子囊果有 8～20～30 根，子囊果内多为 4 个子囊，一般 3～5 个，子囊大小为（33～37）μm×（67～73.64～82）μm，内生子囊孢子 2～6 个，多为 3～5 个，椭圆形，略带黄色，大小（12～14.9～17）μm×（21～26.36～34）μm。病情指数为 60。分布于扎兰屯、阿荣旗、牙克石、海拉尔、满洲里。

2.2　山野豌豆白粉病（Erysiphe pisi）

病菌同上。病情指数为 30～40。分布于扎兰屯市、阿荣旗。

2.3　兴安黄耆白粉病（*Sphaerotheca astragali*）

病菌为黄芪单囊壳，子囊果多聚生至散生，褐色，球形，直径 60～84 μm，壁细胞不规则地多角形、长矩形，直径 9～33 μm，附属丝 3～8 根，丝状，子囊 1 个，椭圆形，（54～70.5）μm×（45～60）μm；子囊孢子 8 个，椭圆形、卵形，（15～21）μm×（9～15）μm。病情指数 50～60。分布于扎兰屯、阿荣旗。

2.4　狭叶米口袋白粉病（*E. polygoni*）

病菌为蓼白粉菌，闭囊壳深褐色，球形，散生于菌丝上面，直径 87.5～130 μm。附属丝多条，菌丝状，长短相差较大，50～562.5 μm，粗 5～10 μm，子囊果内含有几个至十几个子囊。子囊椭圆形，无色，具短柄。大小为（55～75）μm×（25～37.5）μm，内含 3～6 个子囊孢子。子囊孢子椭圆形，单胞无色透明，大小为（15～27.5）μm×（10～15）μm，病情指数为 20～30，分布于扎兰屯、阿荣旗。

2.5　柠条锦鸡儿白粉病（*Microsphaera caraganae*）

病菌为锦鸡儿叉丝壳。子囊果散生或聚生，半球形或扁球形，暗褐色，直径 62～125 μm。壁细胞（10～20）μm×（7.5～17.5）μm；附属丝 2～14 根，长 114～375

μm，顶部 3～7 次双分叉。子囊 2～13 个，常为 5～10 个，椭圆形具短柄，（39～69）μm×（24～44）μm。子囊孢子 4～8 个，椭圆形，（13.0～22.5）μm×12.5 μm。病情指数 20 左右，主要分布于扎兰屯。

2.6 兴安胡枝子白粉病（*E. glycines*）

病菌为胡枝子白粉病。子囊果散生至近聚生，暗褐色，扁球形，直径 89～120 μm，壁细胞不规则多角形，直径 5.1～19.1 μm；附属丝 14～42 根，一般不分枝，长 140～425 μm，子囊 6～11 个，近卵形、广卵形至其他不规则形状，有短柄、近无柄或无柄，（55.9～68.6）μm×（33～43.5）μm；子囊孢子 6～7 个，卵形，略带黄色，（16.4～20.3）μm×（11.4～13.9）μm。还可寄生在细叶胡枝子、胡枝子上。病情指数为 20～30。分布于扎兰屯、阿荣旗。

3 豆科牧草白粉病的症状

豆科牧草受到白粉病菌侵染后，其共同特征是：在叶片上形成白粉层，菌丝体生于叶背，初为白色粉状，后扩展成灰白色的毡状斑片，使叶片卷曲枯死，病部出现由黄到黑的小点，小黑点多聚生于叶背，少叶面生。受害叶片较健叶叶重降低 10%（兴安黄耆）和 19.51%～31.2%（黄花草木樨）。

4 发病规律及防治建议

4.1 病害的侵染循环

白粉病菌多以闭囊壳在病残体上越冬，次年春由子囊孢子或休眠菌丝上产生的分生孢子进行初次侵染，生长季节由分生孢子进行多次再侵染。扎兰屯地区 7 月中下旬开始发病，8 月中下旬开始形成小黑点（闭囊壳）。

4.2 发病原因分析

分析发病的原因有以下三方面：一是豆科牧草生长在自然条件下病叶脱落，病原菌逐年积累，导致病害逐年加重；二是人为的利用（草地放牧、刈割）不合理使寄主的生长势减弱，抗病性降低；三是扎兰屯 7—8 月温湿度适宜发病。白粉病一般在气温 20～24℃、相对湿度 50%～75%适宜发病，此期扎兰屯 7 月、8 月常年月均温分别为（岭东）20.9℃和 18.9℃，7 月、8 月降水量为 266.6 mm，相对湿度 72%左右，对病害发生有利。

4.3 防治建议

建议试用以下综合措施防治：①清除病残体，可在春秋季烧掉；②牧用或刈割利用草场，进行有计划地轮片适牧刈割，可以有效地防止病害发展；③对发病严重的地块，应在田间发病初期喷药防治，可选用粉锈宁、甲基托布津、多菌灵等药剂。

（本文发表于《中国草地》，1995（2）：65）

●呼盟农区核盘菌寄主范围的研究

摘要：1985—1990年调查了呼盟农区自然条件下核盘菌的侵染寄主，共发现感病寄主植物83种，分属于23科，64属，其中菊科18种，十字花科9种，豆科8种，葫芦科8种，茄科7种，以上五科占调查 调查病寄主的61%。感病寄主中有农作物13种（占15.85%）；蔬菜25种（占30.48%）；花卉18种（占21.95%）；牧草2种（占2.44%）；盆栽观赏果树2种（占2.44%）；野生植物及田间杂草24种（占28.05%）。调查的感病寄主有18种为国内未见报道的新寄主，其他种类多为内蒙古自治区尚未报道的新寄主。本文分析了发病的原因，提出了控制菌核病流行的综合技术措施。

关键词：呼盟　核盘菌　寄主范围

Sclerotinia sclerotiorum是世界范围内分布的重要病原菌，其寄主范围广泛，已报道的寄主植物分属于64科225属361种植物。国内戴芳澜1979《中国真菌总汇》记载了145种寄主；刘惕若等1982年报道了油菜菌核病寄主31科171种，李汉卿1981年报道了大豆菌核病的寄主85种，陈申宽1991年报道了17种草本花卉新寄主。我地近几年由核盘菌引起的菌核病普遍普遍发生，为明确当地核盘菌的寄主范围，为作物的合理布局提供理论依据，进行了此项研究，现将结果报道如下（表1）。

表1　内蒙古呼盟农区核盘菌寄主范围及为害

序号	寄主名称	为害程度*
1	豆科（Fabaceae） 大豆（*Glycine max*）	+++
2	菜豆（*Phaseolus vulgaris*）	++
3	豌豆（*Pisum sativum*）	++
4	绿豆（*Ph. radiatus*）	++
5	小豆（*Ph. angularis*）	+
6	苜蓿（*Medicago sativa*）	+
7	草木樨（*Melilotus suaveolens*）	++
8	花生（*Arachis hypogaea*）	+
9	菊科（*Compossitae*） 向日葵（*Helianthus annuus*）	+++
10	莴苣（*Lactucasativa*）	++
11	柳叶旋覆花（*Inula salicina*）	+
12	小花鬼针草（*Bidens parviflora*）	+
13	苍耳（*Xanthiumstr umarium*）	+
14	大籽蒿（*Artemistr sieversiana*）	+

（续表）

序号	寄主名称	为害程度*
15	百日草（*Zinnia elegans*）	+++
16	翠菊（*Callistephus chinensis*）	++
17	大波斯菊（*Cosmos bipinnatus*）	+++
18	万寿菊（*Tagetes erecta*）	+++
19	多头小丽花（*Dahlia sp*）	++
20	一点樱（*Emilia flammea*）	++
21	肿柄菊（*Tithonia rotundifolia*）	+++
22	天人菊（*Gaillardia pulchella*）	++
23	蛇目菊（*Coreopsis tinctoria*）	++
24	苣荬菜（*Sonchus brachgotus*）	+
25	刺儿菜（*Cirsium segetum*）	+
26	大丽菊（*Dahliapinnata*）	++
27	茄科（*Solanaceae*） 茄子（*Solanum melongena*）	++
28	马铃薯（*S. tuberosum*）	+
29	龙葵（*S. nigrum*）	+
30	番茄（*Lgcopersicon esculentum*）	+
31	烟草（*Nicotiana tabacum*）	+
32	菇娘（*Physalis frachcti*）	+
33	辣椒（*Capsicum annuum*）	+
34	葫芦科（*Cucurbitaceae*） 黄瓜（*Cucumis sativus*）	++
35	香瓜（*C. melo L. var makuwa*）	+
36	西瓜（*Citrullus vulgaris*）	+
37	南瓜（*Cucurbita moschata*）	+
38	西葫芦（*C. pepo*）	+
39	丝瓜（*Luffa cylindrical*）	+
40	金丝瓜（*C. sp.*）	+
41	冬瓜（*Benincasa hispida*）	+
42	十字花科（*Cruciferae*） 白菜（*Brassica pekinesis*）	++
43	油菜（*B. campesris*）	+++

（续表）

序号	寄主名称	为害程度*
44	甘蓝（*B. oleracea*）	+
45	芥菜（*B. napiformis*）	+
46	布留克（*B. napobrassica*）	+
47	擘蓝（*B. caulorapa*）	+
48	萝卜（*Raphanus sativus*）	+
49	细叶碎米芥（*Cardamina tenuifolia*）	+
50	垂果南芥（*Arabis pendula*）	+
51	藜科（*Chenopodiaceae*） 菠菜（*Spinacia oleracea*）	+
52	甜菜（*Beta vulgaris*）	+
53	藜（*Chenopodium album*）	+
54	灰绿藜（*Ch. glaucum*）	+
55	绿珠藜（*Ch. acuminatum*）	+
56	细叶藜（*Ch. stenophyllm*）	+
57	蓼科（*Polygonaceae*） 卷茎蓼（*Polygonum convolvulum*）	+
58	荞麦（*Fagopyrum sagittatum*）	+
59	伞形科（*Umbelliferae*） 茴香（*Foeniculum vulgare*）	+
60	胡萝卜（*Daucus carota*）	+
61	香菜（*Coriandrum sativum*）	+
62	蔷薇科（*Rosaceae*） 草莓（*Fragaria orienlalis losina losinsk*）	+
63	桃（盆栽）（*Prunus persica*）	+
64	月季（*Rosa chinensis*）	+
65	苋科（*Amaranthacae*） 苋菜（*Amaranthus retroflexus*）	+
66	马齿苋科（*Portulaca oleracea*）	+
67	凤仙花科（*Balsaminaceae*） 凤仙花（*Impatiens balsamina*）	+
68	桔梗（*Platycodon grandiflorum*）	+
69	轮叶沙参（*Adenophora tetraphylla*）	+
70	多歧沙参（*A. gmelinii*）	+

（续表）

序号	寄主名称	为害程度*
71	狭叶沙参（*A. gmelinii*）	+
72	展枝沙参（*A. divaricata*）	+
73	柳叶菜科（*Oenotheraceae*） 月见草（*Oenothera biennis*）	+
74	百合科（*Liliaceae*） 葱（*Allium cepa*）	+
75	桑科（*woraceae*） 大麻（*Cannabis sativa*）	+
76	芸香科（*Rutaceae*） 柑橘盆栽（*Citrus reticulata*）	+
77	唇形科（*Labiatceae*） 香薷（*Elsholtzia patrini*）	+
78	益母草（*Leonurus japonicus*）	+
79	马鞭草科（*Verbenaceae*） 美女樱（*Verbena hybrida*）	+
80	罂粟（*Papaver somniferm*）	+
81	玄参科（Scrophulariaceae） 金鱼草（*Antirrhinnm majus*）	+
82	白花菜科（*Capparidaceae*） 醉蝶花（*Cleome spinosa*）	+
83	鸭跖草科（*Commelinaceae*） 鸭跖草（*Commelina communis*）	+

1 呼盟农区核盘菌的寄主范围及为害程度

1985—1990 年采用系统普查的方法，共发现核盘菌寄主 82 种，分属于 23 科（表 1）。从表 1 可以看出：最易感病的是菊科、十字花科、豆科、葫芦科和茄科，分别占 19 种（23.17%），9 种（10.98%），8 种（9.76%），8 种（9.76%），7 种（8.54%），五科合计占寄主总数的 61%。感病寄主中有农作物 13 种（占 15.85%），蔬菜作物 25 种（占 30.48%）；花卉 18 种（占 21.95%）；牧草 2 种（占 2.44%），盆栽观赏性果树 2 种（占 2.44%），野生植物及田间杂草 23 种（占 28.05%）。其中，有 18 种寄主为国内尚未报道的新寄主，其他种类多为内蒙古自治区尚未报道的寄主。

2 寄主受害后的症状

病菌主要为害寄主的茎和花盘，由于侵染到不同寄主其为害程度不同，表现的症状各异，但共同特征是在茎或茎的分枝上形成的病斑初为褐色水渍状，随后在湿度大时长出白色菌丝层，病斑逐渐扩大，形成灰黄色枯死斑，病部表面或其髓部形成黑色菌核，最后导致病斑上部枯黄变黑。花器或花盘受害，在潮湿条件下，花盘表面和背面形成白色菌丝层，后期在花盘表面或内部形成菌核，使作物减产，花卉失去观赏价值。

在自然条件下形成的菌核形态有圆形、块形、网状及不规则形，菌核坚硬，表面黑色，内白色。菌核大小因寄主不同及同一寄主发生部位、植株体大小不同而异。

3 发病原因分析及防治建议

近年来，当地由核盘菌侵染引起的菌核病广为流行，分析其原因有以下几方面。

菌源基数大。多年来由于向日葵面积的无限扩大，使向日葵重迎茬严重，向日葵与其他核盘菌感病作物轮作普遍，使当地土壤中有效菌核基数迅速增加，这是菌核病大流行的主要原因。

菊科是核盘菌的易感寄主，而在栽培花卉中菊科占多数，在栽花时往往肥水充足，植株繁茂，田间湿度大，寄主抗病性降低，造成病害流行。

当地的气象条件适于发病，菌核萌发和子囊孢子侵入均需要较高的湿度，而在本地7—8月份降雨量最大，这时各种植物生育也进入中后期阶段，生长旺盛，群体的郁闭度高，因此，当地的气象条件与作物生育期的吻合满足了核盘菌萌发及侵入的条件，这是核盘菌引起菌核病大流行的另一原因。

建议菌核病防治采用以农业防治为基础，以化学防治为辅的综合防治技术，在生产中实行轮作制（感病与非感病作物三年以上轮作）。适宜耕翻深埋菌核或清除子囊盘，合理施用氮肥、增施磷肥、钾肥。在发病初期喷施速克灵、扑海因、甲基托布津等杀菌剂。

（本文发表于《植物病理学报》，1993，23（4）：314）

• 内蒙古扎兰屯发现17种花卉菌核病

摘要： 1983—1987年调查自然条件下核盘菌的侵染寄主。在内蒙古扎兰屯农牧学校校内和扎兰屯市花园及忙牛沟乡，成吉思汗镇调查发现17种国内尚未报道的花卉菌核病，分别属于9个科。本文较详细地描述了受害新寄主的症状，分析了发病的原因，提出以农业防治为主化学防治为辅的综合防治措施。

Sclerotinia Sclerotiorum（Lib）de Bary是一个世界上广泛分布的重要病原菌。其寄主范围十分广泛，已报导的寄主植物分属于64科252个属中361种植物。在国内，戴芳澜1979“所著中国真菌总汇”中记载约有145科寄主植物；杨新美1959年报道油菜菌核病的寄主71种植物；刘惕若等1982年报道油菜菌核病的寄主31科171种；李汉卿、傅纯彦1981年报道了大豆菌核病共有85种寄主植物，分别属于20个科；高日霞1981年报道了桃菌核病。

1 寄主种类

1983—1987年笔者通过广泛调查扎兰屯市核盘菌的自然感病的寄主范围，发现除严重感染已报道的寄主向日葵、大豆、菜豆、辣椒、黄瓜、大麻、苍耳、黄蒿等外，还在农牧学校、市公园和成吉思汗镇发现在自然条件下能感染至今国内尚未见报道的 17 种花卉新寄主。寄主种类及为害程度。17 种花卉寄主名称和被害程度见表 1。

表 1 Sclerotinia Sclerotiorum（Lib）de Bary 新寄主及为害程度 扎兰屯 1987

寄主名称（学名）	为害程度
菊科（Compositae） （1）百日草 *Zinnia elegans Jacq*	+++
（2）翠菊 *Callistephus Chinensis* Nees	++
（3）大波斯菊 *Cosmos bipinnatus* Cav	+++
（4）万寿菊 *Tagetes erecta* L.	+++
（5）多头小丽花 *Dahlia sp*	++
（6）一点樱 *Emilia flammea* Cass	++
（7）肿柄菊 *Tithonia rotundifolia* Blake	+++
（8）天人菊 *Gaillardia pulchella* Foug	++
（9）蛇目菊 *Coreopsis tinctoria* Nutt	++
柳叶菜科（Oenagraceae） （10）月见草（山芝麻）*Qenothera biennis* L	+
唇形科（Iamiaceac） （11）香薷 *Elsholtzia patrini* Garcke	+
马鞭草科（Verbenaceac） （12）美女樱 *Verbena hybrida* Voss	+
茄科（Solanaceae） （13）菇娘 *Physalis francheti Masteis*	+
苋科（Amaranthaceac） （14）苋菜 *Amaranthus retroflexus* L.	+
罂粟科（Papaveraceae） （15）罂粟 *Papaver somnifernm* L.	+
玄参科（Scrophulariaceae） （16）金鱼草 *Antirrhinum majus* L.	+
百花菜科（Capparidaceac） （17）醉蝶花 *Cleome spinosa* L.	+++

注：+++　++　+分别表示为害程度重、中、轻

2 寄主受害症状及病原菌特征

核盘菌主要为害寄主的茎部和花盘（花器），基本特征是：在茎上或茎的分枝上形成的病斑初为褐色湿润，随之长出白色菌丝层，病斑逐渐扩大形成淡黄色枯死斑，致死病株倒伏或分枝下垂，病株表面或其茎髓内逐步形成黑色菌核，后期病斑黄白色组织破碎如乱麻状，露出木质部，导致地上部枯萎。花器和花盘受害，在湿润条件下花盘腐

烂，盘背形成白色菌丝层，后期在花盘表面和内部形成菌核，使植株不能开花或花盘明显“败育”失去观赏价值。

在自然条件下形成的菌核形态圆形、块状、不规则形，坚硬，外表黑色，内白色，形状鼠粪状。菌核大小因寄主植物不同及同一寄主茎秆粗细，髓部的空隙大小不同而不同。一般为 51.95 μm×21.3 μm，小的 15 μm×10 μm，大者 115 μm×40 μm。

3　发病因素分析及防治建议

在自然自然条件下 S. sclerotiorum 在当地能侵染多种花卉，探讨其原因有以下几方面。

3.1　当地菌源丰富

1983—1987 年，向日葵、大豆、菜豆等农作物病菌核病严重发生。这些感病作物种植面积大，菌源广、重迎茬种植方式普遍存在，致使有效病原数量逐年增加（当地向日葵菌核在室温条件下贮藏四年萌发率仍有 17.5%）。例如当地农家食用向日葵，株高 1.8m 左右，花盘直径 20 cm 左右，平均每株采到 233 粒菌核，重 16.14 g，病残体 37 g，病花盘共重 53.14 g。这也是结合症状和病原形态确认上述花卉菌核的佐证。

3.2　当地气候条件适于发病

核盘菌主要是以菌核在土壤越冬。菌核萌发产生子囊盘；子囊孢子需要较高的湿度条件。当地菌核萌发形成子囊孢子一般是在 8 月中旬，这时扎兰屯的温湿度是适宜的（扎兰屯 7 月、8 月月均温分别为 20.9℃ 和 18.9℃；降水量为 266.6 mm，相对湿度 73.0%左右）。因此这是引起菌核病广泛发生的另一主要原因。

3.3　栽培花卉中菊科占大多数

菊科是核盘菌易感病的寄主。在种植花卉时往往肥水较充足，植株繁茂，田间湿度大，寄主抗病能力弱，造成菌核病的发生。

4　建议采取以农业防治为主化学防治为辅的综合防治措施

及时深翻，初霜后立即深翻，深翻不少于 15 cm，使菌核不能萌发。深翻是控制菌核病发生的重要措施。

及时清除田间病残体，保证田间卫生，减少病菌初侵染来源。

合理密植，使植株间通风透光良好，以降低田间湿度可减轻发病。

施肥应注意 N、P、K 的配合，N 肥不要过多，以免贪青徒长，降低植株的抗病性。

探索菌核病的预测预报方法，在子囊孢子传播前及时采用化学防治，常用的药剂有：50%的速克灵；25%的扑海因悬浮剂及 70%的甲基托布津 WP；40%纹枯利 WP 等。

（本文发表于《植物病理学报》，1991，6（1）：26；《内蒙古农业科技》，1988（3））

•人工草地优势杂草土壤处理剂配方的筛选试验

农田杂草是影响人工草地牧草产量和品质的主要因素之一，尤其是新开垦或与天然草场相邻的地块，牧草与杂草间争水争光争营养，杂草的生物竞争能力强，抑制了牧草的生长发育。通常采用机械人工防除，因其投入高、难度大、延误农时，为此开展了此项研究。

1 材料与方法

1.1 材 料

1.1.1 药 剂

①80%阔草清 WDG（美国陶氏益农公司）；②38%阿宝 EC（河北省张家口宣化农药厂）；③90%乙草胺 EC（扎兰屯农药有限制品公司）；④48%广灭灵 EC（黑龙江省齐齐哈尔四友化工实业有限公司）；⑤72%普乐宝 EC（北京市通县农药厂）。

1.1.2 杂草种籽

酸模叶蓼（*Polygonum lapathifolium* L.）、野荞麦（*Fogopyrum tataricum*）、藜（*Chenopodium album* L.）、辣子草（*Galinsoga parviflora* Cav）、苋菜（*Amaranthus retroflexus* L.）、苍耳（*Xanthium strumarium* L.）、龙葵（*Solanum nigrum* L.）、稗（*Echinochloa crusgalli* Cl.）等，上年秋季田间采集于室内保存。

1.2 方 法

1.2.1 试验设计与处理

采用两因素完全随机化设计方法，共设置 48 个处理（表 1），每一处理种植两个营养钵。

表 1 试验处理组合

水平	因素	
	A（杂草种类）	B（药剂种类）
1	酸模叶蓼	阔草清（3 g/亩）
2	藜	阿宝（100 mL/亩）
3	辣子草	乙草胺（100 mL/亩）
4	苋菜	普乐宝（100 mL/亩）
5	野荞麦	广灭灵（80 mL/亩）
6	苍耳	对照（喷清水）
7	龙葵	
8	稗草	

1.2.2　播种与施药方法

选用 12 cm×12 cm 的营养钵，每个营养钵除苍耳播 20 粒种子，酸模叶蓼，野荞麦播 50 粒外，其他草籽每营养钵内均播 100 粒种子，播种后覆土 2 cm，过 5d 后进行土壤处理。按照各处理的用药剂量，采用手提式喷雾器施药。

1.2.3　调查统计

施药后 7d 调查各营养钵内的杂草数，计算出防除效果并进行统计分析。

2　结果与分析

2.1　不同药剂对杂草防效的比较

通过方差分析表明：选用的 5 种药剂对杂草的防效差异不显著。广灭灵、普乐宝、阿宝、阔草清和乙草胺对 8 种杂草的总体防除效果分别为 69%、67.4%、63.1%、60.38%、57.85%。

2.2　优势杂草防除的特效药剂的选择

通过方差分析的 F 测验表明，处理组合、杂草种类，药剂与杂草交互作用间的差异均达极显著（其 F 值与 $F_{0.01}$ 值间的比较分别为 $F=4.6957>F_{0.01}=2.11$；$F=3.386>F_{0.01}=3.12$；$F=5.5793>F_{0.01}=2.2$）。

酸模叶蓼防除效果较好的药剂是阔草清和广灭灵，防效均为 84.2%，其次是阿宝（防效为 75%），普乐宝的防效不高。

藜防效较高的药剂是广灭灵，防效达 100%，其次是普乐宝，防效为 84.2%，阿宝和阔草清无效。

对辣子草防效较高的药剂是阔草清和乙草胺，防效均达 100%，其次是阿宝（防效 81.7%），广灭灵的防效较差。

苋菜防效较高的药剂有乙草胺、普乐宝和广灭灵（防效均达 100%），其次是阔草清（防效为 81%）。

野荞麦防效较好的药剂是阔草清和普乐宝，防效均达 100%，乙草胺和广灭灵无效。

苍耳防效较高的药剂是阿宝、普乐宝和广灭灵，防效均达 100%，阔草清防效低（25%）。

龙葵防效较高的药剂有阿宝、普乐宝和广灭灵，防效均达 100%，阔草清无效。

对稗草防效较高的药剂是广灭灵、阔草清、阿宝防效分别为 100%、89.1%、84.2%，普乐宝无效。在人工草地除草中可根据杂草群落的不同，选择最佳的药剂种类（表 2）。

表 2　杂草对除草剂的敏感性分析

杂草种类	阔草清	阿宝	乙草胺	普乐宝	广灭灵	总体防效（%）
酸模叶蓼	84.2 ab	75 ab	61 ab	12.4 b	84.2 ab	63.8 bc

（续表）

杂草种类	阔草清	阿宝	乙草胺	普乐宝	广灭灵	总体防效（%）
藜	3.4 c	0c	27.3 bc	84.2 a	100 a	40.2 c
辣子草	100 a	81.7 ab	100 a	42.6 b	17.8 bc	77 ab
苋菜	81 ab	48.4 ab	100 a	100 a	100 a	92.9 a
野荞麦	100 a	15.3 bc	0 c	100 a	0 c	41.1 c
苍耳	25 bc	100 a	76.1a b	100 a	50 ab	78.6 ab
龙葵	0 c	100 a	48.4 ab	100 a	100 a	77.6 ab
稗草	89.1 ab	84.2 ab	50 ab	0 b	100 a	65.5 bc

注：表内数据为两次重复的平均除草效率（%）。

说明不同杂草应选择不同的药剂才能收到较好的效果。

2.3 杂草对药剂的敏感性

选用的5种土壤处理剂处理8种杂草，苋菜、苍耳、龙葵表现出敏感性较强，总体防效分别为92.9%5、78.6%、77.6%；其次是辣子草、水稗草和酸模叶蓼，防效分别为77%、65.6%、63.8%；藜和野荞麦总体防效较低，分别为40.2%、41.1%。这种药剂对杂草的特定选择性在生产上应引起重视。

3 小 结

人工草地开展化学除草选用药剂时，应针对田间不同杂草群落的具体条件，选择不同的土壤处理剂封闭，相对应的组合如下。酸模叶蓼：阔草清和广灭灵；藜：广灭灵；辣子草：阔草清和乙草胺；苋菜：乙草胺、普乐宝和广灭灵；野荞麦：阔草清和普乐宝；苍耳：阿宝和普乐宝；龙葵：阿宝、普乐宝和广灭灵；水稗草：广乐灵和阔草清。

广灭灵、普乐宝、阿宝、阔草清和乙草胺对8种杂草的总体防效分别为69%、67.4%、63.1%、60.38%、57.85%。

本次试验是在室外盆栽条件下进行的，试验环境中土壤墒情较好。在生产中推广应用时，要特别注意寻找和创造能使除草剂最大程度发挥药效的时机。为更好地掌握除草剂在干旱半干旱条件下的防治效果，应进一步在田间自然条件下试验、筛选和探索。

（本文发表于《内蒙古草业》，2004，16（1）：15；《内蒙古农业科技》，1997（增）：49）

• 内蒙古莫旗人工草地主要病虫害发生原因及防治对策

摘要：2000—2002年采用定点定期调查与田间试验示范相结合的方法，针对紫花苜蓿 *Medicago sativa*，披碱草 *Elymus dahuricus*，老芒麦 *E*，*sibiricus*，无芒雀麦 *Bromus inermis* 人工草地的病虫害种类、发生为害、大面积发生的原因及相应的科学管理技术进行了研究。查明了当地病虫害发生的原因，制定出适宜当地的技术措施。

关键词：紫花苜蓿　披碱草　老芒麦　无芒雀麦　综合防治

莫力达瓦达斡尔族自治旗（简称莫旗）位于大兴安岭东南麓，嫩江西岸，地处东经123°33′～125°16′，北纬48°05′～49°55′，土地面积10 730 km^2，其中可利用草原面积2 540 km^2，占土地面积的23.6%。莫旗属于中温带半湿润大陆性气候，年均温-1.1～1.3℃，年降水量400～500 mm，≥10℃年积温1 815～2 413℃，无霜期100～134d，适宜紫花苜蓿 *Medicago sativa*，披碱草 *Elymus dahuricus*，老芒麦 *E*，*sibiricus*，无芒雀麦 *Bromus inermis* 的生长。2000年至今，随着呼伦贝尔市农牧业产业结构的调整，人工草地面积不断扩大，现有人工草地5 466.7 km^2，其中种子繁育基地666.6 km^2（禾本科牧草533.3 km^2，豆科牧草133.3 km^2），取得了初步的社会、生态效益。随着人工草地种植面积和年限的增加，人工草地病虫害加重，成为制约人工草地高效持续发展的主要因素之一。为此，针对紫花苜蓿及禾本科牧草种子田病虫害及综合防治技术进行了较系统的调查研究。

1　研究方法

选择具有代表性的紫花苜蓿和禾本科牧草种子田，定期定点调查，采集病虫标本。病害标本在室内PDA培养基上分离培养，获得纯培养物后进行镜检。虫害标本在室内鉴定。田间优势病虫进行大区综合防治试验，将观察记录数据进行系统整理分析。

2　结果与分析

2.1　种子田病虫害种类及危害性

莫旗人工草地共发现7种病害、12种害虫，其中紫花苜蓿病害主要有根腐病和枯萎病，常导致田间局部植株枯萎死亡；近年来紫花苜蓿田草地螟普遍发生，发生数量大，需及时采用化学防治措施，其他病虫害的为害较轻，影响不大。

禾本科牧草草地播种出苗后，主要有根腐病和金针虫、跳甲、蝗虫、叶蝉为害（表1），导致局部地块缺苗断条，严重地块毁种，是制约禾本科牧草生产的主要因素之一，禾本科牧草的生长中后期病虫害较轻，对生长和产量的影响不大。

表1　莫旗人工草地病虫草害种类及为害

牧草种类	病虫草害种类	为害程度
紫花苜蓿	根腐病 *Fusarium oxysporium*	+++
	萎蔫病（病原同上）	+
	叶枯病 *Rhizoctonia solani*	+
	褐斑病 *Pseudopeziza medicaginis*	+++
	霜霉病 *Peronospora aestivalis*	+
	草地螟 *Loxostege sticticalis*	+++
	苜蓿盲蝽 *Adelphocoris lineolatus*	++
	苜蓿夜蛾 *Heliothis viriplaca*	+

（续表）

牧草种类	病虫草害种类	为害程度
老芒麦	根腐病 *Helminthosporium*	++
披碱草	禾草赤霉病（根腐病症状） *Fusarium graminearum*	+++
无芒雀麦	黄曲跳甲 *Phyllotreta vittata*	+++
	直条跳甲 *P. vjittula*	+++
	细胸金针虫 *Agriotes fuscicollis*	+++
	宽背金针虫 *Selatosomus latus*	++
	大青叶蝉 *Tettigoniella linnaeus*	+
	白边痂蝗、毛足棒角蝗、轮纹痂蝗、亚洲小车蝗等	++

注：+++表示重度发生；++表示中度发生；+表示轻度发生。

2.2 病虫害大面积发生原因分析

2.2.1 牧草种子质量差，生活力低易感病

披碱草的发芽势和发芽率分别为 31.25%，53.25%，老芒麦的发芽势和发芽率虽达到了 84%，85%，但净度为 88%（表 2）。牧草种子质量差，播种后田间出苗不齐，不壮，抗病虫能力差，易被种传、土传病菌侵入和遭受苗期害虫为害。田间苗期病害发病率达 5%，虫害达 3～5 头/m^2。

表 2 购入的牧草种子检验结果及田间苗情

牧草种类	千粒重（g）	净度（%）	发芽势（%）	发芽率（%）	田间苗情（%）
老芒麦	3.513	88	84	85	90
披碱草	3.225	96	31.25	53.25	70
无芒雀麦	2.975	95.9	4	11.5	毁种

2.2.2 环境条件适宜病虫害的发生

环境条件对病害发生有利。紫花苜蓿根腐病、禾本科牧草根腐病菌主要在土壤中的病残体上越冬或种子带菌。紫花苜蓿根腐病、枯萎病的发病期在 7 月上中旬，此时正是雨季，降水量集中，低洼地块易积水，紫花苜蓿种子田已封垅，田间郁蔽，有利于病菌的侵入，尤其是腐霉菌引起的根腐病。春季紫花苜蓿遇到地下害虫为害，冻伤，土壤干旱，地温高，镰刀菌引起的根腐病、枯萎病（萎蔫病）严重。

人工草地与天然草地相邻，天然草地由于不合理的开垦、过度放牧和挖药材等导致草地退化，引起蝗虫、叶蝉等害虫猖獗，并由于天然草地进入到人工草地造起为害。

莫旗自 1999 年以来连年气候干旱、天气转暖、降水少，且降水的时空分布不均，导致田间草地螟、跳甲等害虫大面积发生。

田间杂草多，为害虫提供充足的食物和栖息地，为种群的发生创造了条件。尤其是人工草地开垦的时间短，种植的豆科牧草和禾本科牧草均为多年生，有利于金针虫的发生。

（本文发表于《内蒙古民族大学学报，自然科学版》，2004，19（3）：310-312）

2.3 对 策

2.3.1 紫花苜蓿病虫害的综合防治技术

细整地，选好种：人工草地种子田必须进行秋翻或深松，耙耱整地灭草起垅，早春镇压，防旱保墒，力争足墒1次播种抓全苗（生产田可采用平播）。选用抗寒性较好的肇东苜蓿，可以安全度过倒春寒。播前进行选种，磨破种皮，提高发芽率，或选用种衣剂及多复合剂拌种。

增施磷钾肥，配施钙、锌、硼等肥：在施农家肥15 000～22 500 kg/hm^{2}的基础上，增施磷钾肥和配施钙、锌、硼等微肥，增强抗寒、抗病性，及时地中耕除草、灌水追肥，提高抗病虫能力。

加强田间管理，采用冬前培土防寒：冬季寒冷，尤其雪少无覆盖的地块，苜蓿易受冻死亡。秋季在最后一次刈割后封冬前用犁培土5 ～8cm，取得较好的防寒保苗效果。

及时采用化学药剂防治病虫：紫花苜蓿根腐病发病初期，在发病点周围及时喷施药剂封闭保护。选用70%甲基托布津水剂800～1 000倍；50%多菌灵水剂500倍。65%代森锰锌水剂500倍防病效果均达50%以上，可以有效地控制病害的发展。

草地螟的防治可选用2.5%功夫可湿性粉剂，2.5%天王星可湿性粉剂等。

2.3.2 禾本科牧草病虫害的综合防治技术

选择优良抗病虫品种：选择内蒙古农牧老芒麦、吉林老芒麦、披碱草等品种，种子在播前应进行精心选种，去杂去劣，选用种衣剂或吡虫啉、福美双等药剂拌种。

加强田间管理，提高抗性：禾本科牧草幼苗期生长缓慢、易受杂草为害，应及时除草、中耕、护苗。在分蘖、拔节期浇灌，并结合追肥，增加抗病性。

及时防治病虫害：禾本科牧草苗期病虫害主要有根腐病和跳甲、金针虫、土蝗的为害，可选用多菌灵、百菌清、代森锰锌、百菌清等杀菌剂同菊酯类杀虫剂混配后喷施，可有效地控制病虫害的发生。后期的病虫害影响不大。

（本文发表于《草业科学》，2004（7）：52-54）

第二节 苜 蓿

• 农牧交错地带紫花苜蓿生产问题及对策

摘要： 农牧交错带是由种植业为主的农田生态系统和以草食家畜为主的草原生态系统

耦合而成的。是以草地和农田大面积交错出现为典型景观特征的自然群落与人工群落相互镶嵌的生态复合体。近年来，随着我国畜牧业的发展和退耕还林还草政策的提出，农牧交错地带苜蓿的种植面积增加迅速，大面积种植后带来以下的问题，第一，苜蓿品种选择不当，苜蓿对当地环境适应性差，突出表现为抗逆性差、抗病性差，产量低，品质达不到要求；第二，播种时间选择不当，出苗管理技术落后，苜蓿出苗率低，幼苗同杂草的竞争力差，成苗率低，保苗株数很难达到相应指标；第三，栽培管理落后，在病虫害和杂草防除上存在着用药不当，防效不佳甚至产生药害，肥料使用盲目，导致杂草、病虫害频繁发生，苜蓿产量降低，品质变差，第四，刈割技术原始，收获时间不当，制约了刈割茬次，直接降低了单位面积产量和品质。针对这些问题提出了相应的栽培管理措施，可以在苜蓿生产中推广应用。

关键词： 农牧交错地带　紫花苜蓿　生产问题　对策

紫花苜蓿素有“牧草之王”的美称。在我国已有两千多年的历史。紫花苜蓿具有营养价值高、蛋白质、矿质元素和维生素含量丰富，适应性强，生产效益高等优点，是世界上牧草的栽培面积最广泛、最主要的豆科牧草之一。目前全世界种植面积约 3 300 万 hm^2，其中美国、前苏联和阿根廷等几个国家种植面积约 1 000万 hm^2。在美国的种植业中苜蓿占第 4 位，年产值超过 100 亿美元。我国苜蓿现有种植面积约 133 万 hm^2，居世界第 5 位。到 2000 年年底，我国全国审定登记了 36 个苜蓿品种，其中，育成品种 17 个。主要分布在农牧交错地带和一些水分条件好的其他地区。如地处高寒地区的内蒙古自治区呼伦贝尔市，紫花苜蓿的栽培面积在逐年扩大，各旗县均在几千到几万亩不等，建立了紫花苜蓿种子生产基地。但是，由于农牧交错地带生态条件的限制，在苜蓿生产中出现了不少的问题，需要尽快解决，才能使苜蓿生产可持续的发展。

1　农牧交错地带的概述

关于农牧交错带的生态问题，国内已有一些研究报道，如气候界限、土壤形成和演化、土地利用与人口负荷、沙漠化治理、发展战略研究等，并取得了一些进展。20 世纪 30 年代，胡焕庸先生提出了“瑷辉-腾冲人口经济分界线”的思想，对中国地学界产生了深远的影响。50 年代，赵松乔先生据此提出了“农牧交错带”的新概念。农牧交错带及其邻近地区的差异，这些差异在经济发展和环境保护方面的重要性，引起了地理学家、生态学家、经济学家、社会学家的深入思考，并开展了多项富有成果的研究。在兰州大学草地农业科技学院陈全功教授的指导下，张剑博士依据《中国生态建设与草业开发专家系统》提供的空间数据库，逐点计算适宜度，制成了《基于 GIS 的中国农牧交错带分布图》，将中国农牧交错带的研究推向了一个新的高度。基于 GIS 的分布图表明，中国农牧交错带大致沿胡焕庸、赵松乔两先生指出的方向与区域分布。我国地理学家周立三、吴传均、周廷儒等人曾以干燥度和降雨量为标准，界定农牧交错带大致相当于干燥度为 1. 5～3. 49 的半干旱区，亦即年降水量 250～500 mm 的两条等雨量线之间的区域，并据此指出其范围是从内蒙古东南部，经辽西、冀北、晋陕北部到宁夏中部的一条狭长区域。这一范围实际上是北方农牧交错带。

农牧交错带实质上是生态交错带，是由种植业为主的农田生态系统和以草食家畜为主的草原生态系统耦合而成的。广义的农牧交错带，是指以草地和农田大面积交错出现为典型景观特征的自然群落与人工群落相互镶嵌的生态复合体。在我国北方是指半湿润农区与干旱、半干旱牧区接壤的过渡地带；在南方多表现为垂直分布形态的农耕用地与牧业用地的过渡带。农牧交错带具有独特的地理、自然资源和社会特点，是可持续发展理论探索的重要地域。

2　紫花苜蓿的植物学特征

紫花苜蓿为豆科、多年生草本植物，根系发达、入土很深。种植一年后，根系多在50 cm以上，最长根系在一米以上，根冠彭大，根茎上密生许多幼芽，分蘖能力很强，一般每株可产生数十枝条，根瘤较发达，根瘤生在主根和侧根上。种植当年在营养生长的后期，根瘤就可起到生物固氮的作用。茎秆直立或斜向上，表面光滑或有毛、具棱，略呈方形，株高90～140 cm，多呈深绿色，亦有带棕红或棕紫色的，茎上分枝很多，皆自叶腋处生出。叶片由三小叶组成的三出复叶，中间一片较大，具有短柄，托叶大先端尖锐，不易脱落，小叶长圆形，基部较窄，先端较阔而在小叶前1/3部分有锯齿，小叶的中后部全缘，小叶顶端中肋突出。总状花序自叶腋生出，每簇花序有花20～30朵，每花有短柄；雄蕊联合成雄蕊管，十雄蕊分离或成二体雄蕊。果实为螺旋形荚果，一般1～4回螺旋，表面光滑，有脉纹，但不太明显，幼嫩时为淡绿色，成熟后为黑褐色，不开裂，每荚果含种子约7粒左右。种子肾形，淡黄色到棕黄色，老熟的种子表面有光泽，未熟的种子和陈种子色较暗，千粒重2 g左右。适应于温暖半燥气候，抗寒能力和抗旱能力因品种的不同而有一定的差异。紫花苜蓿是一种比较严格的异花授粉植物。其天然自交率一般不超过2.6%，开花期在40～60 d，生产草田一般可利用5～10年，生产种子田可利用8～20年。在本地区产草量最高峰期是种植后的3～5年，以后逐渐下降，每年可刈割饲草1～2次，产鲜草量3 000～5 000 kg/亩左右。

3　紫花苜蓿生产的问题

3.1　品种的选择和培育

3.1.1　品种的选择

目前，紫花苜蓿种子在市场上品种很多，特别是进口种子与国产种子鱼龙混杂，难辩真伪。一般来讲，进口种子品质好，纯净度、发芽率、发芽势等方面表现好。国产种子在这些方面常常是比不过进口种子的。因此，广大农牧民种植户在种植栽培紫花苜蓿时，优先选择进口种子。由于盲目地购种，也未经试种，就进行大面积的栽培种植，结果造成经济损失严重。这样的实例在内蒙古自治区的呼伦贝尔市出现不少。例如，加拿大进口的阿尔岗金紫花苜蓿，在内蒙其他盟市种植效果都很好，但是，进入呼伦贝尔市种植后却表现为：种植当年表现优质，无论是从出苗，生长、都非常整齐，生长快。可是到了第二年春天，由于越冬率低，抗逆性差，多数植株不能越冬而死亡，少量植株越冬后生长势差，田间草害发生重。这样的实例在扎兰屯、阿荣旗、莫旗、海拉尔等地区都有。因此，在大面积种植栽培苜蓿时，不要随便选择品种，应该选择在当地种植几年以上表现好的品种。根据呼伦贝尔市各旗县近几年的栽培调查表明，在呼伦贝尔地区表现好、适宜大片面积推广的品种有肇东苜蓿、龙牧 801、龙牧 803。

3.1.2 品种培育

紫花苜蓿在农牧交错地带高寒地区栽培中存在的主要问题，就是越冬率低的问题。多数紫花苜蓿品种都是因为越冬率低或者不能越冬，而不能栽培。因此，在品种培育或者选育时，就必须保证能够安全越冬或者越冬率非常高。从目前现有种植品种来看，肇东苜蓿、龙牧 801、龙牧 803 越冬率在呼伦贝尔是最高的品种。所以，可以考虑以肇东苜蓿、龙牧 801、龙牧 803 作为研究的基础，而后进行系统选育或者作为亲本，进行杂交育种。从中选育出更高产、稳产、抗逆性更强的品种。当然，也可以采用其他的育种方法，进行培育。另外，也可以开发收集一些在高寒地区种植多年的当地品种，进一步进行选育、扩繁，对于生产也会起到很大的促进作用，这也是一个不可忽视的种质资源。总之，在品种选培方面，一定要把“越冬”作为重点研究对象，同时兼有其他的高产、稳产、抗病、优质等特征。

3.2 紫花苜蓿地的选择

由于近年来的气候干旱，农作物连年收益不好，各级政府大力宣传退耕还林还草，而且，对于退耕地户，政府又给予适当的补贴。因此，很多村、镇在退耕地时，不按其田地的水土、地形等因素退耕，而是按数量退耕，即：每村或乡镇在每年应退耕多少亩，各种植户多采用自愿的形式。这样，在被退耕的田中，有很多为水分条件好的低湿地。多数农牧民又不懂紫花苜蓿生长习性，常常把紫花苜蓿种在低湿地上。种植当年长势非常好。这样，一来适合种植户保苗愿望，二来适合上级领导观光的愿望。可是到了种植第二年以后，偶有一年雨水大，雨季紫花苜蓿田常被水淹，则到下一年大片死亡，损失惨重。这样的事例在各旗县时有发生。针对这些问题，种植紫花苜蓿地，一定选择高岗地段，即在雨季也无积水的地块，保证不被水淹或浸泡。

3.3 紫花苜蓿的播种期与除草技术

3.3.1 播种期

紫花苜蓿在呼伦贝尔市种植中出现的问题很多：例如出苗问题，越冬问题等。首先是出苗问题（保证出苗）：近几年来，由于连年干旱，或者春季土壤墒情很不好时接下来又是连月无雨，这样种子播下后，一方面，在春旱时，出苗不好或不能出苗，另一方面在墒情好时，出苗很整齐，但是接下来长久无雨，幼苗又被旱死，紫花苜蓿虽说抗旱能力强，但是，幼苗期根系很浅，还没到抗旱力强时期，所以易被旱死。因此，在呼伦贝尔市紫花苜蓿最佳播种期应选择在雨季来临之初，这样苗期处于雨季，雨季过后，紫花苜蓿已经生长很大了，根系在 50 cm 深度以下，以后抗旱力非常强，即可保苗生长。

3.3.2　除草技术

因牧草栽培田的通常面积很大，所以如用人工除草是非常费工的。主要采用化学除草技术，在苗期可选用茎叶处理的一类豆科田除草剂，如豆施乐、豆草除、豆维等。

3.4　紫花苜蓿的越冬管理

3.4.1　最迟播期

目前，紫花苜蓿越冬问题，主要是种植当年的越冬问题。为了能够使当年越冬率高，播种期不能过迟，一般来讲，紫花苜蓿种植当年，在霜期来临之前，苗高度不低于25 cm，才可安全越冬。所以，播种一般应在7月下旬之前（本地区）完成，播种过迟很难保证越冬。

3.4.2　越冬管理

紫花苜蓿种植当年在本地区越冬管理分为两个时期，一是秋季越冬工作：首先保证田间不能过于干旱。这一点，在呼伦贝尔市地区通常是秋雨多，是不会干旱的。但是由于冬季风大，早春风大，在冬雪小的时期，易把表土水分吹干，随之紫花苜蓿近地表的根茎芽处易被风干，导致不越冬，二是冬季雪很大，但春季风大，气温冷热交替强，特别是早春连续热几天的气温回升，紫花苜蓿休眠芽距地面浅，一受热开始萌动，可是过几天又有冻害，致使已萌动的根茎即受冻害，而不能越“早春”，也是通常所说的不能越冬，根据这些不越冬原因：可以采用一些秋季霜过后冻前覆土保护措施，即：在结冻前，在紫花苜蓿的根茎上面再覆5～10 cm的土。即可保证越冬，这一方法已得到实践证明。其优点：①压土层加厚，起到冬季和早春保护紫花苜蓿根茎水分不被吹干。②防止春季过早受地面温度变化影响而萌动，受到冻害。

3.5　紫花苜蓿的病虫害防治

3.5.1　病　害

在农牧交错地带紫花苜蓿常见的病害并造成严重为害的主要有：立枯病、根腐病、褐斑病、霜霉病等，常导致苜蓿播种后田间缺苗断条和生长期植株局部死亡。

3.5.2　虫　害

根据近年的调查，紫花苜蓿虫害主要有：草地螟、潜叶蝇等。草地螟主要发生在春秋季节。

4　对　策

4.1　选地整地

选地：要求土层肥厚，不积水，土表细碎。

整地：要提前进行深翻、耙碎、耢平，达到播种状态。整地时，可结合施用有机肥或复合化肥。

4.2 选种和种子处理

选种：在高寒地区，必须选择抗寒性强的品种。目前肇东苜蓿、苏联 1 号、苏联 2 号、公农 1 号等相对较好。播前要精选，晒种，严格筛选其中的杂草籽、病粒、瘪粒、破损粒。

种子处理：为了保证种子在播后幼苗期能抵御病虫鼠、干旱的为害，应使用包衣剂处理种子。包衣剂主要成本包括杀虫剂、杀菌剂、微肥、抗旱剂，根瘤菌、壮根剂、成衣膜剂等。为了使种子在播种时能均匀落粒，节约种子，还可在包衣剂基础上使用造粒技术，使苜蓿种子周围黏附更多的营养和介质，成为均匀易播的“大粒”。

4.3 播　种

播期：可以春播也可夏播。但为防止吊干芽，必须保证播后（种子萌动后）有较长时间比较好的土壤墒情。

播前土壤处理：由于杂草是苜蓿幼苗期最危险的竞争对手，因此必须把除草当作最重要的事情去做。播前最好采取措施，诱发杂草早萌发，待杂草基本出芽时，可进行一次全面中耕，消灭这批杂草，若地块杂草种子基数大，可待下批杂草出苗时再进行一次全面中耕。如果地块中主要是多年生杂草，可等到杂草基本出齐，株高 15 cm 左右时，用灭生性除草剂草甘膦喷雾防治。

种肥：播种时用 N、P、K 复合肥或有机复合肥做种肥，种肥和种子要分开，不要距离太近，以免烧种烧苗。

4.4 化学除草

播后苗前土壤处理：可采用普施特、普施特+乙草胺、普施特+普乐宝、乙草胺+普乐宝（施乐补）、普施特+广灭灵，也可在杂草较多较大而苜蓿尚未出土时用克芜踪和草甘膦作灭生处理。

苗期茎叶处理：若主要是禾本科杂草，可采用拿捕净、高效盖草能、收乐通、精禾草克、精稳杀得、精骠等。若主要是阔叶杂草可采用普施特、排草丹、克阔灵、普施特+广灭灵。若禾本科杂草和阔叶杂草混合发生，可考虑农药复配混用。

4.5 生长期病虫害防治

防治病害：根腐病株率达 1%时，应采取甲基托布津或多菌灵、苯菌灵加普力克或甲霜灵、大生等喷雾或灌根。花叶病可喷强力病毒灵和小叶敌、植物龙、植物动力等叶面肥。褐斑病可喷速克灵、甲基托布津、百菌清等。

防治虫害：草地螟，苜蓿夜蛾，甘蓝夜蛾，地老虎可用溴氰菊酯，功夫，来福灵，高效氯氰，灭杀毙，Bt 等喷雾防治，使用黑光灯诱杀成虫。保护利用鸟类、蛙类等天敌。还可放养鸡群灭虫。蚜虫可喷一遍净、氧化乐果、抗蚜威、艾福丁、灭杀毙等。保护利用瓢虫等天敌。地老虎还可用敌百虫等拌毒饵防治。

4.6 田间管理

定期追肥或喷 P、K 肥和微肥，促进根芽充分发育和地上部生长。

夏秋季节喷 1～2 遍壮根剂，促进根系发育和养分传输。

初冬季节趟蒙头土，保护根芽，避免冬季和第二年早春受冻和水分过分蒸发。

有条件的地方可灌溉封冻水和化冻水。生长季节遇干旱及时喷灌。

随时清除田间地头和周边的杂草，切实防止杂草在田间结实落粒。防止周边病虫草向牧草田扩散。

（本文发表于《内蒙古民族大学学报（自然汉文版）》，2008，23（6））

• 扎兰屯市紫苜蓿褐斑病大流行

1986 年以来，扎兰屯市人工草场的紫花苜蓿褐斑病 Pseudopeziza medicaginis（Lib）Sacc 日趋严重。苜蓿生长期间使叶片大量脱落，感病严重植株使茎秆下 1/3 全部无叶，产量和品质下降，是植保研究的课题，现将近两年的调查结果报道如下。

1 病害诊断

紫苜蓿（Medicago sativa）感病后叶片上典型病状为病斑两面生，圆形或近圆形，直径 0.5～1mm，最大超过 3mm，通常彼此不相汇合，浅褐色至深褐色，边缘锯齿状，病害后期（9 月下旬）叶面病斑中央变厚出现直径约 1mm，浅褐色突起小圆点，一般每病斑上一个，此为病原菌的子实体——子囊盘，叶面吸湿后，子囊盘迅速膨胀，变成黏稠的果浆状，肉眼清晰可见，较大病斑中心多淡草黄色，边缘暗褐色，病叶变黄皱缩，干旱时首先凋萎，脱落。

茎部病斑长形，黑褐色，边缘光滑。

病菌子囊盘初生于表皮下，后突破表皮露出，碟形。子囊棍棒形，（60～70）μm×10 μm，侧丝很多，线形。子囊孢子无色，长 10～14 μm。

（本文发表于《内蒙古民族大学学报，自然科学版》，2008，23（6）：657-660）

2 病害发生为害程度调查

据病斑占叶面积的大小，将病害严重度分级：见表 1，当地病害 7 月上中旬开始发病，病情指数由轻到重，1987—1988 年 9 月下旬病情指数分别为 51.15；50.91 病害以子囊阶段散落于土壤表面的病叶及碎片上越冬，春季天气转暖，温湿度适合时，子囊孢子充分发育后成对的射入空中，落到相邻植株的叶片上，或被风吹到其他植株上开始侵染，引起下部叶片发病，子囊孢子萌发的温度范围为 2～31℃，以 10～20℃最为适宜，子囊孢子放射要求空气湿度大于70%，地此温度下病害数日即可流行。扎兰屯市7月、8月常年月均温分别为20.9℃，18.9℃，7月、8月两月降水量为266.6mm，相对湿度72.0%左右，利于褐斑病的流行。

表1　苜蓿褐斑病严重度分级标准

级别	病害发生程度
0	全株叶片无病斑
1	病斑占叶面积的5%以下
2	病斑占叶面积的5%～15%，病斑处开始褪绿
3	病斑占叶面积的15%～35%，叶片占3/4褪绿
4	病斑占叶面积的35%～50%，叶片几乎全部变黄
5	病斑占叶面积的50%～70%，叶片全部褪绿
6	叶片全部枯死

3　防治意见

收种地宽行播种，保持通风良好，降低草层内空气湿度，或与其他禾本科牧草混播，降低发病率。

增施磷钾肥，提高抗病性，减轻发病率。

应用代森锌、苯来特、甲基托布津和百菌清等在发病初期或发病前防治。

越冬后，返青前用火烧田间的病残叶。

（本文发表于《内蒙古草业》，1989（2）：43）

• 紫苜蓿褐斑病发生为害及防治的研究初报

摘要： 本文研究了紫苜蓿褐斑病的发生为害程度，品种的抗病性及药剂防治效果。结果表明：在苜蓿与禾草混播的草地，每平方米内苜蓿的枝条数与其病情指数间呈显著正相关（$r=0.778\ 1$，$n=10$）。病情指数与茎叶比比也日呈显著的正相关（$r=0.076$，$n=6$）。病情指数与单枝叶片数呈显著负相关（$r=-0.780\ 5$，$n=10$）。选用12个品种在自然条件下做抗病性鉴定，不同品种间病情指数有显著的差异，较抗病的品种有呼盟苜蓿和润布勒苜蓿，选用速克灵、甲基托布津、多菌灵、百菌清和粉锈灵几种药剂防治，其防治效果分别为71.89%、68.8%、60.21%、65.36%和62.86%。药剂防治后能明显地减少落叶，提高生物学产量和千粒重。

关键词： 紫苜蓿　褐斑病　防治

紫苜蓿褐斑病（Pseudopeziza medicaginis（Lib）Sacc 近年来在我地大流行（病情指数50～60），感病严重植株茎秆下1/3全部无叶，病叶重量较健叶下降12.5%，已成为当地生产中急待解决的问题，紫苜蓿褐斑病在我国广泛分布，但其发生为害及防治方面的研究报道不多，笔者自1986年以来对紫苜蓿褐斑病的发生为害及防治规律进行了系统的研究，本文将结果报道如下。

1 材料与方法

选用药剂有50%速克灵 WP；50%甲基托布津 WP；25%多菌灵 WP；75%百菌清 WP；15%粉锈灵 WP。

苜蓿密度与病情指数，病情与茎叶比，生物学产量及千粒重的关系的研究采用系统调查的方法，每一个随机调查点为1m²样方。

药剂试验采用随机区组设计，三次重复，小区长5 m、宽4 m，小区面积为20 m²，选用的药剂除速克灵稀释2 000倍外其余均稀释800倍，并以喷清水小区为对照。于7月上中旬各喷药一次（发病初期，苜蓿始花期），喷药15 d后调查其病情指数，并于9月末选样测产考查其经济性状。

2 结果与分析

2.1 每平方米苜蓿枝条数与病情指数的关系

根据表1、表2资料分析表明：①每平方米苜蓿枝条数与病情指数间有显著的正相关，其 $r=0.778\ 1$；$n=10$，并求得其相应的回归关系为 $y=22.676\ 8+0.267\ 3x$。②病情指数与茎叶比之间也有显著的正相关，其 $r=0.907\ 6$，$y=1.285\ 1+0.544\ 6x$。③病指与单枝叶片数间呈显著的负相关，其 $r=-0.780\ 5$，$y=2\ 079.81-47.753\ 0x$。在扎兰屯地区的苜蓿与禾草混播草地可以利用以上关系来预测发病程度或根据病情指数预测受害损失。

表1 紫苜蓿褐斑病防治试验原始资料

区组	处理	病指	防效（%）	茎叶比	地上鲜重（g/枝）	株高（cm）	分枝数（个）	粒荚重（g/枝）	粒重（g/枝）	千粒重（g）
Ⅰ	速克灵	8.85	65.4	2.78	26	97.67	21.33	4.83	1.923	2.33
	甲托	7.84	69.33	4.2	25.5	77.3	20	3.83	1.667	2.27
	多菌灵	11.27	55.93	9	23.5	89	25.33	3.5	0.967	2.63
	百菌清	10.37	59.44	8.69	27.5	85	18	4.5	1.90	2.11
	粉锈灵	14.79	42.13	5.67	24.5	90	26	2.63	0.87	2.27
	对照	25.57	—	21.22	18	87.67	17.33	1.93	0.73	1.96
Ⅱ	速克灵	6.45	78.32	4.89	33	98	20	3.1	1.433	2.19
	甲托	9.42	68.3	3.77	30.5	91.33	20.3	2.5	0.993	2.41
	多菌灵	10.94	63.21	4.57	29.5	95	26	3	1.33	2.34
	百菌清	8.66	70.87	12.91	24	90	16.7	3.9	1.54	2.41
	粉锈灵	8.72	70.67	4.2	35	72.33	16.7	3.1	1.23	2.67
	对照	29.73	—	11.36	25.5	96.67	21.3	2.4	1.1	1.99

（续表）

区组	处理	病指	防效（%）	茎叶比	地上鲜重（g/枝）	株高（cm）	分枝数（个）	粒荚重（g/枝）	粒重（g/枝）	千粒重（g）
Ⅲ	速克灵	7.89	71.96	4.48	24.5	78.33	14.33	3	1.19	2.14
	甲托	8.79	68.78	4.26	28	77	14.67	3.83	1.52	2.14
	多菌灵	10.84	61.49	7.14	34	87	18.3	2.5	0.83	2.21
	百菌清	9.64	65.77	10.2	26	101.3	22.67	3	1.19	2.41
	粉锈灵	6.82	75.77	6.15	21	87.3	13.3	2	0.79	2.29
	对照	28.16	—	16.28	18	85	15	1.5	0.597	2.02

表 2　每平方米枝条数与病情指数等性状关系

枝条数（枝/m^2）	病情指数	叶片数（片/枝）	单枝重（g）	茎叶比
4	19.58	1 710	16.5	1.75
5	20.97	762	9.9	5.19
8	22.42	1 032	6.0	1.5
12	35.1	609	8.4	5
18	24.56	618	9.0	8
20	31.89	354	7.5	11.5
31	31.76	426	10.5	6.5
41	36.75	489	16	13.55
53	32.38	501	9.5	8.5
60	38.71	252	10.5	6.5

2.2　扎兰屯地区发病期与病情指数的关系

通过表 3 可以看出：经初步调查发病日期（经转换）与病情指数间有显著的正相关，其 $r=0.904\ 1$，$n=11$，求出一条预测式为 $y=24.897\ 4+0.739\ 2x$，可应用于预测当地的发病期。扎兰屯地区发病初期为 6 月末，高峰期为 8 月 25 日，8 月 25 日后发病病指逐渐发展，致使叶片大量脱落。发病早晚受温湿度影响较大，应进一步验证此预测式的可靠性。

表 3　发病日期与病指

日期	转换值（以 7 月 25 日为零）	病情指数
7.27	2	26.9
8.5	11	27.82

（续表）

日期	转换值（以7月25日为零）	病情指数
8. 10	16	33. 05
8. 15	21	36. 29
8. 20	26	39. 06
8. 25	31	55. 65
8. 30	36	62. 92
9. 7	42	64. 73
9. 13	48	61. 49
9. 21	56	65. 09
9. 30	65	62. 56

2. 3　苜蓿品种抗病性鉴定

通过表4可以看出：苜蓿品种间抗病性差异较大。较抗病的品种有呼盟苜蓿和润布勒苜蓿（病情指数分别为20以下），中度抗病的品种有克山苜蓿、新疆大叶苜蓿、巴州苜蓿、苏联兰花苜蓿（病指均在30左右）。其余品种较感病。

表4　苜蓿品种的发病程度调查

苜蓿品种	8月15日	9月12日	平均	为害程度
润布勒苜蓿	16. 09	26. 34	27. 22	+
呼盟苜蓿	8. 23	19. 55	13. 89	+
草原2号	29. 25	66. 67	47. 96	+++
佳木斯苜蓿	33. 75	93. 94	63. 85	+++
克山苜蓿	18. 47	56. 35	37. 41	++
新疆大叶苜蓿	21. 69	47. 98	34. 84	++
和田苜蓿	33. 55	57. 79	45. 67	+++
巴州苜蓿	23. 83	48. 42	36. 13	++
西北农学院苜蓿	22. 55	69. 07	45. 81	+++
晋南苜蓿	27. 88	54. 57	41. 23	+++
苏联苜蓿	23. 18	57. 26	40. 22	+++
苏联兰花苜蓿	27. 08	41. 99	34. 54	++

注：+++表示重；++表示中；+表示轻。

2.4 药剂防治结果

2.4.1 防治效果

几种药剂处理的病情指数及防治效果均显著地高于对照；几种药剂间的防治效果差异不显著；以50%速克灵 WP 2 000倍、50%甲基托布津 WP800 倍和 75%百菌清 WP800 倍喷雾的防治效果为高（分别为 72%、68.8%和 65.4%）。

2.4.2 药剂防治后对产量及经济性状的影响

从表 5 可以看出：多菌灵、甲基托布津、速克灵三种药剂处理的苜蓿生物学产量显著地高于对照；百菌清，粉锈灵处理的产量与对照差异不显著。

粉锈灵、多菌灵、百菌清处理后千粒重显著高于对照；甲基托布津和速克灵两种处理的千粒重与对照没有显著的差异（表 6）。不同药剂处理其单枝粒重间有显著的差异，百菌清、速克灵处理后其产量显著地高于甲基托布津、多菌灵、粉锈灵和对照的处理；甲基托布津和多菌灵显著高于粉锈灵和对照处理；其他处理间差异不显著。

表 5 防效及生物学产量均数差异比较

处理	均数	防效（%）	差异	处理	生物学产量均数	差异
对照	31.83	—	a	对照	29.00	a
多菌灵	19.37	60.2	b	多菌灵	28.00	a
粉锈灵	18.3	63.4	b	粉锈灵	27.83	a
百菌清	18.01	65.4	b	百菌清	26.83	b
甲托	17.11	68.8	b	甲托	25.83	b
速克灵	16.15	72	b	速克灵	20.5	b

表 6 千粒重与单枝粒重间均数差异比较

处理	平均千粒重	差异	处理	平均单枝粒重	差异
对照	2.41	a	对照	1.54	a
多菌灵	2.39	a	多菌灵	1.52	a
粉锈灵	2.31	a	粉锈灵	1.39	ab
百菌清	2.27	b	百菌清	1.04	Bc
甲托	2.22	b	甲托	0.96	Bc
速克灵	1.99	b	速克灵	0.81	c

3 结论与讨论

在苜蓿与禾草混播的草地中，随着苜蓿密度的增加病情指数提高，从而使苜蓿的落叶率、茎叶比增高，为害加大，其主要原因是增加了田间湿度，利用病菌的侵染流行。

扎兰屯地区发病日期与病情指数间有密切的相关性（$r=0.9041$，$n=11$），初步得出一条 $y=24.8974+0.7392x$ 回归预测式，可在 8 月到 9 月预测发病期及为害程度。

在自然条件下初步测定出呼盟苜蓿和润布勒苜蓿较抗病，其病指低，落叶率低。

用速克灵、甲基托布津、多菌灵、百菌清、粉锈灵五种药剂均有较高的防效，以 50%速克灵 WP2000 倍喷雾防效最高（72%）。药剂防治后减少落叶，从而使茎叶比、产量和千粒重均有不同程度的提高。

（本文发表于《内蒙古草业》，1990（2）：37）

• 用农抗 BO-10 防治紫苜蓿褐斑病效果好

近年来我在紫苜蓿褐斑病（Pseudopeziza medicaginis（Lib）Sacc. 大流行，病情指数高达 50～60，致使苜蓿生育的中后期大量脱叶，种子产量下降，成为当地生产中急待解决的问题。为探索 BO-10（中国农科院植保所微生物研究室研制）对紫苜蓿褐斑病的防治效果，我们于 1990—1991 年在学校农场牧草园做了药效试验。

试验设 BO-10 100、150、200、250 倍液、50%多菌灵 800 倍液、70%甲基托布津 800 倍液 6 个处理，以不用药作对照，均在 7 月 5 日、12 日始发病时喷药。喷药后 10 d 调查防效，每小区调查 10 株枝条，统计病情指数（严重度分级标准：0 级无病，1 级病斑占叶面积的 5%以下，2 级病斑占叶面积的 5.1%～15%，3 级病斑占叶面积 15.1%～35%，4 级病斑占叶面积 35.1%～50%，5 级病斑占叶面积 50.1%～75%，6 级叶片全部枯死）。6 个处理的防治效果依次是 59.28%、53.1%、54.7%、23.94%、61.19%、72.64%，经 LSR 测验，无显著差异。防治后使苜蓿茎叶比明显下降，落叶轻，生物学产量提高，尤其是 BO-10 100～200 倍液效果与 50%多菌灵，70%甲基托布津 800 倍液相似，在草地应用对环境和牲畜无不良的影响，值得在人工草地及种子田推广应用。

（本文发表于《植物保护》，1992（5）：53）

• 紫苜蓿褐斑病药剂防治试验

摘要： 1989—1990 年选用速克灵、甲基托布津、多菌灵、百菌清、粉锈灵和灭病威 6 种药剂，采用随机区组法设计，在人工草地进行了紫苜蓿褐斑病的药剂试验。结果表明：以上药剂防病效果显著（防效分别为 68.59%、66.25%、52.53%、67.76%、66.19%和 67.58%）。药剂防治后使其茎叶比下降，脱叶减少，分枝数增加，使苜蓿生物学产量增加 14%～39%，千粒重增加 14%～18%，防效较好的药剂是速克灵、百菌清、粉锈灵，可在人工草地及采种田应用。

关键词： 紫苜蓿　褐斑病　化学防治

紫苜蓿褐斑病（Pseudopeziza medicaginis）广泛发生在世界各苜蓿种植区。近年来在扎兰屯市流行，病情指数高达50～60，致使苜蓿生育的中后期大量脱叶，种子产量下降，成为当地生产中亟待解决的问题。为筛选出对褐斑病防效较好的药剂，于1989—1990年做了系统的研究。

1 材料与方法

1.1 材 料

选用的药剂有：①50%速克灵 WP，美国进口；②70%甲基托布津 WP，日本曹达式株式会社生产；③25%多菌灵 WP，江苏无锡农药厂生产；④75%百菌清 WP，美国进口；⑤15%粉锈灵 WP，四川省化学工业研究所生产；⑥40%灭病威（多硫胶悬剂）广州珠江电化厂产品。

1.2 方 法

试验地设在本校牧草园，于1986年春季播种苜蓿（Medicago sativa），每年8月中旬刈割一次，1989—1990年采用随机区组法设计，3次重复，小区长5 m，宽4 m，小区面积为20 m^2，将以上药剂除速克灵稀释2 000倍外，其余药剂均稀释800倍，以喷清水小区为对照，于7月上中旬应用工农16型喷雾器于发病初期和苜蓿始花期各喷药一次，喷药量50 kg/亩，喷药15天后采用随机取样法调查病情指数，每小区随机抽取10株，每株自下而上选20片叶统计发病严重度计算出病情指数，按公式（防治效果%=对照区病情指数-防治区病情指数/对照区病情指数×100）计算防治效果，并于9月中旬每区抽10株测单株产量，考察经济性状，对资料进行统计分析，显著性测验均采用LSR法。

2 结果与分析

2.1 药剂对褐斑病的防效

通过表1可以看出：应用速克灵、甲基托布津、多菌灵、百菌清、粉锈灵、灭病威处理的病情指数分别为7.84、8.46、11.79、8.2、8.6、7.36，病情指数比对照的病情指数（25.26）显著降低，其防治效果分别为68.59%、66.25%、52.53%、67.76%、66.19%、67.58%。药剂间防效没有显著的差异，以速克灵、百菌清、灭菌威的防效较高，多菌灵的防较低（表1）。

表1 紫花苜蓿褐斑病的药剂防治效果 （病情指数）

药剂种类	年份	Ⅰ	Ⅱ	Ⅲ	平均	防治效果（%）
速克灵	1989	8.85	6.45	7.89	7.73 b	68.59
	1990	10.48	5.36	8.01	7.95 b	
甲基托布津	1989	7.84	9.42	8.79	8.68 b	66.25
	1990	7.83	8.78	8.11	8.24 b	

（续表）

药剂种类	年份	Ⅰ	Ⅱ	Ⅲ	平均	防治效果（%）
多菌灵	1989	11.27	10.94	10.84	11.02 b	52.53
	1990	12.02	15.93	9.75	12.56 b	
百菌清	1989	10.37	8.66	9.64	9.56 b	67.76
	1990	5.61	5.96	8.95	6.84 b	
粉锈灵	1989	14.79	8.72	6.82	10.11 b	66.19
	1990	8.04	5.36	7.9	7.10 b	
灭病威	1989	—	—	—	—	67.58
	1990	8.05	5.2	8.82	7.36 b	
对照	1989	25.57	29.73	28.16	27.82 a	—
	1990	27.1	17.94	23.06	22.7 a	

2.2　药剂防治对苜蓿生物学产量的影响

药剂防治后各处理单株鲜重均较对照有不同程度的提高。速克灵、甲基托布津、多菌灵、百菌清、粉锈灵、灭病威处理分别增加 30.84%、17.13%、41.03%、14.45%、39.49%、17.43%，以速克灵、多菌灵、粉绣灵增产效果较明显。增产的主要原因是药剂防病后病情指数降低，落叶少；有的药剂经分解可产生能被植物吸收的营养元素，对苜蓿生长有一定的刺激作用。

2.3　药剂防治后对苜蓿生育的影响

药剂防治后使苜蓿株高之间没有明显差异。

药剂防治后使苜蓿分枝数增加（除甲基托布津外），速克灵、多菌灵、百菌清、粉锈灵、灭病威分别增加 8.99%、25.23%、4.455%、18.5%、22.45%。

药剂防治后使苜蓿茎叶比显著降低，速克灵、甲基托布津、多菌灵、粉锈灵的茎叶比分别为 2.77、2.93、3.55、4.36。显著低于对照（8.89），分别下降了 68.8%、67.04%、60.07%和 50.96%。表现落叶轻（表 2）。植株茎叶比不同年份间有明显的差异，1989 年茎叶比显著等同于 1990 年，原因是施药后 1989 年降水量大，连雨日多，田间湿度大，使病叶大量脱落，而 1990 年施药后田间较干旱，虽然叶片受害但病情发展缓慢，落叶轻。

表 2　药剂防治对紫花苜蓿生物学产量及其性状的影响

药剂种类	年份	单枝鲜重（g）	较对照增减率（%）	株高（cm）	分枝数（个）	茎叶比	较对照增减率（%）
速克灵	1989	27.83 a	30.84	91.33	18.55	4.05 c	−68.8
	1990	15.6		95.77	24.57	1.48	

（续表）

药剂种类	年份	单枝鲜重（g）	较对照增减率（%）	株高（cm）	分枝数（个）	茎叶比	较对照增减率（%）
甲基托布津	1989	28 a	17.13	81.88	18.33	4.08 c	-67.04
	1990	12.1		89.54	19.34	1.78	
多菌灵	1989	29 a	41.03	90.33	23.21	6.9 bc	-50.96
	1990	17.42		98.22	26.33	1.81	
百菌清	1989	25.83 b	14.45	92.1	19.11	10.6 b	-32.28
	1990	12.75		89.32	22.21	14.3	
粉锈灵	1989	26.83 b	39.49	98.21	18.66	5.34 c	-60.07
	1990	18.35		103.99	28.22	1.75	
灭病威	1989	—	17.43	—	—	—	-10.07
	1990	14.55 b		93.88	24.22	1.64	
对照	1989	20.5 b	—	89.28	17.89	16.29 a	—
	1990	12.39		86.32	21.67	1.49	

2.4 药剂防治后对苜蓿经济产量性状的影响

药剂防治后使苜蓿单株荚重均有不同程度的提高，增加幅度在30%～96%；其中以速克灵和百菌清处理的荚重显著高于其他处理。

药剂防治后使苜蓿的单株粒重增加，增加幅度在18%～90%，大体趋势同荚重。

药剂防治后使苜蓿千粒重显著增加，尤其是粉锈灵、百菌清、多菌灵较明显，分别增加18.36%、15.5%和18.31%。其因是药剂防治后使苜蓿落花落荚减少，营养源充足利用由源→库的运输积累（表3）。

表3 药剂防治后对苜蓿经济性状的影响

处理	荚重（g/枝）	粒重（g/枝）	千粒重（g）	
			1989年	1990年
速克灵	3.64 a	1.52 a	2.21 b	2.29 a
甲基托布津	3.39 ab	1.39 ab	2.27 b	2.35 a
多菌灵	3.00 abc	1.04 abc	2.39 a	2.25 a
百菌清	3.79 a	1.54 a	2.31 a	2.22 b
粉锈灵	2.58 bc	0.96 bc	2.41 a	2.23 b
灭病威	—	—	—	2.27 a
对照	1.93 c	0.81 c	1.99 b	1.93 b

3　结论与讨论

经过两年的试验证实，应用速克灵、甲基托布津、多菌灵、百菌清、粉锈灵和灭病威防治苜蓿褐斑病具有显著的防治效果，防治后使落叶减轻，千粒重及单株鲜重及单株粒重增加，可在人工草地和采种草地应用。

药剂防治后对苜蓿的生长发育均表现明显的促进作用，对苜蓿无药害无残毒，有利用有机物的合成积累（茎叶比变小，单株叶数增加）保花保荚。

从经济学的观点看，牧草病害化学防治难以大面积的推广应用，但从长远考虑，在病害流行区如不采取措施，病原数量逐年积累，为害逐年加重，应用化学防治可起到立竿见影的效果，对次年的病情也有一定的影响，因此化学防治是可行的。紫苜蓿褐斑病也可采用其他的措施防治。

（本文发表于《草业科学》，1993，10（6）：27）

• 紫苜蓿品种对褐斑病抗性研究

摘要： 1988—1991 年选用 12 个苜蓿品种在自然条件下做了对褐斑病的抗性鉴定，结果表明：呼盟苜蓿，润布勒苜蓿较抗病；佳木斯苜蓿发病较重易感病。抗病品种表现茎叶比小。病情指数低。品种的茎叶比与病情指数间呈显著的正相关（$r=0.557^{**}$；$n=12$；$y=7.4674+10.5662x$）。

关键词： 紫苜蓿　褐斑病

紫苜蓿褐斑病（*Poeudopeziza medicaginis*）是当地生产上的重要病害，一般病情指数在 50～60，感病严重植株使茎秆下 1/3 全部无叶，病叶重量较健叶下降 12.5%左右，已成为当地急待解决的问题。笔者 1988—1991 年针对紫苜蓿品种在自然条件下对褐斑病的抗性做了系统研究，现将结果报道如下。

1　材料与方法

1.1　试验材料

供试的紫花苜蓿（M. dicago stiva）共 11 个品种；呼盟苜蓿（M. falcala）1 个品种，它们分别来自不同国家和地区（表 1）。

1.2　方　法

在本校农场牧草园，将各份材料按顺序排列法种植，每小区为长 5 m，宽 2 m，小区面积为 10 m^2。试验田设在与多年发病较重的苜蓿田附近，进行田间自然发病的观察、记载，并采用定点调查与随机取样相结合的方法按拟定的分级标准调查叶子的发病基数，分级标准参见，并按分级标准计算其病情指数。根据各品种的病情指数进行抗病性评价。抗病评价等级如下。

免疫或高抗：病指为0～5%；抗病：病指为5.1%～20%；中抗：病指为20.1%～40%；中感：病指为40.1%～60%；感病：病指为60.1%～80%；高感：病指为80.1%～100%。

2 试验结果

2.1 品种与病情指数的关系

苜蓿品种间病情指数有显著的差异（表1～表4）。呼盟苜蓿（病指为11.89），润布勒苜蓿（病指为16.78）表现出较强的抗病性，其次为克山苜蓿（病指为26.45）较抗病，病情指数显著低于其他苜蓿，可在当地推广种植，也可作为育种材料。

表1 苜蓿品种（种）与褐斑病病指间的差异及抗性评价

代号	品种（种）	来源	病情指数				差异	抗性评价
			1989年	1990年	1991年	平均		
1	润布勒	呼盟草原所	16.09	8.58	25.67	16.78	bc	R*
2	呼盟苜蓿	呼盟草原所	8.23	12.10	15.34	11.89	c	R
3	草原2号	呼盟草原所	29.25	36.11	40.65	35.34	a	MR
4	佳木斯苜蓿	呼盟草原所	33.75	50.92	40.39	41.69	a	MS
5	克山苜蓿	呼盟草原所	18.47	22.20	38.67	26.45	abc	MR
6	新疆大叶苜蓿	呼盟草原所	21.69	25.33	39.90	28.97	ab	MR
7	和田苜蓿	呼盟草原所	33.55	30.22	59.89	41.22	a	MS
8	巴州苜蓿	呼盟草原所	23.83	22.00	53.95	33.26	a	MR
9	西北农学院苜蓿	呼盟草原所	22.55	18.29	53.43	31.42	ab	MR
10	晋南苜蓿	呼盟草原所	27.88	25.00	50.00	34.29	a	MR
11	苏联苜蓿	呼盟草原所	23.18	30.08	41.27	31.51	ab	MR
12	苏联兰花苜蓿	呼盟草原所	27.08	16.29	65.71	36.36	a	MR

表2 苜蓿品种发病后茎叶比及差异显著性

品种（种）	1989年	1990年	平均	差异
巴州苜蓿	1.56	2.49	2.03	a
佳木斯苜蓿	1.76	1.96	1.86	ab
新疆大叶苜蓿	1.94	1.74	1.84	ab
和田苜蓿	1.46	2.17	1.85	abc
草原2号	1.30	2.06	1.68	abcd

（续表）

品种（种）	1989年	1990年	平均	差异
克山苜蓿	1.62	1.52	1.57	abcd
晋南苜蓿	1.69	1.44	1.57	abcd
苏联苜蓿	1.50	1.33	1.45	abcd
苏联兰花苜蓿	1.50	1.13	1.13	abcd
西北农学院苜蓿	1.20	0.94	1.07	bcd
呼盟苜蓿	0.76	1.29	1.03	cd
润布勒苜蓿	0.89	0.98	0.94	d

表3 苜蓿品种间感病后病指及茎叶比方差分析表

变异来源	*DF*		*SS*		*MS*		*F*	
	病指	茎叶比	病指	茎叶比	病指	茎叶比	病指	茎叶比
年度间	2	1	3 035.50	0.15	1 517.75	0.15	2.85**	1.37
处理间	11	11	2 589.48	2.89	235.41	0.26	3.24**	2.47
机误	22	11	1 601.11	1.17	72.78	0.11		
总变异	35	23	7 226.09	4.20				

表4 苜蓿品种（种）性状与病指关系

品种（种）	枝高（cm）	分枝数（个）	鲜重（G/3枝）	叶重（G）	茎叶比
润布勒苜蓿	68.30	14.67	21.00	10.60	0.98
呼盟苜蓿	54.30	11.67	12.60	5.50	1.29
草原2号	65.27	14.00	24.50	8.00	2.06
佳木斯苜蓿	66.30	12.67	21.00	7.10	1.96
克山苜蓿	75.00	20.30	32.50	12.90	1.52
新疆大叶苜蓿	64.00	11.30	18.90	6.90	1.74
和田苜蓿	80.67	20.67	32.00	10.10	2.17
巴州苜蓿	62.30	13.30	26.24	7.50	2.50
西北农学院苜蓿	50.67	12.67	10.65	5.50	0.94
晋南苜蓿	56.33	10.67	11.00	4.50	1.44
苏联苜蓿	43.30	8.67	7.00	3.00	1.33
苏联兰花苜蓿	48.00	10.00	8.50	4.00	1.13

苏联苜蓿（病指31.51），西北农学院苜蓿（病指31.42），新疆大叶苜蓿（病指

28.97）病指同克山苜蓿，润布勒苜蓿没有本质差异，具有中度抗病性；其次是苏联兰花苜蓿（36.36），草原2号（35.34），晋南苜蓿（34.29）和巴州苜蓿（33.26）也具有中度抗病性。

较感病的品种是佳木斯苜蓿（41.69）和和田苜蓿（41.22）。

2.2 不同品种感病后的茎叶比

通过表2、表3可以看出，不同品种间感病后茎叶比有显著差异，从总是趋势看同病指是一致的。润布勒苜蓿和呼盟苜蓿茎叶比显著低于巴州苜蓿（2.03）、佳木斯苜蓿（1.86）、新疆大叶苜蓿（1.84），表现田间落叶率低。草原2号、克山苜蓿、西北农学院苜蓿茎叶比接近于润布勒苜蓿和呼盟苜蓿。巴州苜蓿茎叶比较高，其次是佳木斯苜蓿，和田苜蓿和新疆大叶苜蓿，在田间表现落叶率高。

2.3 苜蓿品种性状与病情指数的相关性

苜蓿株高与病指的相关性，经统计分析两者呈正相关 $r=0.2570$；分枝数，鲜重，叶重和茎叶比与病情指数间相关系数分别为0.112 3；0.267 3；0.036 8；0.557**（$Y=7.467\,4+10.566\,2x$）。苜蓿品种的性状与病情指数间均呈正相关，其中茎叶比与病情指数间有显著的正相关，即随着病情指数的增高，其茎叶比相应增加，这说明苜蓿发病后，造成大量落叶及使叶重降低，从而导致苜蓿减产（表4）。

3 结论与讨论

经过几年的试验证实，在当地抗褐斑病的品种有润布勒和呼盟苜蓿，其次是克山苜蓿。可在当地生产中种植和作为育种的材料。抗病品种主要表现，茎叶比显著降低，落叶轻。应进一步探讨其内在生理及遗传物质基础。

中感的佳木斯苜蓿，和田苜蓿不宜作为抗病育种材料；中抗品种草原2号，西北农学院苜蓿，晋南苜蓿，苏联苜蓿和苏联兰花苜蓿五个品种在生产中应进一步采用选择或提纯复壮方法提高抗病性。

草原2号虽在当地病指较高，但其茎叶比相对较低，有一定的耐病性。而新疆大叶苜蓿，佳木斯苜蓿，和田苜蓿和巴州苜蓿感病后易落叶，不宜大面积在当地种植。

呼盟苜蓿表现发病轻，这一现象可能与病菌的生理专化性有关，也可能由于品种在当地自然条件下长期适应，体内含有抗病的基因，值得进一步研究利用。

（本文发表于《草业科学》，1994，11（4）：61；《内蒙古草业》，1993（1）：64）

• 紫苜蓿褐斑病病叶率与病情指数间关系的研究

摘要：本文采用选择不同类型的草地，定点定期调查的方法，研究了紫苜蓿褐斑病病叶率与病情指数间关系。结果表明：两者间有极密切的相关性（$r=0.775\,6$，$n=40$），建成 $y=-22.671\,8+0.682\,9x$ 的预测式，在生产上应用较方便，并对预测式的应用做了介绍。

近年来，扎兰屯地区紫苜蓿褐斑病大流行，发病率高达 100%，病情指数 50～60，成为生产中急待解决的问题。褐斑病的为害程度用病叶率难以准确地反映，采用自拟的分级标准计算出病情指数，病情指数与生物学的关系密切，病情指数的高低能反映出紫苜蓿的受害程度，但在生产中调查病情指数较麻烦，不同的人掌握的尺度有很大的差异。笔者 1990—1991 年针对紫苜蓿褐斑病病叶率与病情指数的关系做了系统的研究，现将结果报道如下。

1　材料与方法

1.1　材　料

紫苜蓿品种：草原 2 号。

1.2　方　法

本项研究采用选择不同类型草地，定点定期系统调查的方法，按对角线随机选点，每点取样不少于 15 株，按自拟的分级标准统计病叶率和病情指数，每隔 5～10 d 调查一次，将调查资料整理后（表 1）进行相关性分析。并将病情指数与紫苜蓿生物学性状，经济性状间进行相关性分析，建立直线回归预测模型。

2　结果与分析

2.1　病叶率与病情指数的关系

将表 1 资料以病叶率为 X，病情指数为 Y 进行相关性分析，结果表明：两者间有极显著的相关性（$r=0.775\,6$，$N=40$），建立一条回归预测式为 $y=-22.671\,8+0.682\,9x$，在生产中应用病叶率预测病情指数具有较高的精确性。

2.2　回归预测式的应用方法

在生产中应用预测式有两种方法。一种是通过计算的方法，如已知用田间紫苜蓿病叶率（X）为 50%，求出病情指数，$Y=-22.671\,7+0.628\,9\times 50$ $Y=11.47$。另一种方法是利用 X 为横坐标，Y 为纵坐标画出坐标图，通过坐标图即可把 X 对应的 Y 值查出。

2.3　病情指数与紫苜蓿生物学性状关系

根据表 2 资料分析表明：①病情指数与茎叶比之间呈显著的正相关，其 $r=0.907\,6$，$Y=1.285\,1+0.544\,6X$，随着病情指数的增高，茎叶比也相应增高。②病情指数与单枝叶片数间呈显著的负相关，其 $r=-0.780\,5$，$Y=2\,079.81-47.753\,0X$。在我地可以利用以上关系来预测发病程度及根据病情指数预测受害损失。

表 1　紫苜蓿病叶率与病情指数

病叶率（%）	病情指数	病叶率（%）	病情指数	病叶率（%）	病情指数	病叶率（%）	病情指数
50.60	10.08	59.04	12.85	89.10	25.50	78.82	40.39
64.99	13.38	53.60	12.20	62.96	13.79	80.00	38.67
72.50	19.80	65.52	17.96	69.23	18.72	71.70	39.90
58.40	13.64	49.33	6.33	57.60	12.85	94.50	59.89
64.30	9.50	52.17	9.42	83.33	23.60	96.05	53.95
80.00	30.83	64.29	10.58	77.50	37.09	95.10	53.43
61.03	12.12	53.85	16.67	80.77	24.04	94.37	50.00
100.00	58.65	54.08	10.88	82.76	25.67	87.21	41.27
54.5	9.52	72.80	13.77	79.36	15.34	95.70	65.71
39.56	7.69	69.70	24.24	81.70	40.65	88.73	29.50

表 2　紫苜蓿病情指数与生物学性状的关系

病情指数	叶片数（枝）	单枝鲜重	茎叶比
19.58	1 710	16.5	1.75
20.97	762	9.9	5.19
22.42	1 032	6.0	1.50
35.10	609	8.4	5.00
24.56	618	9.0	8.00
31.89	354	7.5	11.50
31.76	426	10.5	6.50
36.75	489	16.0	13.55
32.38	501	9.5	8.50
38.71	252	10.5	6.50

3　结论与讨论

病叶率与病情指数间呈极显著正相关 $r=0.775\ 6$，建立一条回归预测方程，在生产中只需调查一下病叶率即可应用方程求出病情指数，是一种简便易行的调查方法。

病情指数与茎叶比和单枝叶片数均有密切的相关性，相关系数分别为0.907 6，两者结果是一致的，根据相应的预测式可以预测紫苜蓿褐斑病为害程度和对产量损失的估计。

病情指数与单枝鲜重间相关不显著（$r=0.013\ 6$），其因与选择时枝条粗细，枝高不等造成误差有关，应进一步探讨合适的方法。

（本文发表于《内蒙古草业》，1993（3·4）：65）

• 紫苜蓿优良除草剂种类及配方的筛选试验

摘要：采用室内盆栽试验方法，选用6种除草剂针对紫苜蓿的抗药性进行了试验，结果表明：5%豆施乐80 mL/亩+5%精克草能60 mL/亩没有药害；48%排草丹水剂100 mL/亩+精克草能60 mL/亩及各自单用虽有轻度药害，但对紫苜蓿的生育影响不大，可在生产上应用。25%氟磺草醚水剂80 mL/亩+5%精克草能60 mL；24%克阔乐EC40 mL+5%精克草能60 mL；25%氟磺草胺草醚水剂120 mL对紫苜蓿较较敏感，不能用于紫苜蓿田除草。

关键词：紫苜蓿　化学除草　盆栽试验

农田杂草是影响紫苜蓿产量和品质的主要因素之一，为找出高效、安全、经济、实用的除草剂种类及配方，在室内营养钵栽培的条件下进行了药害试验研究。

1　材料与方法

1.1　材　料

1.1.1　紫苜蓿品种

由美国引入。

1.1.2　药剂种类

①5%豆施乐水剂（咪草烟）（山东京博农化有限公司）；②25%氟磺胺草醚水剂（大连松辽化工公司）；③48%排草丹水剂（德国巴斯夫公司）；④24%克阔乐EC（德国艾格福公司）；⑤5%精克草能EC（合肥丰乐种业股份有限公司）；⑥72%2,4-D丁酯EC（大连松辽化工公司）。

1.2　方　法

1.2.1　试验设计

采用完全随机化设计方法，选用17 cm×33 cm的聚丙烯袋制作成营养钵，每个营养钵播种20粒种子。

1.2.2　试验处理

共设17个处理，药剂及每亩的用量如下：5%豆施乐水剂80 mL+5%精克草能60 mL；25%氟磺胺草醚水剂80 mL+5%精克草能60 mL；24%克阔乐EC40 mL+5%精克草能60 mL；48%排草丹水剂100 mL+5%精克草能60 mL；5%精克草能EC80 mL；5%精克草能EC40 mL；48%排草丹水剂60 mL；48%排草丹水剂100 mL；25%氟磺胺草醚水剂70 mL；25%氟磺胺草醚水剂120 mL；24克阔乐EC30 mL；24%克阔乐EC40 mL；5%豆施乐水剂100 mL；5%豆施乐水剂100 mL；72%2,4-D丁酯EC30 mL；72%2,4-D丁酯EC50 mL；对照（不施药）。

1.2.3 施药与调查方法

根据各处理的用药量，按每亩 250 kg 的施药量，在紫苜蓿真叶期，应用手提式喷雾器喷施。施药后隔 6 天、14 天调查药害，计算出药害指数（药害分级标准：0 级：植株生长正常；1 级：植株叶片药害斑占叶面积的 1/4 以下，生长稍受限制；2 级：植株叶片药害斑占叶面积的 1/2～3/4，叶色黄，生长明显受抑制；4 级：植株叶片全部死亡或全株枯死），测定其施药后紫苜蓿生物学性状，并进行统计分析。

施药后紫苜蓿的药害及生育情况见表 1。

表 1 施药后紫苜蓿的药害及生育情况

处理	药害指数	株高（cm）	根长（cm）	鲜重（g）
（1）豆施乐+精克草能	3.3	5	5.2	1.2
（2）胺草醚+精克草能	100	0	0	0
（3）克阔乐+精克草能	100	0	0	0
（4）排草丹+精克草能	26	4.75	1.74	0.6
（5）精克草能 80 mL	15	3.43	1.3	0.5
（6）精克草能 40 mL	6.6	4.5	4.8	0.85
（7）排草丹 60 mL	15	4	5.95	0.85
（8）排草丹 100 mL	25	4.75	4.9	0.9
（9）胺草醚 70 mL	96.6	0	0	0
（10）胺草醚 120 mL	100	0	0	0
（11）克阔乐 30 mL	100	0	0	0
（12）克阔乐 40 mL	100	0	0	0
（13）豆施乐 130 mL	28.3	4.45	3.15	0.8
（14）豆施乐 100 mL	18.3	4.53	3.15	0.8
（15）2.4D 丁酯 30 mL	30	4.8	5.1	1.1
（16）2.4D 丁酯 50 mL	80	4.6	5.95	1
（17）对照	0	8.3	3.16	1.6

2 结果分析

2.1 药剂处理对紫苜蓿的药害

25%氟磺胺草醚水剂 80 mL+5%精克草能 60 mL、24%克阔乐 EC40 mL+5%精克草能 60 mL、25%氟磺胺草醚水剂 120 mL、24%克阔乐 EC30 mL、24%克阔乐 EC40 mL 25%氟磺胺草醚水剂 70 mL，处理后使紫苜宿 2～3 d 后全部死亡，在紫苜蓿生产田不能应用。

72%2,4-D 丁酯 EC30 mL、40 mL 剂量喷药后药害明显，植株生长明显受限制，表现出畸形，生产上不能应用。

5%豆施乐水剂 130 mL、100 mL 有一定的药害，但过段时间可缓解，在生产上 100 mL/亩剂量可以应用。

48%排草丹水剂+5%精克草能、5%精克草能 EC80 mL、5%精克草能、5%精克草能 EC80 mL、5%精克草能 EC40 mL、48%排草丹水剂 60 mL 和 100 mL 虽有轻度药害，但对紫苜蓿的生育影响不大，在生产上可用。5%豆施乐水剂 80 mL+5%精克草能基本上没药害，可在紫苜蓿田有效地防除单子叶和阔叶杂草。

2.2 药剂处理后对紫苜蓿生育的影响

2.2.1 药剂对紫苜蓿株高的影响

药剂处理后紫苜蓿株高下降，胺草醚+精克草能、克阔乐+精克草能、胺草醚 70 mL、120 mL、克阔乐 30 mL、40 mL 处理后植株全部死亡。

豆施乐+精克草能、排丹草+精克草能、精克草能 80 mL、精克草能 40 mL、豆施乐 130 mL、豆施乐 100 mL、2,4-D 丁酯 30 mL、2,4-D 丁酯 50 mL 处理较对照株高分别下降了 39.8%、42.8%、58.7%、45.8%、51.8%、42.8%、46.4%、45.4%、42.2%、44.6%。

2.2.2 药剂对根长的影响

豆施乐+精克草能、精克草能 40 mL、排草丹 60 mL、排草丹 100 mL、2,4-D 丁酯 30 mL、2,4-D 丁酯 50 mL 处理较对照根长分别增加 64.56%、5.19%、88.3%、55.1%、61.4%和 88.3%；排草丹+精克草能、精克草能 80 mL、豆施乐 130 mL 和豆施乐 100 mL，分别较对照下降了 44.9%、58.9%、0.32%和 23.1%。

2.2.3 药剂对鲜生的影响

豆施乐+精克草能、排草丹+精克草能、精克草能 80 mL、精克草能 40 mL、排草丹 60 mL、排草丹 100 mL、豆施乐 130 mL、豆施乐 100 mL、2,4-D 丁酯 30 mL、2,4-D 丁酯 50 mL 处理后鲜重分别较对照降低了 25%、62.5%、68.75%、46.9%、46.9%、43.75%、50%、56.3%、31.25%、37.5%。

3 小　结

3.1 紫苜蓿田可应用的药剂和配方

通过试验筛选出 5%豆施乐水剂 80 mL+5%精克草能 60 mL，使用后安全无害；其次是 48%排草丹水剂 100 mL+5%精克草能 60 mL；5%精克草能 EC80 mL、5%精克草能 EC40 mL、48%排丹草水剂 60 mL 和 100 mL 对苜蓿的药害较低可以在生产上应用。

3.2 对紫苜蓿药害重的药剂及配方

氟磺胺草醚 80 mL+5%精克草能 60 mL；24%克阔乐 EC40 mL+5%精克草能 60 mL；25%氟磺胺草醚水剂 120 mL；24%克阔乐 EC30 mL；24%克阔乐 EC40 mL；25%氟磺胺草醚水剂 70 mL 处理后使苜蓿全部死亡，在生产上不能应用。

3.3 对紫苜蓿生育有一定抑制作用 药剂

除豆施乐+精克草能 40 mL、排草丹 60 mL、排草丹 100 mL、2,4-D 丁酯 30 mL、2,4-D 丁酯 50 mL 处理与对照比根长有所增加外，其他处理均表现降低，对生育有一定的影响。

（本文发表于《内蒙古草业》，2001（2）：19）

•除草剂配方对苜蓿药害的筛选试验

苜蓿是我国重要的饲草作物，在各地均有大面积种植，由于它属多年生密植作物，田间管理较困难，尤其中耕较难无法进行，所以苜蓿田常有大量的杂草发生，严重影响着苜蓿的产量和品质。防除苜蓿田杂草的主要方法是化学除草，但施用哪种除草剂配方对苜蓿的药害最轻，同时除草效果好、成本低，为此进行此项研究。

1 材料与方法

1.1 材 料

1.1.1 苜蓿品种

美国紫花苜蓿（阿尔岗金）。

1.1.2 药 剂

①5%豆施乐水剂（山东京博农化有限公司）；②48%排草丹水剂（巴斯夫中国有限公司农药部）；③72%2,4-D 丁酯乳油（大连松辽化工公司）；④5%精克草能乳油（合肥丰乐农化厂）；⑤25%氟磺胺草醚水剂（大连松辽化工公司）；⑥24%克阔乐乳油（德国艾格福公司）。

1.2 方 法

试验处理

用上述 6 种药剂按混合配方和剂量配成 16 个处理，另设 1 个空白对照，共 17 个处理，各处理药剂配方及剂量详见表 1。每处理设 3 次重复，共 51 个营养钵，每营养钵采用 17 cm×33 cm 聚丙烯塑料袋装土播种适量的苜蓿种子，给予适宜条件在播后 21 d，苜蓿 1～2 片真叶时统一施药。

表 1 各处理药剂量对苜蓿的药害指数

处理	药剂配方	剂量（mL/亩）	药害指数（%）	差异显著性	
				5%	1%
1	氟磺胺草醚+精克草能	80+60	100	a	A

（续表）

处理	药剂配方	剂量（mL/亩）	药害指数（%）	差异显著性	
				5%	1%
2	克阔乐+精克草能	40+60	100	a	A
3	氟磺胺草醚	120	100	a	A
4	克阔乐	30	100	a	A
5	克阔乐	40	100	a	A
6	氟磺胺草醚	70	96.7	a	A
7	2,4-D 丁酯	50	80	b	A
8	2,4-D 丁酯	30	30	c	B
9	豆施乐	130	28.3	c	B
10	排草丹+精克草能	100+60	26.7	c	B
11	排草丹	100	25	c	B
12	豆施乐	100	18.3	c	B
13	精克草能	80	15	c	B
14	排草丹	60	15	c	B
15	精克草能	40	6.7	d	B
16	豆施乐+精克草能	80+60	3.3	d	C
17	CK	—	0	d	C

2　结果与分析

2.1　对苜蓿最安全的药剂配方筛选

从表 2 可明显看出：豆施乐+精克草能对苜蓿的药害指数为 3.3，极显著的低于其他配方；其次精克草能 40 mL/亩对苜蓿的药害指数为 6.7，显著地低于其他配方。此两种配方对苜蓿最安全可靠，尤其豆施乐+精克草能对苜蓿生育几乎无影响。

表 2　药剂配方对苜蓿生物学性状的影响

处理	药剂配方	剂量（mL/亩）	株高（cm）	根长（cm）	鲜重（g/株）
7	2,4-D 丁酯	50	4.6	5.95	1
8	2,4-D 丁酯	30	3	4	1.1
9	豆施乐	130	4.45	3.15	0.8
10	排草丹+精克草能	100+60	4.75	1.74	0.6

（续表）

处理	药剂配方	剂量（mL/亩）	株高（cm）	根长（cm）	鲜重（g/株）
11	排草丹	100	4	5. 95	0. 85
12	豆施乐	100	4. 53	2. 43	0. 7
13	精克草能	80	3. 43	1. 3	0. 5
14	排草丹	60	4. 75	4. 9	0. 9
15	精克草能	40	4. 5	4. 8	0. 85
16	豆施乐+精克草能	80+60	5	5. 2	1. 2
17	CK	0	8. 3	3. 16	1. 6

注：处理1、2、3、4、5、6植株全部枯死，不做调查。

氟磺胺草醚+精克草能、克阔乐+精克草能、氟磺胺草醚120 mL/亩、克阔乐30 mL/亩对苜蓿的药害指数分别为100、100、100、100、100、96. 7，显著地高于其他配方，处理植株表现全部枯死，故此6种配方不能在苜蓿田中使用。

2. 2　药剂配方对苜蓿生物学性状的分析

2. 2. 1　对苜蓿株高的影响

各药剂配方对苜蓿株高均有一定的抑制，其中豆施乐+精克草能的抑制作用最小，处理株高5 cm；其次排草丹+精克草能、排草丹60 mL/亩处理株高均为4. 75 cm。

2. 2. 2　对苜蓿根长的影响

各药剂配方对苜蓿根长基本无抑制，其中排草丹100 mL/亩、2,4D-丁酯50 mL/亩处理根长均为5. 95 cm，较CK长2. 79 cm；其次豆施乐+精克草能处理根长5. 2 cm，较CK长2. 04 cm。

2. 2. 3　对苜蓿鲜重的影响

各药剂配方对苜蓿鲜重有一定的抑制，其中豆施乐+精克草能的抑制作用最小，处理鲜重1. 2g/株。

2. 3　药剂配方杀草谱分析

如采用豆施乐+精克草能除草可有效防除单、双子叶杂草，并且有较长时间的封闭杂草作用。

2. 4　药剂配方的成本分析

如采用豆施乐+精克草能除草，豆施乐55元/kg、精克草能56元/kg，亩成本7. 76元。

3　结果与讨论

通过试验明确了应用豆施乐+精克草能、精克草能40 mL/亩防除苜蓿田杂草对苜蓿安全性最高，药害指数分别3.3和6.7，对苜蓿生物学性状无抑制或抑制很小，同时杀草谱广、效果好、成本低，尤其豆施乐+精克草能是理想的苜蓿田除草配方。

（本文发表于《内蒙古草业》，2004，16（2）：521.）

第三节　草木樨

• 黄花草木樨白粉病研究简报

摘要：1988年以来内蒙古扎兰屯黄花草木樨白粉病大流行，发病率90%～100%，病情指数分别为59.15和65.85；经鉴定为Erysiphe pisi侵染所致，本文较祥细地描述了病害的症状，病原菌的特征，发病规律和条件。提出以农业防治为主，辅助于化学药剂防治的综合措施。

黄花草木樨（*Melilotus officeinalis*）是我国栽培历史悠久的优良牧草和绿肥作物之一。

近几年扎兰屯地区黄花草木樨白粉病普遍发生。1988—1989年笔者调查发病率90%～100%，病情指数分别为59.15和65.85，严重植株8月下旬中下部叶片大量脱落。感病后使其叶重降低19.51%～31.2%。

1　研究方法

在校园内，牧草园及天然草地采用定点系统调查的方法，于黄花草木樨生长中后期(6月—10月上旬)，每间隔10 d调查一次，在病情稳定的8月下旬，选代表性植株统计发病率和病情指数并测定其为害。同时考察各段温湿度及发病过程。调查采用五级法计算病情指数，分级标准见表1。

表1　黄花草木樨白粉病病情分级

病级	为害程度
0	无病
1	病部占全叶面积的1/4以下
2	病部占全叶面积的1/4～1/2
3	病部占全叶面积的2/3～3/4
4	病部占全叶面积的3/4以上或叶片干枯

2　病害识别

黄花草木樨受害叶片正反面均可形成白色粉状物，初为白色蛛丝状，后汇合成大面积的粉状病斑，可覆盖叶片的大部分或全部。整个叶片好像均匀地撒了一层白灰。叶柄，茎秆，花序和种荚很少感病。病害后期霉层逐渐转为灰褐色，散生褐色，黑褐色小斑点。

经鉴定病原为子囊菌亚门，核菌纲，白粉菌目，白粉菌属，豌豆白粉菌（E. pisi）。病菌的子囊果散生，暗褐色，扁球形，直径为 85. 55 μm～105. 92 μm～130. 4 μm，壳壁细胞近方形或不规则形，大小为（11～26）μm×（7～20）μm。附属丝多无色或基部为褐色，多无分枝少端部呈叉状分枝，附属丝呈膝状弯曲，一般每个子囊果有 8～20～30 根附属丝，长 16～93. 11～244. 4 μm，宽 4～5. 57～7 μm。子囊果内多着生 4 个子囊，一般3～5 个。子囊无色，近椭圆形，有短柄，囊壁 1. 5 μm，子囊大小为（33～37～47）μm×（67～73. 64～82）μm，子囊柄长 2 μm～5. 8 μm～9 μm。子囊孢子 2～6 个，多为 3～5 个，椭圆形，略带黄色，大小（12～14. 9～17）μm×（21～26. 36～34）μm。分生孢子串生，无色，长椭圆形，桶形，大小为（28. 7～35. 34～41）μm×（12. 3～16. 148～20. 5）μm。

3 发病规律及防治建议

黄花草木樨白粉病菌主要以闭囊壳在病株残体上越冬，来年温湿度适宜时，子囊孢子经风雨吹散侵染引起植株发病（扎兰屯地区自 7 月上中旬开始发病，8 月上中旬形成小黑点（闭囊壳）。生长季内病菌产生大量分生孢子，借风力在田间传播。

气温在 20～24℃，湿度 50%～70%（相对湿度）的情况下，此病容易发生。扎兰屯地区 7 月、8 月常年月均温分别为 20. 9℃ 和 18. 9℃；7 月、8 两月降水量为 266. 6mm，相对湿度 72%左右，对病害发生还是有利的。扎兰屯地区严重发生白粉病的豆科牧草除黄花草木樨外，还有山野豌豆。

建议试用以下综合措施防治：①清除病残体，可在春秋季烧掉；②合理施肥，增施磷钾肥；③药剂防治，在田间发病初期喷药 2~3 次，每次间隔 7~10 天，粉锈宁，粉锈灵，甲基托布津，多菌灵等均可使用。

（本文发表于《草业科学》，1989，7（6）：24）

第四节 三叶草

●呼伦贝尔市红三叶根腐病的发生为害与防治研究

摘要：2005—2006 年通过田间调查与室内分离培养的方法，针对红三叶根腐病的发生与防治进行了研究，研究明确了红三叶草在呼伦贝尔市的发生为害程度，引起的病原菌种类及病原菌的特征，提出了综合防治的技术，对指导当地生产有一定的作用。

关键词：红三叶草 根腐病 为害程度 防治

前　言

我地属于高寒地区，种植红三叶草及其他豆科人工牧草，经常遇到越冬后死亡的问题，因与冬季低温联系在一起，故给人们的印象就是冻害问题。国内尚缺乏更直接的证据；但在草木樨上已得到证实，认为是传染性的根腐病。尤其是根颈腐烂型是发病和死亡的主要类型。侵染性病害占植株死亡的77.2%，其中又以镰刀菌病害为主；非侵染性病害（冻害、涝害）占15.8%；昆虫及其他为害占7%。因此，豆科牧草的越冬死亡问题应充分注意病害因素。

在美国和加拿大，50多年来一直认为镰刀菌根腐病是苜蓿等豆科牧草的严重问题之一。严重侵染时，多年生植株在2～3年内即可受害死掉。二年生的红三叶草与白三叶草和紫花苜蓿相比较，被认为是最感病的。镰刀菌根腐病也是挪威、荷兰、俄罗斯和爱尔兰的主要问题。2003年引进了红三叶草进行种植试验，前两年生育正常，从第三年开始出现了根腐死亡，发病率高达40%，为此进行了系统的研究，现将结果报道如下。

1　研究方法

在人工草地代表性地块选定调查点，每季分别在三叶草生育的前期、中期和后期进行病害调查，记载发病株率，并采集样株进行室内分离培养鉴定病原。

分离培养选用PDA培养基，将材料选用0.1%的升汞水进行表面消毒0.5min后，用无菌水冲洗两次，在无菌操作的条件下接入斜面培养基，放在25℃恒温下培养，然后进行镜检鉴定。

2　结果与分析

2.1　症　状

受害的多年生红三叶植株常在越冬时死亡，第二年春季不再萌发。残亡的植株很容易从土中拔出。根颈至主根上部木质部变褐，外表皮层为灰褐色。干燥时，皮层开裂并易剥脱，潮湿时则略软化。纵剖主根，有时可以看到根内部的白色絮状菌丝体。

在当年生植株的茎基部可引起褐色病斑，病株生长迟缓。叶片自边缘开始变黄，后期并可带有紫红颜色。

根部受害的植株，地上部生长发育不良。叶色浅淡，叶片细小，有时呈披针状，茎秆细弱。干热天气的中午，病株易出现萎蔫。发病株率在20%～40%。

2.2　病原分离与鉴定

采集病株在室内PDA培养基上进行分离培养，其病原菌有镰刀菌占74.1%，丝核菌占22.2%和腐霉菌占3.7%。以腐皮镰刀菌［*Fusarium solani*（Mart.）*App. et* Wollenw.］为主要的病原菌，其病原菌在斜面培养基背面菌落为灰紫红色，正面底部菌落紫红色，上有灰红色霉层。镜检观察到菌丝和小分生孢子，小型分生孢子产生在分枝不规则的分生孢子梗上，多为单孢，很少双孢，卵圆形至长圆形；菌丝疏松，粗，绒状，颗粒状，白色到革黄色，肉桂色到粉黄色的粘分生孢子团或分生孢子座可能产生小的，蓝绿色菌核，或是菌核状子座。厚垣孢子顶生或间生，淡褐色，大多为单细胞，圆形至梨形，大小约 10 μm×8 μm；双胞者（9～16）μm×（6～10）μm 或更大些。多单生，有时连着短串，壁多光滑，有时具疣突或缩皱。

2.3 发生规律

病原菌主要在土壤中的病残体上越冬。种子也可以带菌；但不是重要的病菌来源。病残组织上的病菌在土壤内至少可以存活两年。在适合的土壤温湿度条件下，病菌侵入根部或茎基。土壤湿度是影响发病的主要因素。土壤含水量越低，病害发生愈重；其次是土温。土温在 16～18℃适合病菌的侵入。随温度升高病害加重。地下害虫、冻害有助于病菌侵染。

田间病害传播蔓延靠耕作农具、雨水和灌溉水等。

3 防治措施

根据病害在我地的发生为害规律，建议采用以下防治技术。

选用抗病品种。

选择地势较高，排水良好的砂壤土或壤土地种植苜蓿。

加强田间管理，及时清除病残体，并集中销毁。生长期适时浇水施肥，促进根系生长，提高植株的抗病力。

及时防治地下害虫及线虫，减少伤口侵染。

发病严重的地块可实行 3～5a 的轮作。

种子处理：用种子重量 0.3%的 50%多菌灵可湿性粉剂与 40%拌种双可湿性粉剂等量混合后拌种。

药剂防治：在发病初期，可选用 50%多菌灵可湿性粉剂 500 倍液；75%百菌清 W 可湿性粉 500 倍或 50%甲基托布津可湿性粉剂 500 倍液灌根。防治效果均 60%以上。

（本文发表于《牧草与饲料》，2007（6））

第五节　沙打旺

• 扎兰屯市沙打旺菟丝子发生为害的调查报告

摘要：2015 年由呼伦贝尔市草原研究所引入沙打旺种子，按照对比法设计在河西基地种植，2017 年发现田间菟丝子发生为害，本文系统地介绍了沙打旺菟丝子的形态特征、发生为害、生物特性，提出了综合防治建议，为指导生产中防治有一定的参考价值。

关键词：扎兰屯市　沙打旺　菟丝子　发生为害

沙打旺俗称“地丁”，是一种优良的多年生豆科牧草和绿肥作物。适应性强，抗旱耐碱，产量高，固沙而且保土。2015 年引入基地种植，2017 年发现菟丝子发生为害，严重影响了沙打旺的生长发育和产量。

1　材料与方法

1.1　材　料

沙打旺种子（由呼伦贝尔市草原研究所提供）。

1.2　方　法

1.2.1　沙打旺的种植现管理

2015 年春季按照对比法设计，将菟丝子种子种植到 3 m×5 m 的小区内，每小区行距 50 cm，6 行区，行长 5 m 小区面积 15 m^2，设置两次重复。于 5 月 25 日人工开沟播种，覆土 1 cm 左右。出苗后人工除草两次，追肥一次。

1.2.2　病害调查

于每年的 7 月中下旬开始调查病害发生调查，调查时在小区内随机选点，每小区选 3 点，每点 1 m^2，调查菟丝子的发病株率，并测定对植株生长发育的影响。

2　调查结果与分析

2.1　菟丝子的种类

通过采样室内鉴定，病原为寄生性种子植物菟丝子，学名为 Cuscuta chinensis Lam；因不同地区叫法不同，菟丝子的别名有豆寄生、无根草、黄丝、金黄丝子、马冷丝、巴钱天、黄鳝藤、菟儿丝、菟丝实、吐丝子、无娘藤米米、黄藤子、龙须子、萝丝子、黄网子、黄萝子、豆须子、缠龙子、黄丝子等。

2.2　识别特征（图 1）

一年生寄生草本。茎缠绕，黄色，纤细，直径约 1 mm，多分枝，随处可生出寄生根，伸入寄主体内。叶稀少，鳞片状，三角状卵形。花两性，多数和簇生成小伞形或小团伞花序；苞片小，鳞片状；花梗稍粗壮，长约 1 mm；花萼西洋太，长约 2 mm，中部以下连合，裂片 5，三角状，先端钝；花冠白色，壶形，长约 3 mm，5 浅裂，裂片三角状卵形，先端锐尖或钝，向外反折，花冠筒基部具鳞片 5，长圆形，先端及边缘流苏状；雄蕊 5，着生于花冠裂片弯缺微下处，花丝短，花药露于花冠裂片之外；雌蕊 2，心皮合生，子房近球形，2 室，花柱 2，柱头头状。蒴果近球形，稍扁，直径约 3 mm，几乎被宿存的花冠所包围，成熟时整齐地周裂。种子 2～4 颗，黄或黄褐色卵形，长约 1.4～1.6 mm，表面粗糙。花期 7—9 月，果期 8—10 月。

图1　菟丝子识别特征

2.3　发生为害

2017年7月下旬开始为害，发病株率20%。沙打旺受到菟丝子的丝状缠绕，受害后营养和水分由菟丝子吸收，导致植株生长黄化、矮小。受害轻的结实率降低，籽粒不饱满；重的不能结实，在田间引起大片枯黄和死亡。菟丝子成片、成簇缠绕沙打旺后，植株呈现黄色。自然脱落的菟丝子种子萌芽后，抽出的菟丝逐渐延伸，可在空中来回旋转，离沙打旺植株近的就被缠绕，在接触处形成吸根伸入寄主。如果离沙打旺植株较远，在条播的背垅中或撒播的空隙中，触不到沙打旺植株，就会自然死亡。菟丝子一般先缠绕沙打旺植株的主枝，产生吸根后，菟丝呈螺旋形式向上蔓延，缠住植株的每一圈都有吸根产生，每一圈可产生细小分枝，造成蔓延为害。

沙打旺菟丝子再生能力很强，折断的蔓茎，只要有一个生长点，仍可继续发展成一个新的蔓延侵染植株。因此，在拔除病株时，要彻底拔净不留残体。

沙打旺播种时，混有菟丝子种子的受害重；精选过的受害轻。施用带病粪肥受害重；施用净肥受害轻。因为沙打旺主要是作饲料用，若用剩余混有菟丝子的碎屑沤制堆肥或作饲料制成厩肥，为害较严重。种植年限长的发病重；年限短的发病轻。

3　防治建议

沙打旺菟丝子的防治要实行严格的检疫制度保护无病区。而在病区应实行播净种子，缩短栽培年限等综合措施。

3.1　播种前严格进行种子筛选

汰除菟丝子种子，减轻为害。

3.2 园艺防治

受害严重的地块，每年深翻，凡种子埋于 3 cm 以下便不易出土。在大田出现病株后，特别是菟丝子的开花结果期，要抓紧时机拔除病株，清除起桥梁作用的萌蘖枝条和野生植物以防止菟丝子结实种子脱落在土壤里，或混收在沙打旺种子中，成为下一年年初侵染源，造成为害。

缩短栽培年限 由于沙打旺是多年生草本植物，一般 1～3 年产种量逐年增高，第四年产量开始下降。因此，在栽培上，一般不要超过五年，以减少土壤中菟丝子种子量。对于五年以上菟丝子比较严重的地块，植株刈割后集中烧掉。要深翻土壤，和禾本科非寄主作物轮作，可减轻为害。

大面积发展营养钵育苗移栽的栽培方法 减少沙打旺菟丝子的为害，提高产量。

3.3 药剂防治

在种子萌发高峰期地面喷 1.5%五氯酚钠和 2%扑草净液，以后每隔 25 d 喷 1 次药，共喷 3～4 次，以杀死菟丝子幼苗。也可用鲁保一号农药喷洒，效果都比较好。

（本文发表于《扎兰屯职业学院学报》，2018，2（3）：15-17）

第六节　燕　麦

• 燕麦新品种引种栽培试验简报

摘要：2017 年由青海省畜牧研究所引进燕麦加燕 2 号、青引 2 号、青引 3 号、青海 444、青海甜燕麦 5 个新品种进行了小区试验：结果表明：通过试验观察，引种的加燕 2 号、青引 2 号、青引 3 号、青海 444、青海甜燕麦 5 个燕麦品种都能适应呼伦贝尔扎兰屯地区的气候条件，能够正常生长发育，产草量最高的为青引 3 号，其次为青海甜燕麦，其他 3 个品种依次为青海 444、青引 2 号、加燕 2 号。

关键词：燕麦　品种　引种试验

燕麦为禾本科一年生草本植物，产草量高，营养丰富，适口性好。2017 年春从青海省畜牧研究所引进加燕 2 号、青引 2 号、青引 3 号、青海 444、青海甜燕麦 5 个新品种，进行了引种栽培试验，对其适应性、物候期、产草量进行试验观察。

1 材料方法

1.1 材　料

加燕 2 号、青引 2 号、青引 3 号、青海 444、青海甜燕麦均来源于青海省畜牧研究所。

1.2 方 法

1.2.1 试验场地

试验田设在呼伦贝尔申宽生物技术研究所实验基地，地处东经 122°40′19″北纬 48 ° 01 ′30″。位于扎兰屯市西郊，S302 省道西侧，呼伦贝尔市水土保持试验站东，黎明山脉北坡，地形北高南低，坡度平缓，由东向西土壤肥力逐减，土壤为栗钙土。年平均气温 2.4℃，年均降水量 480.3 mm，无霜期年均 123 d 左右。

1.2.2 试验小区设计

采用对比法小区试验，小区面积 5 m×3 m=15 m^2，设两个重复。

1.2.3 整地与播种

整地时，耕翻 20～25 cm，通过耕翻来疏松耕层，翻埋地表残茬和病、虫体；然后进行耙地和镇压。

5 月 18 日进行条播，行距 30 cm，按 15 kg/hm^2 播种量标准，每小区播种量为 22.5 g，播种深度 2～3 cm。

1.2.4 田间管理

三叶期、拔节期各进行一次除草，孕期期及以后及时拔除杂草；施种肥磷酸二铵 45 kg/hm^2，抽穗期追施氮肥一次，按尿素 50 kg/hm^2 施入。

2 结果与分析

2.1 不同品种的产量

加燕 2 号、青引 2 号、青引 3 号、青海 444、青海甜燕麦的产量分别为 5 115 kg/hm^2、5 158 kg/hm^2、5 618 kg/hm^2、5 302 kg/hm^2、5 565 kg/hm^2，以青引 3 号鲜草、干草产量最高，青海甜燕麦次之；其他 3 个品种虽然产量低于以上两个品种，但干鲜比高（表 1）。

表 1 不同品种燕麦产草量

试验品种	测产面积（m^2）	鲜重（g）	干重（g）	干鲜比	鲜草产量（kg/hm^2）	干草产量（kg/hm^2）
加燕 2 号	0.4	930	202	0.22	23 250	5 115
青引 2 号	0.4	897	205	0.23	22 425	5 158
青引 3 号	0.4	1 070	228	0.21	26 750	5 618
青海 444	0.4	964	208	0.22	24 100	5 302
青海甜燕麦	0.4	1 060	220	0.21	26 500	5 565

2.2　生育情况

五个燕麦品种在呼伦贝尔市扎兰屯地区都能成熟，加燕 2 号、青引 2 号的生育期相近，生育期约 100 d，青引 3 号生育期约为 105 d，青海 444 生育期约为 107 d，青海甜燕麦生育期最长，约为 111 d。

2.3　生育性状

2.3.1　株　高

完熟期 5 个品种的株高分别为青引 2 号 96 cm、青海 444 为 100 cm、青海甜燕麦为 90 cm、加燕 2 号为 83 cm、青引 3 号为 85 cm。以青海 444 为高，其次是青引 2 号（表 2）。

2.3.2　分　蘖

分蘖能力由强到弱为：青海甜燕麦、青海 444、青引 3 号、加燕 2 号、青引 3 号。茎秆最粗壮的品种为青海甜燕麦（表 2）。

表 2　不同品种燕麦生育期观察记录

试验品种	播种期	出苗期	分蘖期	拔节期	孕穗期	抽穗期	抽穗期株高（cm）	开花期	成熟期			完熟期株高（cm）
									乳熟	蜡熟	完熟	
加燕 2 号	8/5	17/5	23/5	4/6	15/6	25/6	71	5/7	20/7	5/8	15/8	83
青引 2 号	8/5	17/5	23/5	4/6	15/6	25/6	80	5/7	20/7	5/8	15/8	96
青引 3 号	8/5	17/5	25/5	7/6	18/6	29/6	70	10/7	25/7	10/8	20/8	85
青海 444	8/5	17/5	27/5	8/6	21/6	30/6	77	12/7	26/7	12/8	22/8	100
青海甜燕麦	8/5	20/5	30/5	12/6	21/6	30/6	73	20/7	1/8	15/8	26/8	90

3　试验小结

3.1　产量较高的品种

以青引 3 号干草产量 5 618 kg/hm^{2}最高，青海甜燕麦 5 565 kg/hm^{2}次之；其他 3 个品种虽然产量低于以上两个品种，但干鲜比高。

3.2　品种适应性

通过试验观察，引种栽培试验的加燕 2 号、青引 2 号、青引 3 号、青海 444、青海甜燕麦 5 个燕麦品种都能适应呼伦贝尔扎兰屯地区的气候条件，能够正常生长发育。

由于受经费和时间所限制，种子产量、牧草营养成分含量没有进行分析，进一步开展研究。

（本文发表于《扎兰屯职业学院学报》，2018，2（4）：11-13）

第七节　鲁梅克斯

● 内蒙古扎兰屯市鲁梅克斯白粉病褐斑病的诊断与防治技术

鲁梅克斯（Rumk）K-1 杂交酸模属蓼科多年生草本植物，具有集蔬菜、饲料、药兼用的多效能植物。2001 年扎兰屯农牧学校在校园内种植获得成功，要鲁梅克斯的生长发育过程中主要的病害有白粉病和褐斑病。

1　鲁梅克斯白粉病

1.1　症　状

主要为害叶片，病部生白粉状霉斑，后期产生小黑点。田间病叶率 31.03%，病情指数为 12.04%。

1.2　病原菌

经镜检观察，菌丝体叶的两面生，分生孢子柱形，（26.6～30.5～43.2～56.3）μm×（12.7～15.2～17.8～19.0）μm，子囊果聚生至近聚生，较少散生，暗褐色，扁球形，直径（88～95～122（137）μm，壁细胞不规则多角形，直径 6.3～17.8～20.3 μm，附属丝 9～13～37～47）μm 根，不分枝或不规则分枝，少数近双叉分枝状分枝 1～2 次，弯曲，常作扭曲状或曲折状，长度约为子囊果直径的（0.3～）0.5～1（～1.7)倍，长（32～）75～158（～210）μm，上下近等粗或局部粗细不匀，宽（3.8～）5.1～8.9（～10.6）μm，壁薄，平滑或梢粗糙，有 0～3 个隔膜，褐色，向上渐淡至近无色；子囊（3～）4～8（～10）个，长或短的卵形，各种不规则卵形，少数近球形，有明显的柄到无柄，（45.7～）53.3～71.1（～90.1）×（30.5～）33.0～45.7（～50.8）μm，子囊孢子 2～4（～5）个，一般卵一椭圆形，少数卵一矩圆形，带黄色，（17.5～）20～30.0（～36.3）×（11.2～）12.7～15.2（～17.5）μm.

2　鲁梅克斯褐斑病

2.1　病状特征

主要为害叶片，叶柄，病叶先出现褐色或紫褐色圆形或不规则小斑点，逐渐扩大为 1～4 mm 直径的病斑，中央灰白色，边缘赤褐色潮湿时着生灰色霉层，发病病叶率 30%，病情指数 7.5。

2.2　病原菌特征

病菌分生孢子更 10 数根束生，淡褐色，顶端淡色至无色，不分枝，顶端稍狭，1～

3 个分隔，（22～64）μm×（3.5～6.5）μm。分生孢子鞭形，无色，直或弯曲，顶端尖，6～11 个分隔，（18～163）μm×（2.5～4.5）μm。

3　防治建议

3.1　选择土地与种植方式

鲁梅克斯 K-1 适应性强，一般土壤条件下均可生长，为了取得较高的产量和效益，最好选择土层深厚，有机质含量高，酸碱度适中，排灌方便的耕地。种植方式可选择育苗移栽或大田直播。

3.2　育苗移栽

育苗方式可以分为保护地育苗、塑料薄膜覆盖育苗、遮阳网育苗、露地育苗。育苗地的地表温度要求在 10～35℃，以 20～25℃为最佳。播种量以每平方米 5 g 左右为宜。覆土厚度 0.5～1 cm。出苗后要防止高温、暴晒、霜冻、水淹、干旱等不利因素对幼苗的伤害。苗龄达到 40 d，即可在整好地、施足基肥的耕地上移栽。可采取机械开沟、人工栽植的方式，行距 50 cm 左右，株距 12～15 cm。要求栽匀、栽直、栽正，深度以埋住根茎为宜，栽后应踏实，灌足水。

3.3　大田直播

播种前要精细整地，施足基肥，灌水保底墒，镇压。播种期以春、秋为宜，在炎热夏季不宜播种。每亩常规播种量 100 g，土壤条件差播种粗放时，可增至 150 g 左右，为保证播种均匀可混合 10 倍左右的小米、过筛二铵等填充物。播种方式以使用小麦精量播种机条播为好，面积小时也可以人工播种，行距 50 cm 左右，株距间留 12～15 cm。播种深度为 1.5～2 cm。播后要立即镇压。

3.4　加强田间管理

灌水是田间管理的关键环节。移栽大田从移栽到第一次收获一般灌水 2～3 次。直播大田，从播种到第一次收割一般要灌水 3～4 次。每收获一次灌水 1～2 次。每次灌水要浇足浇透。入冬前，夜冻昼消时期要浇一次冻水，早春返青之后要浇一次返青水。

除了施足基肥外，每次收割后要追肥。追肥以氮肥为主，一般追尿素 20 kg 左右。磷、钾肥在一般土壤条件下春季施一次即可。有条件的地区，另追施有机肥、微量元素肥、生物肥及喷叶面肥都可以产生不同程度的增产效果。当植株高度达到 70～90 cm 即可收割。其后 30～40 d 可再次收割。小面积种植可人工割取，大面积种植宜采用机械收割。在新疆和北京等地区使用圆盘收割机效率比较高。

3.5　减少病源

收获后将病残体深翻入土，实行与禾本科作物二年以上轮作。

3.6 药剂防治

防治白粉病在初见病斑时喷洒25%斯克WP800×，用波美0.2～0.3度石硫合剂，每亩喷50 L，喷洒25%粉锈宁WP 3 000×，50 L/亩，2%抗霉菌素（农抗120）水剂200X。每隔7d喷一次，共喷3次，防治褐斑病选用40%灭病威胶悬剂，50 L/亩，70%代森锰锌WP，50 L/亩。

（本文发表于《内蒙古草业》，2004，16（4）：64）

第四章　饲料作物

第一节　玉　米

•试论呼伦贝尔盟饲用玉米带及产业化建设

摘要：文章中比较系统地分析了呼盟饲用玉米带建设的有利条件和玉米带规划，提出了实现饲料玉米产业化的途径。

关键词：饲用玉米　产业化　发展战略

呼伦贝尔盟农牧产业化结构调整的近期目标是扩大畜牧业的比重，以乳、肉、草为切入点，到2005年力争使畜牧业产值占农业总产值的50%以上。根据这一发展目标，种植业结构调整以“为牧而农”作为指导思想，大力开发饲用玉米，通过饲用玉米带和产业化建设，促进以奶牛、肉牛和肉羊为重点的畜牧业发展具有非常广阔的前景。为正确引导和推进饲用玉米产业化发展，需要对呼盟饲用玉米带建设和实现产业化的意义和有利的因素进行科学的分析，从而提出实现饲用玉米产业化的战略途径。

1　饲用玉米带建设的意义

1.1　促进呼盟经济持续发展

呼盟盟委、行署确定为增加畜牧业比重，实行“为牧而农”的经济发展战略方针。大力发展饲用玉米的种植，使种植与养殖有机结合，符合经济规律和生态规律，与国际上现行的农牧业生产方式相接轨，对呼盟经济持续发展有利。

1.2　促进畜牧业发展

呼盟草场退化，草畜矛盾加大，种植饲用玉米投入低，周期短，见效快，技术成熟度高，风险低，切合实际，可以缓解天然草场产草量的不足，也可通过加工、青贮不断增加牲畜头数，扩大畜牧业的规模。

1.3　有效调整种植业结构

呼盟农区多年来大豆种植面积大，导致农业生态结构不良、效益低，通过大力发展饲用玉米，使农业种植结构良性循环，使质量与效益双高，为种植产品的销售提供了更广阔的市场。

1.4　保护草原生态

大力发展饲用玉米，解决了因天然草场载畜量过大而造成的破坏作用，使呼伦贝尔大草原生态系统恢复平衡，持续发展。

2 饲用玉米产业化的有利因素

饲用玉米产业化发展有以下有利因素。

2.1 政策环境

内蒙古自治区科技发展规则中，要求今后的工作以农牧民增收为目标，以技术开发创新为基础，以农牧业成果转化推广为重点，使传统农牧业技术向高新技术转移，由单项农牧业生产技术向产业化集成技术转移。呼盟委、行署关于产业结构调整意见和2001—2005年“十五”规划要求围绕发展优质、高产、高效农业，走产业化，质量效益型生态农业的道路。按增饲、增畜的原则，把强化发展乳、肉、草作为农业产业结构调整的突破口和切入点。这是高寒地区饲用玉米带与产业化建设的政策依据和保障。

2.2 自然生态环境

在我国，南起北纬18°，北至北纬50°的广大地区都有玉米种植。呼盟北纬47°以北的丘陵山区及过渡平原区，≥10℃积温为1 235～2 413℃，其中岭东为2 337～2 413℃，岭西为1 856～2 274℃。年降水量为250～510 mm，其中作物生长季节降水量占90%。无霜期100～125d，年日照时数达2 500～3 155 h。土层深厚，土质肥沃，有机质含量高。说明自然气候资源能满足饲用玉米生长发育的要求。

2.3 社会经济环境

呼盟岭东早已形成稳固的玉米生产带，具有一定的生产能力。岭西现有耕地的小部分加以利用即可形成新的玉米带，最有利的条件是岭西的海拉尔市郊区已有青贮玉米饲料生产的经验。全盟有牲畜500多万头（只），其中仅牛一项就近百万头，饲料的需求量大，发展饲用玉米系列化生产大有作为。呼盟交通便利，不光铁路贯穿全境，公路网四通八达，交织于全盟城郊和乡村各地，为玉米带建设和产业化提供了运输保障。

2.4 技术环境

全盟现有推广研究员4人，高级农艺师16人，农艺师82人。技术人员具备饲料玉米生产、青贮加工的技术水平，能够解决生产中的一些关键技术。

3 呼盟饲用玉米带建设规划

根据呼盟资源分布的规律和特点，划分饲用玉米分布带为沿111国道饲用玉米带，南起扎兰屯市的蘑菇气镇—阿荣旗那吉屯镇—莫力达瓦旗尼尔基镇—鄂伦春旗大杨树镇；301国道玉米带，东起阿荣旗，西至满洲里市；海—拉—黑，海—新左旗公路饲用玉米带。

4 饲用玉米产业化建设体系

饲用玉米产业化是以改变奶牛、肉牛、肉羊饲料构成，增加奶、肉产量为目的，以发展饲用玉米为手段，最终建成饲用玉米带，保障畜牧业生产的良性循环。

4.1 搞好饲用玉米生产的产前服务

各旗（市）农业技术推广中心应根据本地的自然气候条件进行饲用玉米品种的引进、试验，建立优质高产饲用玉米良种生产基地，为下一步推进应用提供优质的种子，同时应针对饲用玉米的需求规律和病虫害发生特点，做好饲用玉米专用肥和农药等物资的准备与供应。

4.2 搞好饲用玉米生产技术的指导

尽快摸索出饲用玉米的农机农艺相配套的综合高产栽培技术，编制出模式化栽培技术规程，使饲用玉米真正获得高产、优质、高效，能够持续发展。

4.3 建立饲用玉米加工企业

饲用玉米经过加工后产品利用价值增高，饲用玉米的加工方式较多，根据呼盟目前实际情况，重点是青贮、微贮和精饲料加工，逐渐开发调制饲料品种，替代或减少豆粕等昂贵的饲料，降低饲料成本，提高养殖业的效益。

在畜牧业较集中地区和交通干线附近建精饲料加工户和加工厂，逐渐实现饲料专用化和特种养殖业发展的需要。建立种植、加工、销售一条龙的饲料生产联合体，达到玉米生产产业化。

5 饲用玉米带与产业化的效益分析

呼盟草地退化面积不断扩大，产草量下降，严重制约了畜牧业的发展。种植饲用玉米，实施集约化舍饲育肥，可有效地减少畜群对天然牧场的压力，有利于草原植被的恢复和保护，避免了家畜在草地生态脆弱期放牧对草地的破坏，从而促进天然草地资源的可持续利用。

岭东农区大豆种植面积大，重茬种植导致病虫害逐年加重，产量不断下降。种植饲用玉米，并以其为主要饲草料发展奶牛、肉牛、肉羊，生产优质奶、肉，增加农牧民经济收入，促进了农牧业结构调整和产业化进程，使生态环境得到改善，达到农牧业生产可持续发展。通过玉米种植，促进了养殖业发展，牲畜粪便转化为肥料，使农牧业有机结合，生态效益显著。玉米产业化生产、冬春季闲置的劳动力得到了充分利用，同时加大就业从业人数，有较好的社会效益。

6 结束语

实施饲用玉米带与产业化，通过试验示范、推广，以示范基地作为新技术的辐射源，向广大农牧民传授饲用玉米生产加工贮存新技术，从而使畜牧业整体生产水平提高，由粗放经营、简单放牧转向集约经营、舍饲喂养，有效地对退化草地实施保护，减轻放牧频率，使草场得到全面改良，形成具有高寒特色的为牧而农的奶牛加玉米带产业化结构。

（本文发表于《内蒙古草业》，2001（4）：58-61）

•旱作玉米呼单三号高产综合农艺措施优化的研究初报

摘要：试验采用2次通用旋转设计的分析方法，研究了玉米呼单三号不同农艺措施组合与产量的关系。结果表明：种植密度对玉米产量影响最大，其次是氮肥，磷肥的作用不大。获得亩产287.81 kg的玉米产量，其栽培措施为密度3 000株/亩。施氮肥10 kg/亩，磷肥5 kg/亩。

关键词：玉米　高产栽培　正交旋转组合

玉米呼单三号是当前呼盟农区主推的中早熟品种，为了给农业生产提供成套的投资少、产量高的栽培技术措施，使良种良法密切结合，发挥品种和技术措施的全面增产作用，为推广应用呼单三号的地区生产技术、规范化提供理论依据，进行了此项研究。

1　材料和方法

供试杂交种由扎兰屯市原种场提供，试验于1993年在扎兰屯市河西农场中等肥力地块上进行。土壤含有机质4.05%，全氮0.201%，碱解氮250 mg/kg，速效磷24.5 mg/kg，速效钾96.15 mg/kg；有效锌0.902 mg/kg。

采用3因素2次回归通用旋转组合设计对呼单三号杂交种进行了优化栽培措施组合的研究。3因素是X_1种植密度，X_2氮肥和X_3磷肥，分5个水平。因子编码和对应实施值如表1。

按回归最优设计要求，共设20个试验小区，试验处理组合如表2所示。随机排列，行距0.65 m，行长10 m，4行区，小区面积26 m^2，重复两次。

试验田于1993年5月10日播种，肥料作种肥一次施入，人工埯种，出苗后按期定苗，采用普通的田间管理，每小区收获中间两行，单产折成亩产分析，试验数据分析用计算机进行。

表1　因子水平编码和对应实施值

自变量	变量设计水平				
	−1.682	−1	0	1	1.682
X_1（株/亩）594.5	2 000	2 405.5	3 000	3 594.5	4 000
X_2（kg/亩）5.95	0	4.05	10	15.95	20
X_3（kg/亩）2.97	0	2.03	5	7.97	10

表2　结构矩阵及试验结果

区号	X_1	X_2	X_3	产量（kg/亩）		
				Y（平均）	Ⅰ	Ⅱ
1	1	1	1	239.03	224.65	253.41

（续表）

区号	X_1	X_2	X_3	产量（kg/亩）		
				Y（平均）	Ⅰ	Ⅱ
2	1	1	−1	248.02	206.70	289.35
3	1	−1	1	248.92	237.25	260.60
4	1	−1	−1	266.02	226.45	305.60
5	−1	1	1	184.02	187.63	180.42
6	−1	1	−1	270.62	248.95	292.30
7	−1	−1	1	145.53	132.30	158.77
8	−1	−1	−1	200.28	196.16	204.47
9	1.682	0	0	357.04	312.00	402.08
10	−1.682	0	0	161.00	139.00	183.00
11	0	1.682	0	204.75	178.50	231.00
12	0	−1.682	0	191.00	132.00	250.00
13	0	0	1.682	266.25	280.50	252.00
14	0	0	−1.682	320.25	295.50	345.00
15	0	0	0	265.50	270.00	261.00
16	0	0	0	255.65	249.00	262.30
17	0	0	0	274.50	225.00	324.00
18	0	0	0	300.00	270.00	330.00
19	0	0	0	318.75	307.50	330.00
20	0	0	0	308.25	331.50	285.00

2 结果与分析

2.1 玉米呼单三号模拟方程

两次重复平均产量（kg/亩）求出的方程为：$Y=287.89+38.8976x_1+7.619022x_2-18.90967x_3-17.09062x_1x_2+14.40688x_1x_3-2.968125x_2x_3-14.68485x_1^2-36.29962x_2^2-2.584534x_3^2$式中 y 为预期产量，X_1、X_2、X_3分别代表种植密度、氮肥（尿素）和磷肥（三料）的编码值。

2.2 方程检验

方差分析结果如表 3 所示。表中失拟平方和的 $F_1=1.68<F_{0.05}$。说明方程拟合得很

好。回归平方和的 $F_2=6.6.4>F_{0.01}=4.94$，属极显著，方程可用。

表 3 产量方程的方差分析和失拟检验

变异来源	平方和	自由度	均方	F	$F_{0.05}$	$F_{0.01}$
失拟	5 426.969	5	1 085.394	1.68	5.05	
误差	3 229.906	5	645.981 3			
回归	51 453.88	9	5 717.097	6.604**	3.02	4.94
剩余	8 656.875	10	865.687 6			
总和	60 110.76	19				

2.3 回归系数检验

用 t 测验对各回归系数进行检验，用剩余均方 865.687 6估计 δ^2，得各回归系数 T 值如下。

$T_0=27.772\ 71>t_{0.001}$ (10) ***

$T_1=5.656\ 025>t_{0.001}$ (10) ***

$T_2=1.107\ 865>t_{0.3}$ (10)

$T_3=2.749\ 613>t_{0.05}$ (10) **

$T_4=1.901\ 923>t_{0.1}$ (10)

$T_5=1.603\ 263>t_{0.2}$ (10)

$T_6=0.330\ 306\ 5>t_{0.8}$ (10)

$T_7=2.193\ 365>t_{0.10}$ (10) *

$T_8=5.421\ 803>t_{0.001}$ (10) ***

$T_9=0.386\ 032\ 5>t_{0.8}$ (10)

可见各回归系数均在不同水准上显著，均属有效。

2.4 产量方程的应用

利用所得产量方程，用计算机进行模拟，可得 X_1，X_2，X_3的 125（5^3）个不同组合的产量进行分档频次分析，在 95%置信限条件下，可得分档农艺措施（表 4）。

表 4 分档农艺措施

产量分档（kg/亩）	各档频率	X_1（株/亩）		X_2（kg/亩）		X_3（kg/亩）	
		下限	上限	下限	上限	下限	上限
≤209.25	0.432	2 458	2 820	8.28	13.02	5.15	6.98
209.25～258.5	0.240	2 760	3 274	5.94	11.39	2.86	5.64
258.5～307.75	0.256	3 209	3 572	8.92	12.01	2.66	4.99
307.75～314.4	0.072	3 443	4 001	7.19	10.58	2.33	8.23

3 结论与讨论

由表4可知，在全因子搭配125个模拟产量中，300 kg/亩以上频次分布小，故知300 kg/亩以下增产较易。虽然可达300 kg/亩以上，但增产不易，要加强措施控制才能高产。

X_1（密度因子）3 000株/亩以下，株数越多，产量越高，高峰大致在3 594株/亩，超过此值产量反而有所下降。

X_2（尿素）用零水平（10 kg/亩）可达最高300 kg/亩，不足10 kg/亩或大于10 kg/亩，产量均明显降低。

X_3（三料）低水平用量反而高，高水平用量反而低，300 kg/亩正好是0水平用量。即5 kg/亩。

为了明确N、P肥的作用，本试验是在未施有机肥、旱作条件下进行的，在生产中以有机肥作底肥，依本试验配合氮磷肥、密度，预计产量将会更好。

本试验是在呼盟岭东2 100～2 300℃积温条件下进行的，也即是呼单三号玉米适生区，推广本试验结果时，应考虑以上条件。

（本文发表于《内蒙古农业科技》，1998（12）：19）

●呼伦贝尔岭东地区玉米新品种筛选试验研究

摘要：2013—2015年，选用71个玉米品种，在不同的生态区进行对比试验，1 900～2 100℃·d区南木乡试验点以利合16、内早7和金田11的产量较高，分别为638 kg/亩、595 kg/亩、567 kg/亩；2 100～2 300℃·d中和镇试验点以先锋38P05、康地5031和北优3的产量较高，分别为714 kg/亩、696 kg/亩、674 kg/亩；丰垦008、和田1、龙源3、久玉15，产量分别为633 kg/亩、612 kg/亩、603 kg/亩、599 kg/亩；2 300～2 500℃·d成吉思汗镇繁荣村试验点以富单2号、云天2号、吉单32、九玉1034、承禾8号产量较高，分别为662.4 kg/亩、651.6 kg/亩、649.0 kg/亩、646.5 kg/亩和610.6 kg/亩，这些品种可以在生产上选择推广应用。

关键词：呼伦贝尔岭东地区　玉米　新品种　筛选试验

玉米是呼伦贝尔市的主要栽培作物，在全市的农业产业中占有重要地位。2003年达到11万hm^2，2014年呼伦贝尔市农作物总播面积达到164.07万hm^2，玉米种植面积调整到67万hm^2，主要集中在大兴安岭东南部，玉米播种面积占该地区总播面积的20%～40%。由于种植方式传统，玉米的产量始终停留在300～500 kg/亩，为了改变传统的种植方式，提高玉米的产量和品质，加快新品种推广利用的速度和步伐，增加农民的收入，2013—2015年进行了系统的试验研究与推广应用研究。现将结果总结如下。

1　材料与方法

1.1　材　料

1.1.1　2013 年

1 900～2 100℃ · d 区哈多河试验点：承单 1171、康地 9384、蒙龙 46、大民 3、利合 16、众单 7、德美亚 1、元华 116。

2 100～2 300℃ · d 中和试验点：元华 116、丰单 4、德美亚 1、禾田 2、龙单 39、承单 1171、Kx9384。

2 300～2 500℃ · d 大河湾试验点：哈丰 1158、蒙龙 46、嫩单 14、海玉 12、沁单 712、源玉 3、元华 116、德美亚 1、承单 1171、禾田 1、哈丰 3、Kx9384、利合 16、元华 116。共计 20 个品种。

1.1.2　2014 年

2 100～2 300℃ · d 职业学院中和农场试验点：先锋 38P05、锋玉 2、和玉 4、丰田 5、良早 201、华玉 201、金创 13、久玉 15、富单 12、丰垦 008、和田 1、东单 2008、布鲁克 999、丰单 3、大民 3309、北优 3、大民 3、龙源 3、康地 5031、罕玉 1。

1 900～2 100℃ · d 区南木大兴村试验点：农丰 2、大地 11、久玉 6、利合 16、内早 7、金田 11、元华 116，共计 27 个品种。

1.1.3　2015 年

分别在 2 100～2 300℃ · d 呼伦贝尔申宽生物研究所河西试验基地、扎兰屯职业学院中和实习基地、2 300～2 500℃ · d 大河湾镇东升村和成吉思汗镇繁荣村，试验了真金 202、真金 206、真金 208、真金 622、矮单 268、京单 951、先峰 38P05、华美 3 号、康地 5031、罕玉 5 号、富单 2 号、九玉 1034、云天 2 号、吉单 27、卓玉 819、农丰 1 号、绥玉 17、吉单 32、兴丰 5 号、伊单 54、先达 203、哲单 37、禾田 1 号、承禾 8 号，共计 24 个品种。

1.2　方　法

1.2.1　田间设计播种方法

采用大区对比法设计，每个大区在 300～600 m^2。采用 65 cm 等行免耕一次性施肥密植播种，株距 24 cm；宽窄行种植方式。

1.2.2　田间调查与管理

在玉米生育后期，随机选点，调查玉米主要病虫害的发生为害情况。田间管理同大田。

1.2.3　测产方法

取样方法：

每个品种随机取 3 个样点，每个样点量 10 个行距计算平均行距，在 10 行之中选取有代表性的 20 m 双行，计数株数和穗数，并计算亩穗数；在每个测定样段内每隔 5 穗收取 1 个果穗，共计收获 20 穗作为样本测定穗粒数和百粒重（样品自然风干到 18%后，用标准法测定水分再计算出百粒重）。

产量计算：

理论产量（kg/亩）= 亩穗数×穗粒数×百粒重（折合为标准水分）。

2 结果与分析

2.1 不同玉米品种的产量

2.1.1 2013 年试验结果

2.1.1.1 1 900～2 100℃ · d 区扎兰屯市哈多河镇试验结果

选用的 8 个品种，以利合 16、康地 9384 和众单 7 的产量较高，分别为 836 kg/亩、803 kg/亩、592 kg/亩；其次是承单 1171、蒙龙 46、德美亚 1 产量分别为 577 kg/亩、548 kg/亩、542 kg/亩；元华和 116 大民 3 的产量较低，分别为 399 kg/亩和 393 kg/亩（表 1）。

表 1 扎兰屯市哈多河镇玉米品种试验测产记录

品种	亩穗数	穗粒数	百粒重（g）	折合产量（kg/亩）	位次
承单 1171	3 530	478	34.2	577	4
康地 9384	4 313	582	32.0	803	2
蒙龙 46	2 818	528	36.8	548	5
大民 3	2 360	516	32.3	393	8
利合 16	4 213	491	40.4	836	1
众单 7	2 858	658	31.5	592	3
德美亚 1	3 091	575	30.5	542	6
元华 116	2 923	523	26.1	399	7

2.1.1.2 2 100～2 300℃ · d 扎兰屯市中和镇试验结果

从表 2 可以看出：禾田 2、丰单 4 和 Kx9384 的产量较高，分别为 451 kg/亩、397 kg/亩、377 kg/亩；德美亚 1、元华 116 和龙单 39 的产量分别为 351 kg/亩、320 kg/亩、291 kg/亩。承单 1171 的产量为 259 kg/亩。总体上看中和镇试验点的产量较低，其原因是田间密度不够，水冲后影响了玉米的生长发育。

表 2 扎兰屯市中和镇玉米试验测产记录

品种	亩穗数	穗粒数	百粒重（g）	折合产量（kg/亩）	位次
元华 116	2 217	556	26.0	320	5

（续表）

品种	亩穗数	穗粒数	百粒重（g）	折合产量（kg/亩）	位次
丰单4	2 639	532	28.3	397	2
德美亚1	2 309	515	29.5	351	4
禾田2	2 694	606	27.6	451	1
龙单39	2 089	549	25.4	291	6
承单1171	1 411	537	34.2	259	7
Kx9384	2 071	539	33.8	377	3

2.1.1.3 2 300～2 500℃·d 扎兰屯市大河湾镇试验结果

从表3、表4可以看出：Kx9384、蒙龙46、哈丰3、源玉3的产量较高，分别为410 kg/亩、365 kg/亩、355 kg/亩、350 kg/亩。其他品种产量较低。

表3 大河湾镇试验测产记录（试点一）

品种	亩穗数	穗粒数	百粒重（g）	折合产量（kg/亩）	位次
哈丰1158	3 127	423	20.6	272	6
蒙龙46	3 643	428	23.4	365	1
嫩单14	2 579	445	18.8	216	7
海玉12	2 471	456	24.5	276	5
沁单712	2 857	520	23.1	343	3
源玉3	2 548	533	25.8	350	2
元华116	2 849	445	23.6	299	4

表4 大河湾镇试验测产记录（试点二）

品种	亩穗数	穗粒数	百粒重（g）	折合产量（kg/亩）	位次
德美亚1	3 173	489	20.3	315	5
承单1171	2 840	492	24.6	344	4
禾田1	2 617	676	16.5	292	6
哈丰3	3 491	558	18.2	355	2
Kx9384	2 925	609	23.0	410	1
利禾16	3 596	468	17.3	291	7
元华116	3 489	489	20.4	347	3

2.1.1.4　2 300～2 500℃・d 扎兰屯市关门山试验结果

从表5可以看出：关门山两个玉米品种先正达408和大民3307的产量分别为852 kg/亩和676 kg/亩。

表5　关门山试验点测产记录

品种	亩穗数	穗粒数	百粒重（g）	折合产量（kg/亩）	位次
大民3307	3 874	610	28.6	676	2
先正达408	3 970	675	31.8	852	1

2.1.2　2014年试验结果

2.1.2.1　2 100～2 300℃・d 职业学院中和农场试验结果

选用的20个品种，以先锋38P05、康地5031和北优3的产量较高，居前三名，分别为714 kg/亩、696 kg/亩、674 kg/亩；其次是丰垦008、康地5031、和田1、龙源3、久玉15，居4～8位，产量分别为633 kg/亩、633 kg/亩、612 kg/亩、603 kg/亩、599 kg/亩，以上品种比较适合该积温区种植；东单2008、富单12、丰单3、华玉201、布鲁克999和丰田5的产量较低，居本次试验末尾，均不足500 kg/亩，不太适合本积温区种植（表6）。

表6　扎兰屯市中和玉米品种比较试验测产记录

品种	亩穗数	穗行数	穗粒数	百粒重	折合产量（kg/亩）	位次
先锋38P05	4 150	14～16	577	29.8	714	1
康地5031	4 150	14～16	593	28.3	696	2
北优3	3 840	12～16	603	29.1	674	3
锋玉2	3 980	14～16	615	27.5	673	4
丰垦008（CK）	4 100	12～16	525	29.4	633	5
和田1	3 760	14～16	614	26.5	612	6
龙源3	3 910	14～16	545	28.3	603	7
久玉15	3 740	14～18	578	27.7	599	8
禾玉4	3 760	12～16	568	27.0	577	9
大民3309	3 950	14～18	614	23.5	570	10
罕玉1	3 950	14～18	566	24.5	548	11
金创13	3 750	14～18	628	22.3	525	12

（续表）

品种	亩穗数	穗行数	穗粒数	百粒重	折合产量（kg/亩）	位次
良早 201	3 780	14～16	657	21.0	522	13
大民 3	3 960	12～16	541	23.8	510	14
东单 2008	4 000	12～16	505	24.5	495	15
富单 12	3 730	14～18	571	23.0	490	16
丰单 3	3 710	14～16	611	20.5	465	17
华玉 201	3 800	12～14	461	26.5	464	18
布鲁克 999	3 950	12～16	596	19.5	459	19
丰田 5	3 820	12～16	508	23.0	446	20

2.1.2.2 1 900～2 100℃·d 南木大兴村试验结果

从表 7 可以看出：利合 16、内早 7 和金田 11 的产量较高，分别为 638 kg/亩、595 kg/亩、567 kg/亩；元华 116、农丰 2、久玉 6、和大地 11 的产量较低，均不足 500 kg/亩，特别是大地 11，亩产量仅为 249 kg，居末位，肯定不适合该积温区种植。

表 7 扎兰屯市南木玉米品种比较试验测产记录

品种	亩穗数	穗行数	穗粒数	百粒重（g）	折合产量（kg/亩）	位次
内早 7	3 780	14～16	664	23.7	595	2
利合 16	4 600	12～16	473	29.3	638	1
金田 11	3 650	14～18	514	30.2	567	3
元华 116	3 810	12～14	513	24.2	473	4
农丰 2	3 780	14～16	526	21.9	435	5
久玉 6	2 581	14～18	559	28.8	416	6
大地 11	3 920	16～18	506	17.6	349	7

2.1.3 2015 年试验结果

2 100～2 300℃·d 扎兰屯职业学院分别在研究所基地和中和基地进行了新品种引种试验，结果表明：真金 622、真金 202、真金 208、740.23 kg/亩、672 kg/亩、609.96 kg/亩产量高于选择的对照品种（表 8、表 9）。

表 8 玉米品种比较试验测产记录（河西基地）

品种	亩穗数	穗行数	穗粒数	百粒重（g）	折合产量（kg/亩）	位次
38 p05	3 722	14～16	477	29.1	517	2

（续表）

品种	亩穗数	穗行数	穗粒数	百粒重（g）	折合产量（kg/亩）	位次
京单951	3 349	12～16	449	19.5	239	7
矮单268	4 560	14～16	556	15.7	398	5
真金202	3 722	12～14	456	33.7	504	3
真金206	3 860	14～16	383	25.0	370	6
真金208	3 361	14～16	695	22.2	518	1
真金622	3 920	16～18	506	24.0	476	4

表9　玉米品种比较试验测产记录（中和基地）

品种	密度（株/亩）	穗粒重（g）	百粒重（g）	出粒率（%）	产量（kg/亩）
真金208	3 282.00	185.85	25.45	95.57	609.96
真金206	3 692.00	136.33	31.95	80.41	503.33
真金202	3 692.00	182.02	35.00	86.88	672.00
真金622	4 307.90	171.83	28.90	87.25	740.23
华美3号	3 487.00	167.60	31.00	85.00	584.42

2 300～2 500℃·d扎兰屯市种子管理站在成吉思汗镇繁荣村试验结果表明：富单2号、云天2号、吉单32、九玉1034、承禾8号产量较高，分别为662.4 kg/亩、651.6 kg/亩、649.0 kg/亩、646.5 kg/亩和610.6 kg/亩（表10）。

表10　扎兰屯市种子站试验结果

品种名称	收获面积（m^2）	小区产量（kg14%水）	出籽率（%）	折合产量（kg/亩）	位次
绥玉17	6.5	4.465	79.1	458.2	15
伊单54	6.5	5.160	80.4	529.5	10
富单2号	6.5	6.455	79.0	662.4	1
吉单27	6.5	5.525	83.3	566.9	9
吉单32	6.5	6.325	82.6	649.0	3
农丰1号	6.5	4.510	82.3	462.8	14
云天2号	6.5	6.350	83.4	651.6	2
哲单37号	6.5	4.330	80.2	444.3	16
罕玉5号	6.5	5.570	81.9	571.6	8

（续表）

品种名称	收获面积（m^2）	小区产量（kg14%水）	出籽率（%）	折合产量（kg/亩）	位次
禾田 1 号	6.5	5.620	83.3	576.7	7
兴丰 5 号	6.5	5.780	83.4	593.1	6
九玉 1034	6.5	6.300	80.4	646.5	4
38P05	6.5	5.120	80.5	525.4	11
承禾 8 号	6.5	5.950	83.7	610.6	5
先达 203	6.5	4.885	83.0	501.3	12
卓玉 819	6.5	4.575	81.1	469.5	13

2015 年玉米康地 5031 大面积推广应用的测产结果：通过对 2 300～2 500℃·d 区 6 个乡镇、13 个村（包括一个农场）的 17 块地，分别设点取样，共选取 46 个样点进行了产量测定。

平均产量 536.7 kg，最高产量 792 kg/亩，最低产量 288.4 kg/亩，平均产量差别为 503.6 kg/亩。S=148.99，本次测产产量均按 14%标准水计算。具体情况（表 11）。

表 11　玉米康地 5031 田间现场产量测定记录

地点	种植户	面积（亩）	密度（株/亩）	产量（kg/亩）
磨菇气镇苇莲河村一组	张宇	5.6	4 036	581.2
	吴广贺	7	3 934	293.5
	张殿	18	4 549	288.4
磨菇气镇宫家街村五组	潘德江	6	4 892	456.8
	宋刚	15	3 558	393.7
	宋蛟	7	5 610	382.2
磨菇气镇蘑菇气村	董春生	15	4 515	647.5
磨菇气镇三合村	于清德	17	3 660	559.7
蘑菇气镇野马河村	顾元才	12	5 404	693.9
中和镇头道沟村	罗德军	10	3 728	598.9
成吉思汗镇古里金村	陈宪忠	48	4 207	660.5
大河湾镇暖泉村	韩连贵	12	4 566	674.4
大河湾镇永兴村	赵德军	120	4 686	374.7
扎兰屯监狱农场七队	陈晋祺	180	4 105	519.4

（续表）

地点	种植户	面积（亩）	密度（株/亩）	产量（kg/亩）
成吉思汗奋斗村	高旭武	12	4 345	655.3
达斡尔乡满都村	王忠奇	12	3 489	551.5
莫旗尼尔基镇西拉金时村	于伟	105		792

2.2 不同玉米品种的生育期

105 天以下的品种有 丰垦 008、丰单 3、大民 3。

106～110 天的品种有 先锋 38P05、锋玉 2、良早 201、华玉 201、和田 1、东单 2008、北优 3、龙源 3、康地 5031、罕玉 1、呼粘 1。

111～115 天的品种有 禾玉 4、丰田 5、金创 13、久玉 15、富单 12、布鲁克 999；

115 天以上的品种有大民 3309。可以根据各乡镇的无霜期选择合适的品种种植。

2.3 高产优质品种的推广应用

通过表 12、表 13 可以看出：三年来共计推广应用 7.83 万 hm^2。新增纯效益 1 543.42万元，总经济效益 11 607.99万元，取得了较好的经济效益。

表 12 岭东旗市玉米新品种及综合栽培技术推广面积 （单位：万 hm^2）

旗（市）	2013 年	2014 年	2015 年	合计
扎兰屯	1.03	1.8	2.5	5.33
阿荣旗	0.5	0.5	1	2
莫旗	0.1	0.2	0.2	0.5
合计	1.63	2.5	3.7	7.83

表 13 岭东乡镇玉米新品种及综合技术推广应用面积 （单位：万 hm^2）

乡（镇）		2013 年	2014 年	2015 年	合计
扎兰屯市	蘑菇气	0.1	0.3	0.4	0.8
	中和	0.1	0.2	0.3	0.6
	哈多河	0.1	0.2	0.3	0.6
	洼堤	0.03	0.1	0.1	0.23
	萨马街	0.1	0.15	0.15	0.4
	大河湾	0.2	0.25	0.35	0.8
	达斡尔	0.1	0.2	0.3	0.6
	成吉思汗	0.2	0.3	0.5	1
	卧牛河	0.1	0.1	0.1	0.3
合计		1.03	1.8	2.5	5.33

（续表）

乡（镇）		2013 年	2014 年	2015 年	合计
阿荣旗	音河乡	0.1	0.15	0.3	0.55
	向阳峪镇	0.2	0.15	0.3	0.65
	亚东镇	0.2	0.2	0.4	0.8
合计		0.5	0.5	1	2
莫旗	宝山镇	0.05	0.1	0.1	0.25
	登科乡	0.05	0.1	0.1	0.25
合计		0.1	0.2	0.2	0.5

3　结论与讨论

3.1　不同生态区的高产品种

1 900～2 100℃・d 区南木乡试验点以利合 16、内早 7 和金田 11 的产量较高，分别为 638 kg/亩、595 kg/亩、567 kg/亩。

2 100～2 300℃・d 中和镇试验点以先锋 38P05、康地 5031 和北优 3 的产量较高，分别为 714 kg/亩、696 kg/亩、674 kg/亩；丰垦 008、和田 1、龙源 3、久玉 15，产量分别为 633 kg/亩、612 kg/亩、603 kg/亩、599 kg/亩。

2 300～2 500℃・d 成吉思汗镇繁荣村试验点以富单 2 号、云天 2 号、吉单 32、九玉 1034、承禾 8 号产量较高，分别为 662.4 kg/亩、651.6 kg/亩、649.0 kg/亩、646.5 kg/亩和 610.6 kg/亩，这些品种可以在生产上选择推广应用。

3.2　玉米品种的科学利用

通过几年来的试验推广，探明了适宜呼伦贝尔市不同乡镇的玉米品种，并且探明了新品种的无公害生产技术，使良种推广过程中与良法配套。

3.3　其　他

2013 年降雨量过大，对试验的结果有一定的影响；2014 年呼伦贝尔市风调雨顺，霜期较晚，病害较轻，对生育期较长的品种比较有利；2015 年玉米生育中期旱，限制了玉米营养生长，后期降雨量集中，使康地 5031 玉米的产量不同管理水平的地块差异较大。

（本文发表于《扎兰屯职业学院学报》，2018，2（1）：17-19）

•甜玉米与艾碧斯南瓜间作高产高效栽培技术模式的研究

摘要：2015—2016 年引进了甜玉米和艾碧斯南瓜新品种，进行了 6：4 间作试验研究有，结果表明：在扎兰屯市的南木乡大兴村、北沟村、双北村和卧牛河镇四道桥村，选择12户共计推广面积为141.6hm^2，甜玉米117.5hm^2，南瓜24.13hm^2。甜玉米产量甜玉米产量1 013.4 kg/亩；南瓜1 069.3 kg/亩，间作产量玉米605.22 kg/亩，南瓜486.584 kg/亩；甜玉米0.80元/kg，产值484.2元；南瓜0.6元/kg，产值291.95元，合计产值776.15元/亩；甜玉米秸秆打包青贮，产量达2 000 kg/亩，价格为0.3元/kg，收入600元/亩。共计收入1 376.15元/亩。

关键词： 甜玉米　艾碧斯南瓜　间作　栽培技术模式

间作是指在同一田地上于同一生长期内，分行或分带相间种植两种或两种以上作物的种植方式。间作能够合理配置作物群体，使作物高矮成层，相间成行，有利于改善作物的通风透光条件，提高光能利用率，充分发挥边行优势的增产作用。甜玉米间种南瓜还有一种好处，南瓜花蜜能引诱玉米螟的寄生性天敌—黑卵蜂，通过黑卵蜂的寄生作用，可以有效地减轻玉米螟的为害。

2015年以来从河北省秦皇岛引进“脆王”水果玉米和日本“艾碧斯”南瓜两个作物新品种，在南木乡大兴村、北沟村、双北村和卧牛河镇四道桥村，进行了试验示范推广。

1　材料与方法

1.1　材　料

甜玉米品种：脆王由秦皇岛成旺食品有限公司引进。

艾碧斯南瓜：秦皇岛成旺食品有限公司引进。

1.2　方　法

1.2.1　试验地点

扎兰屯市的南木乡大兴村、北沟村、双北村和卧牛河镇四道桥村。

1.2.2　播种与密度

甜玉米与艾碧斯南瓜均为65 cm 垄距，按6：4间种。

甜玉米种植株距30 cm，覆土3 cm，播后保持田间持水量80%为宜；南瓜株距70～75 cm。覆土厚3～4cm，如需适当深播时，播种后4～6d刮去多余土层，覆土过厚，吸足水分的种子在发芽开始就烂种死掉，出苗的长势很弱，影响全苗、壮苗。保苗650～700株/亩。

1.2.3　田间管理

田间采用中耕三次。秋收前测定两种作物产量。

2　结果与分析

2.1　种植的面积

2015年、2016两年共计推广面积为2 124亩，甜玉米1 762亩，南瓜362亩（表1，

表2，表3，表4）。

表1　甜玉米种植面积（2015年）

农户	面积（亩）	产量（kg）	地点
王　辉	10	10 852	双北村
周启佳	10	3 991	东窖村
陈敬坤	20	23 196	道南村
吴敬鹏	7	7 311	双北村
赵国君	20	23 172	道南村
吴敬春	7	7 026	双北村
赵玉柱	13	13 116	东窖村
姜洪臣	14	9 976	双北村
宋明广	8	8 126	双北村
马成章	11	11 614	双北村
毕士芹	23	26 488	双北村
苑运安	20	24 464	道南村
徐龙奎	17	16 364	东窖村
王永坤	12	12 498	双北村
宋田官	15	14 167	双北村
于成勋	5	6 030	双北村
刘献成	14	13 136	双北村
张凤友	10	10 364	大兴村
高柏良	15	11 350	双北村
张　伟	25	20 066	双北村
吴忠河	1	1 056	双北村
邵成宝	3	3 075	双北村
杜国栋	11	11 979	马　场
尹俊贤	20	18 849	大兴村
毕士迁	13	13 483	双北村
合作社	450	459 000	
共计	774	780 749	

表2　甜玉米种植面积（2016年）

农户	面积（亩）	产量（kg）	地点
冯金堂	9	1 058	大兴村
陈晓辉	11	1 107	大兴村

（续表）

农户	面积（亩）	产量（kg）	地点
张凤友	12	954	大兴村
尹俊贤	30	855	大兴村
于　波	10	1 004	大兴村
董学波	20	1 121	大兴村
郑洪彬	10	1 094	大兴村
白晓林	16	778	大兴村
谢国君	20	999	大兴村
毕连山	16	968	大兴村
杨景生	15	948	东窖村
高永春	10	1 026	东窖村
徐龙奎	20	1 159	东窖村
苑方奎	18	1 089	东窖村
赵玉柱	30	1 064	东窖村
李德强	10	1 450	东窖村
穆以胜	10	788	东窖村
田孝新	15	1 294	东窖村
高立东	25	1 050	双北村
周云国	34	1 031	双北村
姜洪臣	40	1 054	双北村
马成章	26	1 057	双北村
乔恩英	21	1 005	双北村
陈国华	40	949	双北村
张道臣	10	744	双北村
谷胜山	20	1 019	双北村
白振太	10	754	双北村
杨玉山	25	717	双北村
胡忠实	40	1 058	双北村
周云光	30	825	双北村
吴玉宝	10	858	双北村
隋建军	25	945	双北村

（续表）

农户	面积（亩）	产量（kg）	地点
于海波	10	950	双北村
高培仁	40	1 036	双北村
李喜茂	90	1 200	居委会
刘少利	15	1 078	双北村
王广亮	20	1 103	双北村
姜大伟	15	1 080	双北村
宋明广	40	1 225	双北村
吴敬鹏	70	1 058	双北村
王 辉	30	1 158	双北村
王 立	20	1 050	双北村
平均产量（kg）	988	1 018.1±147.9	

表 3 南瓜面积（2015 年）

农户	面积（亩）	产量（kg）	地点
姜仁国	8	13 800	大兴村
宋明广	32	39 160	双北村
王长武	8	11 360	四道桥村
吴敬春	12	18 760	双北村
江洪臣	24	23 880	双北村
马成章	8	10 920	双北村
吴敬鹏	12	19 850	双北村
童海军	20	24 400	南木村
研究所	20	13 040	河西回民村
合计	144	175 170	

表 4 南瓜面积（2016 年）

农户	面积（亩）	产量（kg/亩）	地点
姜洪臣	20	1 005	双北村
吴敬鹏	18	1 054	四道桥村
王长武	15	1 288	双北村

（续表）

农户	面积（亩）	产量（kg/亩）	地点
吴敬春	20	937	双北村
佟海军	27	780	南木村
赵国君	17	1 172	道南村
于武勤	10	958	双北村
姜仁国	8	1 405	大兴村
吴景民	17	490	南木村
张学武	9	844	南木村
周启佳	18	600	东窖村
陈敬坤	6	895	道南村
徐龙坤	6	554	东窖村
赵玉柱	20	929	东窖村
张凤友	7	1 235	大兴村
合计	218	922. 2±264. 33	

2.2 产量与效益

两年平均甜玉米产量 1 013. 4 kg/亩；南瓜 1 069. 3 kg/亩，间作产量玉米 605. 22 kg/亩，南瓜 486. 584 kg/亩；甜玉米 0. 80 元/kg，产值 484. 2 元；南瓜 0. 6 元/kg，产值 291. 95 元，合计产值 776. 15 元/亩；甜玉米秸秆打包青贮，产量达 2 000 kg/亩，价格为 0. 3 元/kg，收入 600 元/亩。共计收入 1 376. 15 元/亩。

通过两种不同作物套种，充分利用生长空间，增加作物的光合效应，提高两种作物的单位面积产量，增加单位面积的经济效益。

3 结论与讨论

3.1 推广面积

2015—2016 年来在扎兰屯市的南木乡大兴村、北沟村、双北村和卧牛河镇四道桥村，选择 12 户共计推广面积为 2 124亩，甜玉米 1 762亩，南瓜 362 亩。

3.2 经济效益

甜玉米产量 1 008. 7 kg/亩；南瓜 1 216. 46 kg/亩，间作产量玉米 605. 22 kg/亩，南瓜 486. 584 kg/亩；甜玉米 0. 80 元/kg，产值 484. 2 元；南瓜 0. 6 元/kg，产值 291. 95 元，合计产值 776. 15 元/亩；甜玉米秸秆打包青贮，产量达 2 000 kg/亩，价格为 0. 3 元/kg，收入 600 元/亩。共计收入 1 376. 15元/亩。

3.3　农民培训

在项目实施过程中利用产前组织培训班10期，每期30人，共计300人，在生产季节深入田间指导农民100余次，并且利用手机、微信等平台，随时解决种植户提出的生产中的问题，也使种植示范户掌握了种植技术，起到了较好引领作用。

免费为10户贫困户提供种子，并通过高价进行土地流转，让贫困户得到实惠，为贫困户提供就业岗位等措施，使贫困户收入得到了提高。

3.4　间作种植不利于机械化

甜玉米和南瓜以6：4比例种植，田间操作不便，特别是采用化学除草，容易导致南瓜产生药害。

3.5　群体结构不够合理

两种作物的群体结构过于繁茂，消耗营养，影响到有机物质有效的积累。光温效能没有充分的发挥。应进一步探索合理的群体结构和田间人工控制措施，发挥两种作物的最大增产增收的功效；进一步探索适宜的机械及操作技术。

（本文为扎兰屯市玉米新品种与配套栽培技术研究课题成果）

• 饲用大豆与饲用玉米混播试验简报

摘要：2006年引入饲用大豆拉巴豆，与饲用玉米白鹤、中原单32进行混播试验，结果表明：饲用大豆与饲用玉米白鹤混播后生物学产量6 116.39 kg/亩；饲用大豆的茎长可达3.45m，茎粗0.198cm，茎叶比为2.838。可以在当地生产中示范种植，并进一步探索混合收获物的青贮的营养效果。

关键词：饲用大豆　饲用玉米　混播

饲用大豆拉巴豆具有匍匐茎，茎长达3～6cm，现已在世界各地种植。在澳大利亚主要作为夏季饲料作物，放牧利用或与高粱玉米混播青贮，其叶片内含蛋白质25%～27%。是优良的饲料作物，2006年引入我地进行了小区种植试验，现将结果报道如下。

1　材料与方法

1.1　材　料

1.1.1　饲用大豆品种

高值（Highworth）（由内蒙古自治区农牧场管理局引入）。

1.1.2　饲用玉米品种

白鹤（由扎兰屯市农业技术推广中心提供）；中原单32（来源同上）。

1.2 方　法

饲用玉米、饲用大豆按 6∶2 的播种量按穴混播。试验区行长 10 m，行距 0.65 m，6 行区，小区面积 39 m^2。田间三铲三耥，收获前测定生物学产量与生物学性状，调查病虫害的发生量。

2 结果与分析

2.1 饲用大豆与饲用玉米混播后的产量

选用白鹤玉米与饲用大豆混播的，白鹤植株鲜重 6 116.39 kg/亩；饲用大豆的植株鲜重 1 167.25 kg/亩；两者总计生物学产量 7 283.64 kg/亩。

选用中原单 32 玉米与饲用大豆混播的，中原单 32 植株鲜重 3 201.6 kg/亩；饲用大豆的植株鲜重 1 167.25 kg/亩；两者总计生物学产量 4 368.85 kg/亩。以白鹤与饲用大豆混播的组合较中原单 32 与饲用大豆混播组合生物学产量增加了 66.72%（表 1）。

2.2 饲用大豆与饲用玉米混播后的生物学性状

饲用大豆的茎长可达 3.45m，茎粗 0.198cm，茎叶比为 2.838。

饲用玉米白鹤株可达 3.5m，较中原单 32（2.3m）高 52.17%；白鹤和中原单 32 茎叶比分别为 3.83 和 2.69；中原单 32 穗较白鹤增加 54.3%（表 1）。

表 1　饲用大豆玉米混播试验结果

品种	株高（m）	茎粗（cm）	鲜重（kg/株）	茎重（kg/株）	叶重（kg/株）	穗重（kg/株）	密度（株/m^2）
白鹤	3.5	2.4	1.31	0.88	0.23	0.21	7
中原单 32	2.4	2.3	0.8	0.35	0.13	0.324	6
饲用大豆	3.45	0.198	0.25	0.184 5	0.065	—	7

2.3 饲用大豆与饲用玉米混播后病虫害

白鹤玉米丝黑穗病株率 8.3%，没有其他的病害发生；中原单 32 玉米大斑病和小斑病病叶率分别为 29.4%和 17.6%。

饲用大豆叶片上有轻度的叶斑病，病叶率在 2%左右。详见表 2。

表 2　饲用大豆与饲用玉米混播后病虫害的为害调查

品种	大斑病（%）	小斑病（%）	丝黑穗病（%）	叶斑病（%）
白鹤	—	—	8.3	—
中原单 32	29.4	17.6	—	—
饲用大豆	—	—	—	2

3　小　结

3.1　产量表现

选用白鹤玉米与饲用大豆混播的，白鹤植株鲜重 6 116.39 kg/亩；饲用大豆的植株鲜重 1 167.25 kg/亩；两者总计生物学产量 7 283.64 kg/亩。较中原单 32 和饲用大豆混播的组合生物学产量增加了 66.72%。

3.2　生物学性状表现

饲用大豆的茎长可达 3.45m，茎粗 0.198cm，茎叶比为 2.838。

3.3　病虫害种类

饲用大豆上发生的主要是叶斑病，为害不大；饲用玉米上发生的有玉米丝黑穗病（白鹤）和大小斑病（中原单 32）。建议在播种前采用玉米种子包衣处理。

（本文为扎兰屯市玉米新品种与配套栽培技术研究课题成果）

• 玉米增产菌增产机理的研究

1988 年以来引进稻麦增产菌，采用小区试验与大区对比试验相结合，拌种与喷雾相结合的方法，针对稻麦增产菌对玉米生长发育、生理机能、产量、抗病及抗虫性方面进行了系统的研究，结果如下。

1　增产菌对玉米种子发芽及成苗率的影响

在室内盆栽试验玉米应用 10 g/亩拌种后成苗率 58%，显著高于对照成苗率 42%。玉米拌菌后对幼苗生长有明显的促进作用，其株高、叶数、叶长、叶面积、鲜重分别增加 24%、18.5%、12.92%、58.56%、12.1%和 20.09%。

应用增产菌 10 g/亩拌种、5 g/亩喷雾和拌种加喷雾处理对玉米中后期的生长也表现明显的促进作用。拌种处理的株高、叶长、叶宽、植株干重和叶绿素含量分别增加 1.21%、9.18%、10.15%、20.55%、22.92%和 10.23%。

应用增产菌喷雾两次的处理其株高、叶长、叶宽、叶面积指数、植株干重和叶绿素含量分别增加 0.6%、1.89%、0.42%、0.32%和 10.23%。拌种加喷雾处理的株高、叶长、叶宽、植株干重和叶绿素含量分别增加 14.97%、8.12%、14.895%、58.69%和 1.14%。

应用增产菌拌种处理的玉米后期穗数、行粒数、百粒重、穗长、籽实率较对照分别增加 4.22%、9.28%、0.4%、6.3% 和 3.49%；喷雾处理的分别增加 8.45%、2.3%、5.99%、4.79%、3.47% 和 0.17%；拌种加喷雾处理的分别增加 11.6%、13.56%、17.75%、11.09%和 1.68%。

2 增产菌对玉米生理的影响

应用增产菌拌种、喷雾、拌种加喷雾的玉米叶绿素含量较对照分别增加 10. 23%、10. 23%和 1. 14%；玉米光合势分别较对照增加 18. 65%、0. 37%和 13. 5%；CGR 分别增加 9. 54%、1. 3%和 37. 9%；RGR 分别增加 7. 04%、0. 56%和 14. 6%。

3 增产菌对玉米病虫害的防效

应用增产菌拌种、喷雾、拌种加喷雾处理对玉米大斑病的防效分别为 45. 53%、45. 34%和 47. 79%；对玉米瘤黑粉病的防效分别为 32. 44%、56. 62%和 22. 84%；玉米螟幼虫减退率分别为 56. 82%、41. 76%和 3. 13%。

4 增产菌对玉米产量的影响

1988 年应用液体增产菌（北京市密山县生物研究所制品）喷雾平均增产率为 13. 3%；1990 年应用增产菌拌种、喷雾、拌种加喷雾增产率分别为 4. 95%、19. 39%和 18. 02%，其增产的原因主要是穗粒数及百粒重较对照明显增加。

（本文发表于《中国微生态杂志》，1998，10（增）：92）

•扎兰屯市玉米有害生物发生为害的调查

摘要：2014 年采用定点定期调查的方法，针对玉米主要有害生物的发生为害规律进行了系统的调查，明确了在扎兰屯市主要病害有玉米大斑病、小斑病、顶腐病，主要虫害是玉米螟，主要田间杂草有20 余种，明确了当地主栽玉米品种对病虫的抗性，提出了综合防治的技术。

关键词：玉米　大斑病　小斑病　顶腐病　玉米螟　防治技术

玉米是扎兰屯市的主要栽培作物，在全市的农业产业中占有重要地位。2014 年扎兰屯市农作物播种面积 23. 93 万 hm^2。其中，粮食作物玉米达 18. 69 万 hm^2。由于种植的品种杂乱，种植方式传统，连年种植，导致有害生物发生加重，新的病害发生，成为当地玉米生产中引起重视的问题。为了摸清有害生物的主要种类及发生为害规律，探明综合防治的技术，进行了此项的调查研究。

1 调查方法

1.1 调查地点

调查点选择在大河湾农场、卧牛河镇长发村、中和镇农研所基地、职业学院基地。

1.2 方　法

在玉米苗期，随机选择代表性的乡镇，代表性的地块，不同的品种定点定期调查，按照对角线选择调查点，每点不少于 100 株，计算发病率，虫害率，并进行防治试验。

玉米田杂草调查时期：玉米在封行前。调查方法：采用 0.25 m^2 的正方形铁丝框，按对角线 5 点取样法，分别记载铁丝框内杂草出苗数，至无杂草出苗为止；杂草的种类、数量，并在记录表中记载其通用名。

秋季测产，进行系统分析。

2　结果与分析

2.1　病害种类与为害

2.1.1　顶腐病

2.1.1.1　发病期

2014 年我地此病多在出苗到拔节期发生。发病期多在玉米的四叶期后到 10 叶期，6 月下旬至 7 月上旬，在玉米苗期至成株期均表现症状，发病轻的植株后期的株高和长势恢复正常。发病重的植株矮小，上部叶片扭曲缠结不能伸展，不能形成产量。

2.1.1.2　病害的为害

通过普查全市玉米顶腐病发生面积约 0.53 万 hm^2，大河湾镇、卧牛河镇、成吉思汗镇河口村等发生较重，最高发病率为 5%。通过定点定期调查，大河湾农场调查面积 36.67 hm^2，平均发病率为 32.8%，康地 867、九玉 1034 和绿单 2 号发病率分别为 40%、20%和 38.5%。卧牛河镇调查了 6.67hm^2地，平均发病率 5.2%，KX9384、德育 17、金峰 88、蒙玉 16、齐山 602 的发病率分别为 3%、5%、5%、10%和 3%。中和镇调查了 20.67 hm^2，共计调查了大田品种圣丰 5 号、呼单 5 号、德美亚 1 号三个品种，发病率分别为 10%、2%和 5%。小区玉米品种 15 个，发病较重的有 915、承单 3 号，发病率 6%，较轻的有 PF1、德美亚 1 号、呼 760、M13—21、兴农 18 和兴农 11，发病率在 0.5%至 2%。其他品种未见发病（表 1）。

表 1　玉米顶腐病发病情况调查（2014 年）

品种	调查日期	调查地点	面积	顶腐病（发病率%）
KX9384	6 月 27 日	卧牛河镇长发村	1.33 hm^2	3
德育 17	6 月 27 日	卧牛河镇长发村	1.33 hm^2	5
金峰 88	6 月 27 日	卧牛河镇长发村	1.33 hm^2	5
蒙玉 16	6 月 27 日	卧牛河镇长发村	1.33 hm^2	10
齐山 602	6 月 27 日	卧牛河镇长发村	1.33 hm^2	3
康地 867	6 月 21 日	大河湾农场 1 队 6 号地	13.33 hm^2	40
九玉 1034	6 月 21 日	大河湾农场 1 队 6 号地	20.00 hm^2	20
绿单 2 号	6 月 21 日	大河湾农场 1 队 6 号地	3.33 hm^2	38.5
圣丰 5 号	6 月 27 日	中和镇农研所基地	6.67 hm^2	10

（续表）

品种	调查日期	调查地点	面积	顶腐病（发病率%）
呼单5号	6月27日	中和镇农研所基地	6.67 hm^2	2
德美亚1号	6月27日	中和镇农研所基地	6.67 hm^2	5
PF_1	6月27日	中和镇农研所基地	30 m^2	2
915	6月27日	中和镇农研所基地	30 m^2	6
德美亚1号	6月27日	中和镇农研所基地	30 m^2	2
德改24	6月27日	中和镇农研所基地	30 m^2	0
IP702	6月27日	中和镇农研所基地	30 m^2	0
呼760	6月27日	中和镇农研所基地	30 m^2	1
Z63×92	6月27日	中和镇农研所基地	30 m^2	0
M13-21	6月27日	中和镇农研所基地	30 m^2	1
兴农18	6月27日	中和镇农研所基地	30 m^2	2
承单3号	6月27日	中和镇农研所基地	30 m^2	6
罕玉1号	6月27日	中和镇农研所基地	30 m^2	0
丰垦008	6月27日	中和镇农研所基地	30 m^2	0
兴农11	6月27日	中和镇农研所基地	30 m^2	0.5
兴农19	6月27日	中和镇农研所基地	30 m^2	0
9231×ZT529	6月27日	中和镇农研所基地	30 m^2	0

2.1.1.3　发病率与产量的关系

通过表2资料，初步分析发病率与产量间的 $r=-0.5978$，$y=612.0985-3.2734x$ 随着发病率增加，玉米产量相应地降低。发病率达到了5%以上就要采取防治措施。

表2　玉米产量

品种	地块	面积（hm^2）	株数	穗粒数	百粒重	产量（kg/亩）
康地867	大河湾农场一队6号地	20.0	3 795	629.6	22.1	528.045
九玉1034	大河湾农场一队6号地	13.3	3 795	592	24.5	550.43
绿单2号	大河湾农场谷兴盛地	3.3	3 077	538	26.3	435.38

2.1.2　大斑病

通过表3可以看出：禾田1号、先峰38905、富单12、丰垦008、布鲁克999、康地5003、华玉201、呼粘1号田间没见发生，表现出高抗大斑病。禾玉4号、金创13、良早201、丰田5、利合16、内早7发病较重。其他品种发病均较轻。

2.1.3 小斑病

通过表3可以看出：华玉201、先峰38905、丰单3、大民3309、罕玉1号、锋玉2号、元华116、农丰2号表现较抗小斑病；呼粘1号、康地5003、富单12、东单2008、龙源3号、丰垦008、久玉15发病较重；其他的位于中间。

2.2 玉米螟的为害

通过表3可以看出：玉米螟为害较轻的品种有富单12、丰田5、华玉201、布鲁克999、大民3309、先峰38905、久玉15，植株被害率低于20%。呼粘1号、东单2008、华玉201、大民3、良早201、金创13虫害较重。特别是呼粘1号虫草害重，应采取田间防治措施。其他品种介于中间。

表3 扎兰屯玉米品种对主要病虫害的影响调查结果（2014年9月4日）

玉米品种	玉米大斑病（病株率%）	玉米小斑病（病株率%）	玉米螟被害率（%）	调查地点
东单2008	3.3（0.02）	96.7	70	中和镇福兴村
禾田1号	0	26.7	23.3	中和镇福兴村
丰单3	20（0.1）	10	23.3	中和镇福兴村
北优3	26.6（0.1）	63.3（0.3）	40	中和镇福兴村
罕玉1号	10（0.2）	20（0.2）	41	中和镇福兴村
龙源3号	23.3（0.1）	100	36.6	中和镇福兴村
锋玉2号	3.3（0.02）	16.7（0.5～1级）	52	中和镇福兴村
先峰38905	0	10（0.5）	20	中和镇福兴村
金创13	50.0（0.5级）	53.3（0.3级）	56.6	中和镇福兴村
良早201	15（0.5级）	100.0（1级）	60	中和镇福兴村
禾玉4号	40（0.8级）	60（0.3级）	28.5	中和镇福兴村
富单12	0	100（1～2级）	0	中和镇福兴村
华玉201	6.7（0.03）	0	13.3	中和镇福兴村
丰垦008	0	100（0.5～1级）	40	中和镇福兴村
丰田5	0.5级	0.5级	5	中和镇福兴村
久玉15	0.2	100（0.3）	20	中和镇福兴村
布鲁克999	0	1级	10	中和镇福兴村
康地5003	0	100（2级）	40	中和镇福兴村
华玉201	0	0.5	60	中和镇福兴村
大民3309	0.2	0.2	20	中和镇福兴村
大民3			60	中和镇福兴村

（续表）

玉米品种	玉米大斑病（病株率%）	玉米小斑病（病株率%）	玉米螟被害率（%）	调查地点
呼粘 1 号	0	100（3 级）	100	中和镇福兴村
元华 116	0.05	0.2	26.6	南木乡大兴村
九玉 6 号	0.05	0.05	26.6	南木乡大兴村
金田 11	10（0.1）	0.3	43	南木乡大兴村
大地 11	30（0.1 级）	50（1 级）	30	南木乡大兴村
利合 16	60（0.5）	40（1 级）	35	南木乡大兴村
内早 7	20（0.5）	100（1 级）	15	南木乡大兴村
农丰 2 号	29.4（0.3）	40（0.1）	55	南木乡大兴村

2.3 杂草的发生为害

玉米田杂草 25 科 124 种。其中，单子叶杂草 2 科 24 种，双子叶杂草 23 科 100 种，其中发生频率较高，相对密度较大的杂草有 15 科 50 余种，杂草中马唐、牛筋草、稗草、狗尾草、反枝苋、葎草、龙葵、铁苋菜、打碗花、马齿苋、藜、小飞蓬、酸模叶蓼、苍耳、苘麻、鸭跖草、苣荬菜、问荆等是优势杂草。玉米田主要防治的杂草是马唐、牛筋草、稗草、狗尾草、反枝苋、马齿苋、藜等一年生杂草和打碗花、苣荬菜等多年生杂草。在生产上应根据田间杂草群落变化，选择合适的药剂或药剂配方防治。

3 玉米主要有害生物综合防治技术

3.1 适当的轮作，合理的中耕

选择大豆，马铃薯，白瓜子茬种植玉米，避免连作，减少田间有效病原菌和害虫的基数，降低田间为害率。选择利用晴好天气加快铲趟，排湿提温，消灭杂草，以提高秧苗质量，增强抗性。

3.2 及时追肥

在玉米进入大喇叭口期，迅速追施氮肥，尤其发病较重地块更要及早追肥。叶面喷施锌肥、菌肥和生长调节剂，促苗早发，补充养分，提高抗逆能力。

3.3 选择抗病虫的品种

在生产上，应注意淘汰感病虫的品种，选用抗性强的品种。丰垦 008、罕玉 1 号、兴农 19、德改 24，IP702、先锋 38P05、康地 5031、北优 3、锋玉 2 和利合 16 在田间病虫相对较轻，可以在不同的生态区选择种植。

3.4　药剂防治

发病初期可选择药剂防治，首选300倍液的58%甲霜灵·锰锌，或用50%多菌灵可湿性粉剂500倍液加硫酸锌肥，或70%甲基托布津加硫酸锌肥500倍液喷施，锌肥用量应根据不同商品含量按说明用量的3/4，用背负式喷雾器将喷头拧下，沿茎灌入，每病株灌施50～100 mL药液。选用加配500倍液的50%多菌灵或1 500倍液的病除康2号、或3 000倍液的病除康3号等杀菌剂混合用药，喷施2次。

3.5　利用赤眼蜂防治玉米螟

要在玉米螟产卵初期开始放蜂，每亩放两次，每次间隔5～7 d。第一次每亩放两点，每点放一块。第二次每亩放一点，放一块。7月14日左右开始放蜂。先将蜂卡撕成小块，每块60粒左右，每亩一次放两点，每次放蜂7 500头。用牙签将蜂卡别在玉米中上部叶片的背面，卵面朝外，高度1米左右，别牢即可。地头、地边、上风口可多放一些。

3.6　玉米田除草

3.6.1　土壤处理法

可选用50%、90%、99%乙草胺乳油；57%、82.5%、99%2,4-D丁脂乳油；38%莠去津胶悬液；75%噻吩磺隆可湿性粉剂；20%2甲4氯钠水剂；48%甲草胺乳油；72%异丙草胺乳油。

选用78%、85.5%、99%滴丁·乙乳油；50%噻吩·乙乳油；40%扑·乙乳油；50%异丙·莠悬浮剂；55%乙·莠悬浮剂。

选用60%、69%、78%、81.3%乙·嗪·滴丁乳油；81%乙·二·噻乳油；50%、65%、68%乙·二·扑乳油；42%、43%甲·乙·莠悬浮剂；51%乙·莠·滴丁悬浮剂。

3.6.2　茎叶处理法

在玉米3～5叶期、杂草2～4叶期，施用茎叶处理剂进行叶片喷雾，通过杂草叶片吸收而达到灭草目的。

选用4%烟嘧磺隆悬浮剂；10%甲基磺草酮悬浮剂；22%、23%、24%烟嘧·莠去津悬浮剂；40%硝磺·莠悬浮剂；31%烟·莠·滴丁悬浮剂；27%烟·硝·莠悬浮剂。

（本文为扎兰屯市玉米新品种与配套栽培技术研究课题成果）

• 扎兰屯市玉米丝黑穗病流行原因分析及防治建议

1　病害流行原因分析

近年来，当地大豆重茬减产，加之大豆市场价格又降低。于是，玉米面积扩大，并引进了感病的桦单32品种，以致菌量逐年增长，寄主感病群体加大。当环境条件适合病害发生，便可造成流行。

春季干旱、气温高、玉米感病期长，有利于病菌侵入。玉米丝黑穗病属于积年流行病害。当玉米播种后（5 月上旬），从种子开始萌芽至五叶期（6 月上旬）都能受病菌侵染，特别是幼芽期侵染率最高。此期土壤温、湿度条件与发病的关系最为密切。病菌侵入适温在 25℃左右，适宜的土壤湿度在 20%。故春旱年份，常为病害的流行年。1998 年在扎兰屯市 5 月中旬的平均气温为 19.6℃，较历年同期气温高 6.6℃；降水量为 1.7 mm，较历年同期降低了 13.3 mm；而 3—4 月累计降水量为 16 mm，较历年减少 9.6 mm，这是导致病害流行的重要因素。

病菌侵入植株后，同年 7—8 月连雨（降雨量达 846.4 mm，较历年高出 568.7 mm）；日照少，植株抗病性弱，发病多，造成产量损失。

2 防治建议

2.1 选用丰产抗病良种

玉米品种间的抗病性有明显的差别，经调查，如东农 248，科委 9002，海玉四的发病率仅为 4%～5%；新桦单 32 为 17.1%。应尽快压缩或淘汰高感的新桦单 32，另选用高抗丰产、优质的杂交种。

2.2 拔除病株

结合田间管理，及时拔除病株，减少土壤中初染来源。

2.3 药剂拌种

带菌土壤是此病的主要侵染源。用种子重量 0.2%～0.3%的三唑类药剂或 25%粉锈宁和羟锈宁 WP，与黏着剂稀玉米糊拌匀，然后进行拌种，晾干后立即播种。也可按 50kg 种子用 50%多菌灵 WP、50%福美双 WP 或 40%拌种双 WP0.2 kg 拌种，均具有较好的防效。

（本文发表于《植物医生》，1999，12（5）：11）

• 玉米丝黑穗病药剂防治试验研究

摘要：2005 年由外地引入和自配防治玉米丝黑穗病的药剂进行男单小区试验，结果表明：自配的药剂对玉米丝黑穗病防治效果高达 100%；①、②、④号处理的防效分别达 87.96%、53%和 55.91%。以自配的药剂和①号药剂防治效果为好，可以在生产上应用。

关键词：玉米　丝黑穗病　药剂防治

玉米是我地种植的主要粮食和饲料作物，因丝黑穗的流行导致产量和品质下降，为了找出防治病害较好的药剂进行了此项试验研究。

1　材料与方法

1.1　材　料

药剂：①号种子包衣剂（外引）；②号种子包衣剂（外引）；③自配玉米种衣剂；④空白对照。玉米品种：吉单 209（由吉林农科院引入）。

1.2　方　法

采用小区对比法设计，两行区，行长 5 m，行距 0.65 m，小区面积 6.5 m^2。每份材料种植 50 穴，每穴播种 4 株，于 6 月 17 日播种，播种后接盖菌土 100 g（从上年感病品种上采集并阴干后保存的丝黑穗病菌菌粉混合均匀后每 100 g 菌粉拌 100 kg 过筛的细土，充分拌匀，配成 0.1%的菌土）。于秋收前调查发病情况，进行统计分析。

2　结果与分析

防治效果见表 1。

表 1　药剂对玉米丝黑穗病的防治效果

处理	调查株数	发病株数	发病率（%）	防治效果（%）
①	53	2	3.77	87.96
②	68	10	14.71	53
③	73	0	0	100
④	58	8	13.8	55.91
⑤	48	15	31.3	—

2.1　药剂的防治效果

通过表 1 可以看出自配的药剂防治效果达 100%，在选用高感的品种人工接种的条件下也没有发病。外引的①号处理对丝黑穗病的防治效果为 87.96%，也可以控制病害的发生。②、④处理的防治效果分别为 53%和 55.91%，也能起到控制病害发生的作用。

2.2　病害的症状特点

从发病的症状看以雄穗发病的为主，前期发病的很少，只占 1/35。

3　小　结

所选用的药剂中以自配的药剂和①号配方为好，防治效果分别为 100%和 87.96%，可以在当地玉米生产中选用；②和④的防治效果分别为 53%和 55.91%，对玉米丝黑穗病也有一定的控制作用。

（本文为扎兰屯市玉米新品种与配套栽培技术研究课题成果）

●扎兰屯市青贮玉米苗枯病的发生与防治调查

摘要：2016年引进青贮玉米科多8号，在高台子办事处五一村种植，出苗后选择代表性地块选点调查，玉米苗枯病平均发病率25%，由于病害的发生，田间病弱成苗率平均54%，局部地块缺苗断条严重，导致补种毁种，造成了生产中的投入增加。在调查的基础上较系统分析了病害的症状，发病的原因，提出了综合防治技术，对玉米生产中有效地防病，控制病害的发生为害有较好的指导作用。

关键词：青贮玉米　科多8号　苗枯病　防治技术

随着农业产业结构的调整，增加饲料玉米种植面积，发展养殖业是促进农民增收，降低成本，提高效益的有效措施。近年来，呼伦贝尔盟东育肥牛交易市场同高台子办事处五一村农户开展青贮玉米订单种植项目，使农民得到了较好的经济效益，但在种植玉米的过程中遇见了苗枯病，导致苗弱苗不全，有不少地块补种毁种，成为制约青贮玉米生产的限制因素之一。苗枯病是玉米的一种重要的苗期病害，由轮枝镰孢菌、串球镰刀菌、禾谷镰孢菌、玉米丝核菌等多种真菌单独或复合侵染引起，是苗期玉米根部或近地茎组织腐烂的总称。重病田发病率高达30%～40%，有的田块严重缺苗断垄，甚至毁种。为此开展了此项课题的调查研究。

1　材料与方法

1.1　材　料

品种：科多8号（内蒙古科河种业有限公司）。

1.2　方　法

1.2.1　田间调查方法

于玉米出苗后选择代表性地块，按单对角线进行选择调查点，每点调查10延长米的相邻两垅（$13m^2$），统计田间苗势，发病株数和健株数。

1.2.2　病原菌分离

种子内病菌分离。将玉米种子表面消毒后，浸泡于无菌水中，待种子回软之后，再进行第二次表面消毒，随后将种子研碎，接于PDA平板培养基上，25℃培养7 d后观察。

病苗病原菌分离。将玉米根部的病健相交界处，表面消毒后接于PDA平板培养基上，25℃培养7 d后等长出菌落经单孢子分离进行纯化。

分离物致病性测定。将纯化后的分离物接种于PDA培养液中，经25℃振动培养5 d扩大培养，再将分离物倒入灭菌的土壤中，拌匀后播玉米种子。

病原物的再分离。待玉米苗发病后，取玉米根部病健交界处，表面消毒后接入PDA培养基，25℃培养7 d后待长出菌落进行观察比较。

1.2.3　田间管理

同大田。

2　结果与分析

2.1　病原物分离结果

未从种子内分离到病原物，且将种子播种在无菌土里长出的玉米植株根部未见发病，说明种子中没有携带病原菌。经玉米根部中分离出的分离物经致病性测定确定为病原物。该病原菌属镰刀菌（*Fusarium spp.*），为土壤寄居菌（图1～图3）。

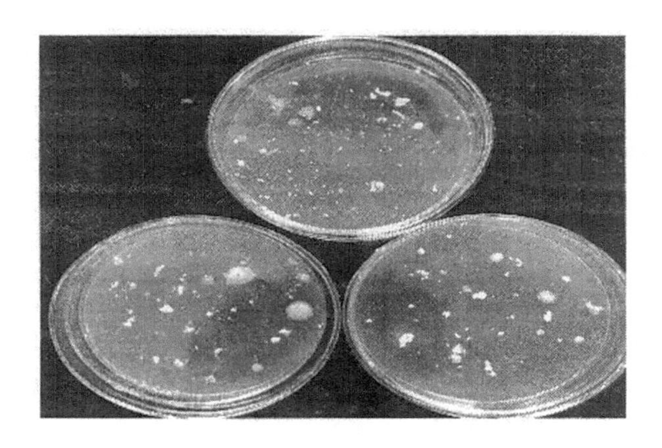

图1　玉米种子内部分离结果

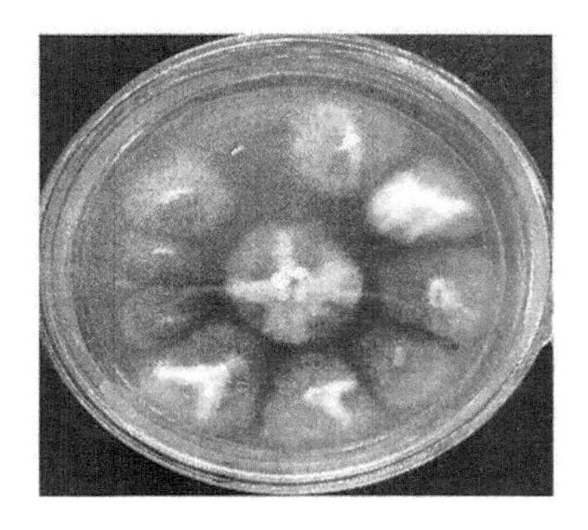

图2　分离物菌落正面

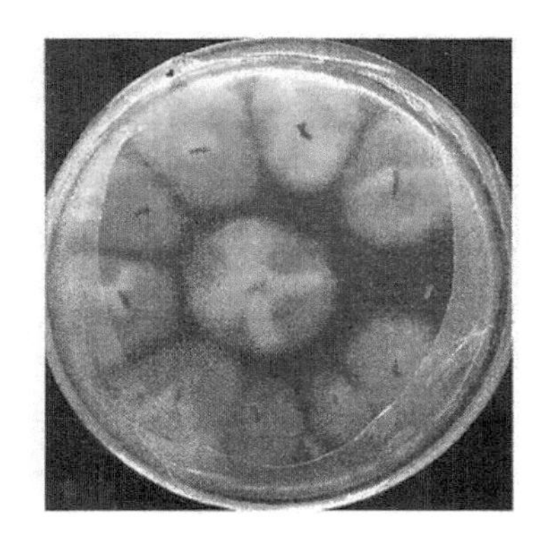

图3　分离物菌落反面

2.2　田间症状

2.2.1　种子发病

先在种子根和根尖处开始产生褐变，后扩展到整个根系，根毛初期出现淡黄色至黄褐色侵染点，1～2 d 即变为黄褐色水渍状坏死，严重时皮层腐烂，根毛脱落，无次生根或少有次生根，并向上引起茎基部水浸状腐烂。拔起病株，在根部发病部位有时出现白色、灰白色或粉红色霉状物，即病原菌分生孢子梗和分生孢子。

2.2.2　叶片发病

叶鞘变褐色撕裂，叶片变黄，叶缘出现黄褐色枯死条斑，呈枯焦状，心叶卷曲易折。以后自下而上叶片逐渐干枯，无次生根的则死苗，有少量次生根的形成弱苗。为害轻的幼苗地上部无明显症状。一般在玉米 2 叶期至心叶期发病，开始在第一片叶和第二片叶的叶尖处发黄，并逐渐向叶片中部发展，严重的个别叶片或植株出现萎蔫，3～5 d 叶片变青灰色或黄褐色枯死（图 4）。

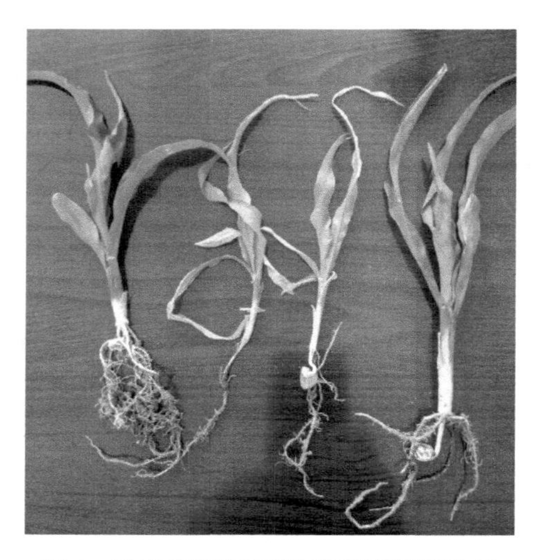

图 4　玉米苗枯病病苗与健苗特征对比图

2.3　田间发病情况

于玉米苗期分别于 6 月 25 日和 7 月 10 日选择不同地势的 10 块地，8.4hm^2面积进行调查，玉米苗枯病发病率分别为 25%和 18%，不同地势发病的差异不明显；田间的成苗率平均在 54%（表 1、表 2）。

表 1　田间发病情况调查统计（6.25）

地块名称	户主姓名	调查面积（亩）	成苗率（%）	健苗率（%）	病苗率（%）	备注
大荒地	赵广	30	49	72	24	坡岗地
河套大片地	赵义	6.5	52	76	28	河套地
放猪场	王廷作	6.5	48	80	20	阳岗地
西岗地	王金彪	7	67	72	28	岗地
平均		50	54	75	25	

表 2　田间发病情况调查统计（7.10）

地块名称	户主姓名	调查面积（亩）	病苗率（%）	折合成苗株数（亩）	折合正常幼苗株数（亩）	备注
南山地	王乃春	10	29	4 857	3 044	坡岗地
腰山	梁欣伟	8	8	3 455	3 181	坡岗地
前山长垄	邓永顺	5	20	3 523	2 805	阳岗地
西山	方正民	30	5	4 515	4 309	岗地
二节地	杨海申	15	26	3 352	2 497	甸子地
南山山边地	刘玉鹏	8	22	3 771	2 925	坡岗地
平均		76	18	3 912	3 127	

2.4　发生规律

玉米苗枯病初侵染来源多，发病原因比较复杂。

2.4.1　病残体和土壤带菌

连作种植是造成病残体、土壤带菌的主要原因。由于近年来玉米种植的综合效益高，本市建有呼伦贝尔东北阜丰生物科技有限公司产品销售畅通，玉米连年种植多达10年之久。据调查连作1～3年的田块，苗枯病发病率分别为7.1%、11.6%、15.9%，连作田块发病严重的原因主要是镰刀菌残留土壤和病株残体中大量繁殖和积累，使土壤病原基数逐年上升。其次是由于同一种作物吸收营养元素的选择性，使土壤中营养元素呈现生理不平衡，据测定，随着连作年限的增加，土壤中氮、磷、钾总量虽变化不大，但速效锌、硼的含量成倍减小，水解氮和速效钾的含量明显降低，平均减少15～17mg/kg。因此导致植株抗病力明显降低。

2.4.2　种子带菌

这是苗枯病发生早并能形成中心病株的主要原因。种子表面经用0.2%升汞消毒后分离监测，种子带菌率平均达0.5%～3.5%。

2.4.3　肥料带菌

近几年农民对土地有机肥施入量减少，有的还施用未腐熟的肥料。在玉米产区，猪、畜饲草料又多以玉米秸秆和籽粒粉碎为主要原料。经试验，将苗枯病株收集，添加牛饲料喂养2天后，收集粪便，不经发酵腐熟穴施，玉米苗枯率达6.4%～13.5%，因此肥料带菌也是造成苗枯病发生的主要原因之一。

2.4.4　整地不平

土壤低洼积水处发病重，主要原因是土壤黏重，温度低且土壤湿度大，不利于幼苗根系发育而造成植株抗病力下降。

2.4.5　发病与气候的关系

气温较高，出苗快，生长旺，发病率低；阴雨天较多，土温低，发病率高。

3　防治建议

玉米苗枯病初侵染途径较多，发病早，植株死亡速度快，防治难度大。因此要立足农业措施、种子消毒为主的方法进行综合防治。

3.1　选用抗病品种

3.2　轮作倒茬

要尽量合理安排茬口，与非玉米茬作物轮作，建议采用玉米-大豆-马铃薯；玉米-大豆-白瓜籽等方式。

3.3　深翻灭茬，平整土地

玉米收获后要及时深翻灭茬，促进病残体分解，抑制病原菌繁殖，减少土壤带菌量。播前要精细整地，防止积水，促进根系发育，增强植株抗病力。

3.4　合理施肥，加强栽培管理

增施腐熟的有机肥料。严禁施用未腐熟肥料，阻断肥料带菌途径，减少发病。雨后及时划锄，打破土壤板结，增强土壤通气性，促进根系生长发育，提高抗病能力。

3.5　种子消毒

播前 1 周，用 50%多菌灵可湿性粉剂 800 倍液或 40%二氯异氰尿酸钠（克霉灵）600 倍液浸种 40 min，凉干后播种。或用激抗菌剂 1 份加水 20 份的浸出液，浸泡种子 12 h 播种，既能防病又能壮苗增产。也可采用咯菌腈种衣剂或 50%多菌灵可湿性粉剂 500 倍拌种，防效良好。

3.6　育苗移栽补苗

适量的育苗移栽补苗，解决因苗枯病形成的缺苗断垄。方法是玉米播种时，选择背风向阳的地方整理苗床或准备营养钵，为降低生产成本，营养钵可用旧塑料或牛皮纸自制，规格为直径 7～8 cm、高 8～9 cm 即可。苗床土和基质用过筛的炉渣和河沙 3：1 混合，加入适量腐熟的有机肥拌匀后装床和钵体中，浇水，2～3 d 后播种消毒种子。移栽时必须做到带土（或基质）移栽，及时浇水，绝对不能伤根，造成缓苗，否则植株不能正常发育，影响授粉时间的配合和产量。

3.7　及时喷药

田间出苗后发现有萎蔫病叶或个别病株时，应喷药防治，可选用 50%多菌灵可湿性粉剂 500 倍液，或 72%霜脲氰·锰锌可湿性粉剂 600 倍液、58%甲霜灵·锰锌可湿性粉剂 500 倍液，喷洒均匀。

（本文发表于《扎兰屯职业学院学报》，2018，2（1）：29-30）

• 扎兰屯市玉米茎基腐病发生情况调查报告

摘要： 玉米茎基腐病是一种全球性病害，严重影响玉米的产量和品质。2018 年选择众单 7 品种，在代表性地块进行了发病情况调查，结果表明：调查了 5 块地，发病率分别为 11.1%、40.7%、38.2%、90%和 93%，平均发病率 54.6%；因病害导致植株倒伏，新建村七组陈付国的地块为 1 级，新民村五组孙继有和新民村六组丛连峰为 2 级，古里金村一组孔庆臣和杨旗山村二组于洪军的地块达到了 5 级。系统分析了发病的原因，并提出了防治建议，供生产中参考应用。

关键词： 玉米　茎基腐病　发生情况　调查报告

玉米茎基腐病广泛分布于全球各玉米产区，严重为害玉米生产。1914 年，Pammel 在美国最早报道了茎腐病，随后该病在加拿大、英国、匈牙利、俄罗斯、印度、澳大利亚等地相继出现。在我国，早在 20 世纪 20 年代茎腐病已经发生，1961 年由夏锦洪等首次报道，到 2000 年茎腐病已蔓延至全国 16 个省、市、自治区。据报道，2014—2016 年茎腐病已成为黑龙江省的主要病害之一。2018 年扎兰屯市局部地块发生为害，为此开展了玉米茎基腐病的调查研究。

1　调查地点与方法

1.1　调查地点

中和镇新建村七组；成吉思汗镇新民村五组、六组，古里金村一组；卧牛河镇杨旗山村二组。

1.2　调查方法

于 2018 年 10 月 9 日，选择玉米众单 7 品种进行了较系统的田间发病情况及植株倒伏情况的调查。调查采用随机选择调查地块，根据种植地块面积按对角线随机取点，每点取 2 垄，每垄取 5 延长米，每点 6.5m^2，调查出田间株数、株高、穗位高度、田间发病率和田间倒伏程度，按照主茎与地面的夹角不同区分为五个等级（0 级，直立；2 级，匐伏株 30%以下；3 级，匐伏株 31%～50%；4 级，匐伏株 51%～90%；5 级，匐伏株 90%～完全匐伏）。在调查的基础上访问种植户，了解田间管理措施和植株前期生育情况。

2　结果与分析

2.1　玉米茎基腐病发病情况

2.1.1　发病程度

调查了 5 块地，发病率分别为 11.1%、40.7%、38.2%、90%和 93%，平均发病率

54.6%（表1）。

表1　玉米茎基腐病发病及植株倒伏情况田间调查结果

调查地点	播种期日/月	出苗期日/月	成熟期日/月	生育期（d）	亩保苗（株）	株高（cm）	穗位（cm）	发病株率（%）	倒伏程度
新建村七组陈付国	5.23	6.2	9.20	111	3 078	287	113	11.1	1级
新民村五组孙继有	5.20	6.3	9.20	110	3 694	268.5	122.5	40.7	2级
新民村六组丛连峰	5.13	5.25	9.13	110	3 762	271.7	118.1	38.2	2级
古里金村一组孔庆臣	5.3	5.20	9.10	112	—	—	—	90	5级
杨旗山村二组于洪军	5.8	5.25	9.15	112	—	—	—	93	5级
总平均	—	—	—	111	3 511	275.7	117.8	54.6	3级

2.1.2　原　因

主要是由多种病原菌单独或复合侵染造成根系和茎基腐烂的一类病害，主要由以下几种病原菌侵染引起，腐霉菌 *Pythiumaphanidermatum*；镰刀菌 *Fusarium moniliforme*；炭疽菌 *Colletotrichumgraminicola*；炭腐菌 *Macrophomina phasecolina*。因病原菌不同，在玉米植株上表现的症状就有所不同。其中腐霉菌生长的最适温度为23～25℃，镰刀菌生长的最适温度为25～26℃，在土壤中腐霉菌生长要求湿度条件较镰刀菌高。炭腐菌在干旱季节和地区发生严重。病害的发生与其他叶部病害的发生关系很大，如叶斑病重，茎腐会严重。产量高，管理好的玉米地，镰刀菌引起的茎腐在玉米生长后期会比较普遍。

病原菌在土壤中的植株病残体上越冬，翌年从植株气孔或伤口侵入。玉米苗期发病的主要原因有：铁茬播种导致土壤板结，肥力不足，遇旱或遇涝，土壤中除草剂残留过多等。在玉米生长中期，由于植株生长迅速、组织柔嫩，因而也易感病。

玉米在近成熟期发病，除与品种自身抗病性有关外，还与当时的天气条件密切相关。若在玉米灌浆中期到蜡熟期，遇连续阴雨、光照不足、重阴骤晴等天气，易引病害大流行；茎基部叶鞘间雨后积水，田间湿度大，也易引发该病；施氮肥过多、过度密植、对植株造成各种损伤等，都会加重病情；玉米连作地土壤中病原菌积累数量大，往往发病较重；低洼积水的玉米田也易发生此病。

2.2　植株倒伏情况

2.2.1　植株倒伏程度

植株倒伏的类型均为茎倒伏，新建村七组陈付国的地块为1级，新民村五组孙继有和新民村六组从连峰为 2 级，古里金村一组。孔庆臣和杨旗山村二组于洪军的地块达到了 5 级。

2.2.2　原　因

玉米倒伏有三种因素，一是品种，二是人为，三是天气。品种方面：植株过高，穗位过高，秆细秆弱，或次生根少。人为方面：密度过大，施肥不合理等。天气方面：拔节期的阴雨寡照和灌浆期的暴风骤雨。在这三因素中，品种和天气因素是导致今年玉米倒伏的关键因素。

从品种看众单 7 对玉米茎腐病抗病性差，加上成吉思汗镇和卧牛河镇玉米生育后期降水量大，遇到风速强的天气导致了田间玉米倒伏（表 2）。

表 2　玉米种植区气象资料

地点	时间		平均气温（℃）	降水量（mm）	极大风速（m/s）
	月份	旬			
成吉思汗镇	7	上	22.1	72.3	15.3（3/7）
		中	24.6	33.4	12.6（12/7）
		下	24.1	61.9	13.2（20/7）
	8	上	21.93	22.1	7.9（4/8）
		中	20	50.4	19.2（20/8）
		下	19.68	53.6	7.7（29/8）
	9	上	14.65	51.9	14.3（2/9）
		中	15.05	0	13.5（11/9）
		下	10.84	26.3	13.4（21/9）
卧牛河镇	7	上	21.36	66.7	13.8（3/7）
		中	23.61	39.7	17.1（19/7）
		下	23.28	28.8	10.1（25/7）
	8	上	21.01	36.5	7.3（9/8）
		中	18.8	23.3	13.2（20/8）
		下	18.84	5.3	8.7（22/8）
	9	上	13.67	75.9	13.4（7/9）
		中	13.54	4.4	16.2（15/9）
		下	10.13	65.7	10.5（27/9）

3　防治建议

3.1　选择抗病品种

近年该病上升与部分育种材料抗病性差，耕作栽培条件改变有很大关系。

因此，选用抗病自交系，培育抗病杂交种是首要防治措施。种植抗耐病品种是防治该病最为经济有效的一种措施。

3.2 采用农业防治措施

合理轮作。实行轮作可防止土壤中病原菌大量积累，从而有效预防病害的发生。

清洁田园。玉米收获后要彻底清除田间病株残体，并将其集中高温沤肥，减少田间初侵染源。

合理密植。注意合理密植，改善农田小气候，创造良好的生长环境。

加强栽培管理。注意增施钾肥，避免偏施氮肥。建议采用高畦栽培，严禁大水漫灌；雨后要及时排除积水，防止湿气滞留；要及时中耕松土，并避免造成各种机械损伤。

拔除病株。田间发现病株后，要及时拔除，并将其携出田外沤肥或集中烧毁。

3.3 及时治虫防病

注意防治玉米螟、双斑萤叶甲等害虫，以减少伤口，可有效降低发病率。

3.4 药剂防治

可用25%粉锈宁可湿性粉剂100～150 g对水适量，拌种50 kg；

在玉米真菌性茎基腐病发生初期，可每亩用冠菌清（57.6%氢氧化铜）15～20 g，对水30 kg喷雾防治。

（本文发表于《扎兰屯职业学院学报》，2018，2（4）：7-9）

• 玉米先玉1219田间生长发育异常原因的调查

摘要：2016年引入先玉1219在扎兰屯市相应的生态区域种植，表现出增产增收；2017年春季持续干旱高温造成了果穗生育异常，为了明确其原因，采取了选择代表性地块，按照对角线随机取点进行调查，结果表明：出现这种现象的内因是先玉1219较其他品种对阶段性不良气候条件反应敏感；外因是持续高温干旱和不良的生长发育环境导致植株发育异常。对造成的内因和外因进行了系统的分析，并提出了下一步先玉1219品种推广应用的建议。

关键词：玉米　先玉1219　生长发育异常　原因分析

2016年引入玉米先玉1219（蒙审玉2015004号），铁岭先锋种子研究有限公司选育单位，以PHEHG为母本、PHF1J为父本杂交选育而成。母本是以PH1MC/PH51H为基础材料选育而成；父本来源于单交种PH0AV/PH1CN和PH0AV组配的回交组合。2017年在扎兰屯市局部地块出现了苞叶短，雌穗顶端裸露，导致田间双斑萤叶甲为害加重，影响了植株田间正常的生长发育，为了探明发生的原因，进行了系统的调查分析。

1　材料与方法

1.1　材　料

先玉 1219（铁岭先锋种子研究有限公司选育）。

1.2　方　法

1.2.1　播种方法

采用机械播种，保苗 5 000 株左右/亩；施肥田间管理同大田。

1.2.2　地块及取点

在成吉思汗牧场七队、八队和卧牛河马场一连、卧牛河职业高中，选择代表性地块，根据种植地块情况，在同一地块按照对角线取点，每点取相邻 2 条垄，每垄取 5 m 长，面积 6.5m^2，测定株数、株高、穗位及无苞叶果穗长度进行测量。

2　结果与分析

2.1　玉米品种与生长发育情况

雌穗生长发育异常株数占调查株数的百分率：先玉 1219 为 57.68%；先达 205 为 3%（表 1、表 2）。玉米早期籽粒建成过程中干旱胁迫会导致果穗顶部籽粒的败育，使穗粒数降低，进而减少玉米产量。不同品种对持续高温干旱胁迫不同，先玉 1219 田间异常果穗苞叶短，上部果穗裸露（图 1）。

表 1　玉米先玉 1219 田间基本情况　　（生育时期：灌浆期）

调查地点	户主姓名及品种名称	地势	地块面积（亩）	取样株数	折合亩保苗数（株）
成吉思汗牧场七队	孟宗文 先玉 1219	坡岗地	30	42.3	4 344
成吉思汗牧场七队	杜国明 先玉 1219	坡岗地	55	44.7	4 583
成吉思汗牧场八队	孙志勇 先玉 1219	漫坡地	40	39.0	4 002
成吉思汗牧场八队	沈岩 先达 205	漫坡地	40	41	4 207
成吉思汗牧场八队	王永生 先玉 1219	河滩地	25	42.5	4 361
卧牛河马场一连	高明琦 先玉 1219	甸子地	10	40.8	4 182
卧牛河职业高中	王文生 先玉 1219	甸子地	15	39.7	4 070

表 2　玉米先玉 1219 田间生育情况调查

调查地点	株高（cm）	穗位高（cm）	取样株数	正常株数	异常株数	无苞叶果穗长度（cm）	雌穗生长发育异常株数占调查株数（%）
成吉思汗牧场七队	180. 5	66. 4	42. 3	0	42. 3	8. 1	100
成吉思汗牧场七队	179. 5	66. 6	44. 7	0	44. 7	7. 7	100
成吉思汗牧场八队	188. 7	70. 9	39	0	39	4. 6	100
成吉思汗牧场八队	210. 8	63. 4	41	0	41	0	0
成吉思汗牧场八队	201. 2	77. 3	42. 5	31. 5	11	5. 2	25. 8
卧牛河马场一连	219. 8	74. 8	40. 8	32. 3	8. 5	2. 8	20. 3
卧牛河职高	269. 3	86. 7	39. 7	39. 7	0	0	0

图 1　玉米果穗异常图

2. 2　地块与生长发育情况

同一品种先玉 1219，坡岗地雌穗生长发育异常株数占调查株数的百分率为 100%；

河床地占25.8%，由于地力和土层厚薄不均，植株生长差异较大；甸子地雌穗生长发育异常株数占调查株数的百分率为0～20.3%，肥水好的地块为0（表1、表2）。

2.3　株高与生长发育关系

株高与雌穗生长发育异常株数占调查株数的百分率间呈显著的负相关，$r=-0.7881$，$y=300.8589-1.2142x$。

2.4　穗位高度与发育关系

穗位高度与雌穗生长发育异常株数占调查株数的百分率间呈负相关，$r=-0.4818$，$y=258.6866-2.8941x$。

2.5　密度与发育关系

密度与雌穗生长发育异常株数占调查株数的百分率间$r=0.3411$，$y=-305.8871+0.0836x$。

2.6　温度与降雨

2.6.1　温　度

2017年5月、6月、7月平均气温分别为16.0℃、21.2℃、24.3℃，较历年的分别高2℃、1.6℃和2.6℃。

2.6.2　降雨量

2017年5月、6月、7月降雨量分别为10.6 mm、34.4 mm、73.9 mm，较历年的分别减少了72%、62%和53%。

3　结论与讨论

依据田间调查结果及气象资料进行分析得出以下结论。

内因：先玉1219较其他品种对阶段性不良气候条件反应敏感；2014年李英等以玉米杂交种科河28为试材在武威进行了干旱胁迫对大田玉米生长发育、生理特性及光合特性的影响试验。结果表明：长期干旱胁迫使玉米叶片卷曲，叶面积减少，株高下降，单株叶片数和干物质积累量减少，果穗体积减小，穗粒重和百粒重降低，大幅减产，在极度干旱条件下几乎颗粒无收；同时干旱胁迫使气孔导度减小，气孔关闭，光合能力降低，净光合速率显著下降，植株生长受到抑制。

外因：持续高温干旱和不良的生长发育环境导致植株发育异常。2010年谭国波、赵立群、张丽华等利用盆栽试验研究了拔节期水分胁迫对玉米植株性状、光合生理及产量的影响。结果表明，玉米拔节期轻度、中度、重度水分胁迫处理的株高、茎粗、单株叶面积、地上部风干重、根风干重和根长均低于对照，根冠比高于对照。在籽粒灌浆期测量，轻度、中度、重度水分胁迫处理的光合速率低于对照，叶片水分利用效率均高于对照。拔节期轻度、中度、重度水分胁迫处理分别比对照减产7.50%、21.04%

和26.19%。

出现果穗顶部裸露不结实，穗粒数减少的主要原因是授粉、籽粒形成灌浆阶段遇到高温干旱。库大源小类品种、或对光、温、水反应敏感的品种；土地瘠薄，水分供应不足，后期脱肥；种植过密情况下更容易发生。

先玉1219对光、温、水反应敏感，应选择土壤水肥条件好有灌溉条件的地块种植，在营养生长和生殖生长的并进期，加强水肥管理，及时追肥，防治双斑萤叶甲和大斑病。

（本文发表于《扎兰屯职业学院学报》，2018，2（2）：12-14）

• 覆膜玉米除草剂配方的筛选试验

摘要： 选用8种除草剂单、混配成6个配方，按大区对比法试验，结果表明：应用安威除草效果好，防效达90.6%，并对玉米安全无害；其次是乙草胺+宝收混配的防效为84.4%；再者是普乐宝和阿特拉律的防效分别为81.4%和80.8%。以上药剂和配方可有效地抑制玉米杂草的发生，较对照产量明显提高，可在生产中推广应用。

关键词： 覆膜玉米　除草剂　混合配方

玉米覆膜是一项高产的实用技术，已在全国推广应用，取得较好的效益。但由于目前普遍应用的地膜不能有效地抑制杂草的发生，覆膜玉米常因杂草的发生而使产量和经济效益降低。国内针对旱作露栽玉米化学除草的研究较多，覆膜玉米的除草研究尚少，为此进行了此项试验研究。

1　材料与方法

1.1　材　料

1.1.1　玉米品种

龙单14杂交种。

1.1.2　药　剂

①90%禾耐斯E（美国孟山都公司）；②80%阔草清水分散粒剂（美国陶氏益农公司）；③90%乙草胺Ec（内蒙古扎兰屯市农药制品有限公司）；④50%乙草胺Ec（河北张家口宣化农药厂）；⑤75%宝收干浮悬剂（河北张家口宣化农药厂）；⑥38%阿特拉津水悬浮剂（河北张家口宣化农药厂）；⑦50%安威E（大连瑞泽农药股份有限公司）；⑧72%普乐宝Ec（北京市通县农药厂）。

1.2　方　法

1.2.1　试验处理及田间设计

处理：试验共选用8种药剂组配成6个混合配方详见表1。

表 1　试验处理、药量及防治效果

处理	用药量（mL/66.7m²）	防治效果（%）			平均
		按密度算	按盖度算	按鲜重算	
禾耐斯+阔草清	60+2 g	61.3	87.5	68.4	72.0
乙草胺+阔草清	60+2 g	71.5	92.6	64.5	76.2
乙草胺+宝收	100+0.9 g	86.0	89.3	77.2	84.4
阿特拉津	150	79.2	83.3	79.2	80.8
安威	100	89.9	93.3	88.3	90.6
普乐宝	100	79.9	88.3	74.8	81.4

田间设计：采用大区对比法设计，每一大区面积为 275.5 m^2，在每一大区内分段设空白对照。

1.2.2　施药与调查

每一处理按照大区施药量对水 30 kg/亩，采用工农 16 型喷雾器人工喷施，喷药后及时覆膜。施药后 25 d 在玉米苗期调查田间杂草密度、多度和盖度，并称量调查点内杂草和玉米鲜重，观察测量药剂对玉米的安全性，秋收时采样测产，将结果进行统计分析。

2　结果与分析

2.1　最佳药剂配方的筛选

安威、乙宝合剂、普乐宝和阿特拉津的防效分别为 90.6%、84.4%、81.4% 和 80.8%，施药后可有效地抑制膜下杂草的生长，尤其是安威除草效果最佳。禾耐斯+阔草清、乙草胺+阔草清的防效基本相同，除草效果分别为 72.1% 和 76.2 除草效果不如以上药剂（配合）见表 1。

2.2　药剂配方对优势杂草的防效分析

2.2.1　对稗草的防治效果

所选用的几种药剂配方对稗草均有较好的防治效果，安威、乙草胺+阔草清、乙草胺+宝收、普乐宝、禾耐斯+阔草清和阿特拉津的防效分别为 95.9%、93.2%、89.3%、85.64%、81.3% 和 76.9%，以安威和乙草胺+阔草清效果最佳。

2.2.2　对双子叶杂草的防效

阿特拉津、禾耐斯+阔草清、安威、乙草胺+阔草清、乙草胺+宝收的防效分别为 95.4%、80.3%、79.5%、62.9% 和 55.2%；普乐宝的防效较低（28.96%）。

2.2.3　对鸭跖草的防效

几种药剂配方对鸭跖草的防效很低，普乐宝、阿特拉津、乙宝的防效分别为

24.4%、15.83%和2.4%；安威、禾耐斯+阔草清和乙草胺+阔草清对鸭跖草无效。

2.3 药剂对玉米的安全性

几种药剂配方施用后对玉米安全无害，并表现出抑制了田间杂草的生长，使玉米地下、地上部生物学性状较对照明显增加（表2）。

表2 药剂配方对玉米的安全性

处理	株高（cm）	叶龄数	根数（条）	根长（cm）	鲜重（g/株）
禾耐斯+阔草清	27.4	6.6	17	14	37.3
乙草胺+阔草清	32.9	7	17	15.6	39
乙草胺+宝收	29.7	7	15.7	15	36.3
阿特拉津	33	7.3	17.3	13.3	35
安威	29.3	7	15.7	13.3	30.3
普乐宝	30.3	7.7	16.7	13.8	29.3
对照	22.2	5.8	12.5	11.8	17.2

2.4 药剂防治后对玉米产量的影响

药剂防治后使玉米产量除乙草胺+宝收和普乐宝外均较对照增加，禾耐斯+阔草清、乙草胺+阔草清、阿特拉津和安威。

处理后玉米产量较对照分别增加了12.77%、21.48%、12.03%和8.6%，对玉米经济性状也有一定的影响见表3。增产的原因是施药后抑制了膜下杂草生长，减少了杂草与作物的竞争，促进了作物的前期生长。

表3 药剂处理后对玉米产量及产量性状的影响

处理	穗长（cm）	穗粗（cm）	穗行数	行粒数	单株粒数	单株粒重（g）	产量（kg/亩）
禾耐斯+阔草清	17.83	15.07	14	28.7	401.33	154.11	616.44
乙草胺+阔草清	17.67	15.1	14.67	30	432.33	166.01	664.04
乙草胺+宝收	15.83	14.27	14.67	21	309.33	118.78	475.12
阿特拉津	18.43	14.93	15.33	23	398.67	153.1	612.4
安威	16.9	14	14	27.67	387.33	148.37	593.48
普乐宝	15.83	12.97	15.33	23.33	352.23	135.29	541.16
对照	14.16	13.73	14.67	24	350.67	136.66	546.64

2.5 效益分析

如选用安威除草，每亩的药费为8元，工费5元，共计13元，增收玉米为46.84

千克，按每千克0.6元算可增收28.104元，纯增效益为15.10千元/亩。

3　结论与讨论

通过试验明确了应用安威、乙草胺+宝收、普乐宝、阿特拉津的除草效果分别为90.6%、84.4%、81.4%和80.8%，施药后对玉米安全无害，可有效地控制杂草发生。其中禾耐斯+阔草清、乙草胺+阔草清、阿特拉津和安威处理后使玉米产量增加8.6%～21.48%。几种药剂配方对稗草防效均较好；除普乐宝外对阔叶草的防效也较好，但对鸭跖草无效或防效不高，如在以鸭跖草为主要群落的田间应另选其他药剂。

在此感谢本校植保97～32班同学参加了本项试验。

（本文发表于《内蒙古草业》，2001（1））

第二节　高　粱

●呼盟地区引种甜高粱的试验初报

摘要：由中国科学院植物研究所引入意大利、凯勒、布劳利三个甜高粱品种，经初步试验，生物学产量分别高达17.14万 kg/hm^2；24.44万 kg/hm^2和18.96万 kg/hm^2，较当地农家种分别增高190%、125%和106.67%。茎秆含糖量分别达17.4%、15.6%、16.1%。甜高粱为短日照植物，由南向北引种，由于纬度提高，表现其生育期延长，有利于茎叶的生长，但对开花结籽不利，在当地条件下不能安全成熟，可在当地能获得较高的生物学产量。

关键词：甜高粱　引种试验　呼盟

甜高粱的茎秆鲜嫩富含糖分，叶片柔软，牲畜爱吃，而且它还具有产量高、耐旱耐涝、耐盐碱等优点，是极优良的饲料作物。在国外、美国、澳大利亚、巴西、原苏联、印度、阿根廷等国家，除把它作为糖料作物和能源作物栽培外，还作为优良的饲料作物栽培。我国自1979年以来，开始有大面积的集约栽培。我地自然条件利于发展奶牛和羊，但冬季饲料难以满足，发展甜高粱可以解决。经今年初步试验，甜高粱在我地有较高的经济效益，建议大力开发研究推广。

1　材料与方法

1.1　品　种

意大利、凯勒、布劳利由中国科学院植物研究所北京植物园引入；农家种由当地留种。

1.2 方　法

采用覆膜与不覆膜对比试验，每处理设两次重复，前茬大豆，行距为 47 cm，株距 30 cm，70 215株/hm^2，于 5 月 9 日播种，先播种后覆膜，拔节期追尿素 225 kg/hm^2，三铲三趟，分前中后期测其生理、生物学性状。

2 结果与分析

2.1 生育期

通过表 1 可以看出，经过试种的三种试验材料在我地露栽及覆膜栽培均不能安全成熟，在我地应选择低纬度区建立种子基地或采取育苗移栽的方法制种。

表 1　甜高粱生育时期调查

品种	处理	播种期	出苗期	拔节期	孕穗期	抽穗期	开花期	灌浆期	成熟期
凯勒	覆膜	5.9	5.20	7.6	8.14	9.7	9.13		
	露栽	5.9	5.30	7.13	9.10				
布劳利	覆膜	5.9	5.20	7.8	8.2	9.8	9.13		
	露栽	5.9	5.30	7.13	9.7				
意大利	覆膜	5.9	5.20	7.6	8.14	9.1			
	露栽	5.9	5.30	7.13	9.7	9.7			
农家种	覆膜	5.9	5.19	7.6	7.22	8.2	8.5	9.1	9.15
	露栽	5.9	5.30	7.16	8.2	8.14	8.17	9.7	9.20

2.2 叶面积系数及叶绿素含量

经试验覆膜与否，叶面积系数不同，同是在覆膜的条件下不同品种有一定的差异，抽穗期测定布劳利 3.48、凯勒 3.92、意大利 3.56。

不同品种间叶绿素含量差异不大，不同生育期叶绿素含量有所不同，前期叶绿素含量低，一般在中后期差异不大。

2.3 株高与茎粗

经过试验在抽穗期测量株高与茎粗，几个品种分别为意大利 264 cm×2.74 cm，布劳利为 242.6 cm×2.52 cm，凯勒为 314 cm×2.82 cm，农家种为 191 cm×1.34 cm。

2.4 生物学产量

通过表 2 可以看出，不同品种生物学产量不同，以凯勒为高 24.44 万 kg/hm^2，布劳利为 18.96 万 kg/hm²，意大利为 17.4 万 kg/hm²，农家种为 8.5 万 kg/hm²，引进的凯勒、布劳利、意大利较对照增高 190%、125%、106.67%。覆膜生物学产量较露栽增产 9.43%。

表 2　甜高粱生物学产量　（单位：万 kg/hm²）

品种	凯勒	农家种	布劳利	意大利	平均
覆膜	21.42	10.25	23.03	21.06	18.94
露栽	24.44	8.4	18.96	17.41	17.31

2.5　茎秆含糖量

通过表 3 可以看出引入的甜高粱意大利、布劳利和凯勒茎秆含糖量均在 10%～20%，其含量分别为 11.87%、10.54%、11.04%；当地农家种茎秆含糖量为 13.15%。引入材料含糖量与农家种差异不显著。

表 3　甜高粱茎秆含糖量

品种	处理	9月7日			9月16日			平均（%）	覆膜与露栽平均
		上	中	下	上	中	下		
凯勒	覆膜	11	14.5	5	13.6	15.6	10.6	11.72	11.04
	露栽	11	13	5	11.8	12.8	8.5	10.35	
布劳利	覆膜	12	13	8	14	17	13.5	12.92	13.15
	露栽	11	12	13	13	17	14.2	13.37	
意大利	覆膜	11	14.2	8.2	11	16.1	9.6	11.68	10.54
	露栽	9	10.5	5	10.8	11.5	9.6	9.4	
农家种	覆膜	11.2	13	10	15	17.4	15.9	13.57	11.87
	露栽	10.2	10.5	5	12.5	12.9	8.8	9.98	
平均	（%）	10.8	12.59	7.4	12.7	15.04	11.33		

覆膜栽培含糖量 12.52%较露栽含糖量 10.78%高出 1.74%。

甜高粱植株不同的部位其含糖量有一定的差异，上、中、下部含糖量分别为 11.75%、13.82%和 9.37%。中上部含糖量较下部含糖增高 47.49%和 25.4%。

2.6　种植甜高粱在当地的效益

呼盟岭东地区适宜农牧并举方能获得较高的生态、社会、经济效益，以农业促进牧业的发展。

种植甜高粱促进农作物结构趋于合理。我地种植作物单一，主要作物是大豆、玉米、小麦、致使大豆重迎茬普遍，使产量不高不稳，引进甜高粱可增多一条轮作线索，玉米→大豆→高粱，减少了大豆重迎茬面积。

我地春旱低温冷害频繁出现，则甜高粱具有耐旱抗逆性强等特性，适于当地种植。

当地奶牛业兴起饲料难以解决，一头奶牛在非放牧期一昼夜需吃 30 kg 青贮饲料，按 6 个月算需 5 400 kg饲料，如购买羊草 0.13 元/kg，总需用 702 元钱，种植高产的甜高粱 333 m^2即可解决一头奶牛所需要的饲料，而种植一般的农作物的收益也只有 100 元左右。种植甜高粱青贮，其营养价值远远高于饲用干草。

3　结论与讨论

引进意大利、凯勒、布劳利均具有较高的生物学产量，分别为 17.41 万 kg/hm^2，24.44 万 kg/hm^2，18.96 万 kg/hm^2，一亩甜高粱即可解决两头奶牛的非放牧期饲料。建议在我地推广应用。

引入三种甜高粱品种在我地均不能完全成熟，其原因甜高粱为短日照植物，由南向北引进，由于纬度提高，日照延长，生育日数增加（平均每提高一个纬度，一般生育日数延长 2～4 d），在当地长日照的条件下有利于茎叶的生长，但不利于开花结籽，生长期延长，在露栽和覆膜的条件下也不能完全成熟。如在当地大面积的种植可选择到外地低纬度地区（河北、山东省），或进一步研究甜高粱育苗移栽技术。

甜高粱茎秆含糖量 1%～13%，与当地高粱农家种基本相同，作为饲料，其营养价值与适口性均高于干草．也可作为甜秆出售很受儿童欢迎。

（本文发表于《内蒙古草业》，1997（1）：54）

第三节　甜　菜

•呼伦贝尔市甜菜品种比较试验

摘要：选用 24 份甜菜品种（系）进行田间小区试验，结果表明：块根产量以 0149、巴士森、3221 为高，产量分别为 4 300 kg/亩、4 190 kg/亩、4 150 kg/亩，分别较 303（产量为 2 330 kg/亩）增加 84.5%、79.8%和 78.1%；糖度较高的品种有 0310、02360、0311、03306B 和 0318，糖度分别为 20.4、20.2、19.8、19.6 和 19.2；产糖量较高的品种有 3221、巴士森、1049 和 6231 产糖量分别为 755.3/kg/亩、720.68 kg/亩、713 kg/亩和 680.4 kg/亩，产糖量高的几个品种发病轻，田间长势好，可以在我地和相应的生态区选用。

关键词：甜菜品种　产量　质量　比较试验

通过扎兰屯地区引进的甜菜品种进行比较试验，鉴定引进的品种在本地区的适应性，并选择出适合当地自然气候条件及栽培条件的高产优质品种，为搞好甜菜生产，推广甜菜种植新技术，使用相应地优良甜菜品种提供科学的依据。

1　材料与方法

1.1　材　料

共24个品种，分别为：9145（瑞士先正达农业服务亚洲公司（北京代表处）；3418（来源同上）；4121（来源同上）；0149（来源同上）；9454（赤峰市红山区绿璐种子经销处）；3418甘肃武威市奔马种业有限责任公司）；0318（哈尔滨工业大学甜菜研究学院）；双丰单粒3号（同7）；0311（同7）；0302（同7）；0324（同7）；0305（同7）；0310（同7）；甜单302（中国农科院呼兰甜菜研究所）；02350（同14）；03306B（同14）；T320—16（同14）；02360（同14）；02354（同14）；普瑞宝（黑龙江九三种业）；巴士森（同20）；瑞马（同20）；6231内蒙古甜菜种子公司）；CK（甜研303）。

1.2　方　法

1.2.1　试验条件

试验地位于扎兰屯市河西农牧学校实习农场，土壤肥力中等，中壤土，有灌溉条件，前茬为蔬菜，秋翻秋起垄。

1.2.2　试验设计

采取间比法设计，设置二次重复，三行区，行长10 m，行距0.65 m，小区面积19.5 m^2。

1.2.3　整地与播种方法

于4月20日整地、起垄镇压，达到播种状态。4月25日播种，采用人工刨埯坐水穴播，每埯8～10粒，覆土2～3 cm，施甜菜专用肥20 kg/亩，追施尿素10 kg/亩，后期喷一次叶面肥。甜菜营养生长时期进行二铲二趟，确保水肥充足，充分发挥各品种的优势。

1.2.4　调查与测产

调查各品种生育时期，生物学性状，病虫害，理论测定和实测产量。田间测产取点采用自治区统计局的随机选点等距取样法，每个品种取甜菜不少于40株，取样后甜菜按内蒙古糖料甜菜地方标准进行修削，修削好的甜菜不再扣杂，称量各参试品种的块根产量，测得的重量为实产。甜菜检糖采用甜菜自动检糖线冷浸糖法。每区取50 kg用旋光仪检测含糖量。将结果进行统计分析。

2　结果与分析

2.1　不同品种产质量表现

块根产量以0149、巴士森、3221为高，产量分别为4 300 kg/亩、4 190 kg/亩、

4 150 kg/亩，分别较 303（产量为 2 330 kg/亩）增加 84.5%、79.8%和 78.1%；糖度较高的品种有 0310、02360、0311、03306B 和 0318，糖度分别为 20.4%、20.2%、19.8%、19.6%和 19.2%；产糖量较高的品种有 3221、巴士森、1049 和 6231 产糖量分别为 755.3 kg/亩、720.68 kg/亩、713 kg/亩和 680.4 kg/亩，较对照品种 303 分别增加了 70.6%、62.8%、61.06%和 53.7%以上品种可以在甜菜生产中选用（表 1）。

表 1　甜菜品种的产量与含糖量

品种	块根产量（kg/亩）	位次	糖度（%）	原汁纯度（%）	位次	产糖量（kg/亩）	位次	增糖率（%）
9145	2 690	17	18.2	83.93	13	489.58	20	10.59
3418	3 780	6	17.2	84.25	11	650.16	7	46.86
4121	3 850	5	17.6	84.13	12	677.60	5	53.06
0149	4 300	1	16.6	80.87	18	713.00	3	61.06
9454	3 560	7	16.2	83.11	16	576.72	14	30.27
3221	4 150	3	18.2	84.44	10	755.30	1	70.6
0318	3 000	13	19.2	79.81	20	576.00	15	30.1
双丰单粒 3 号	3 110	11	18.8	85.05	8	584.68	12	32.07
0311	2 930	14	19.8	85.26	6	580.14	13	31.05
0302	3 300	9	19.0	76.64	22	627.00	8	41.6
0324	3 260	10	18.4	85.09	7	599.84	10	35.5
0304	2 780	16	18.0	82.79	15	500.40	19	13.03
0310	2 080	22	20.4	80.73	19	424.32	24	-4.15
甜单 302	2 520	20	18.8	85.30	5	473.76	22	7
02350	3 110	11	19.0	86.01	3	590.90	11	33.48
03306B	2 890	15	19.6	86.16	2	566.44	16	27.95
T320-16	3 040	12	18.2	85.39	4	553.28	17	24.98
02360	2 590	18	20.2	70.90	23	523.18	18	18.18
02354	2 560	19	18.6	83.90	14	476.16	21	7.56
普瑞宝	4 040	4	16.4	79.64	21	662.56	6	49.7
巴士森	4 190	2	17.2	89.64	1	720.68	2	62.8
瑞马	3 450	8	17.6	82.00	17	607.20	9	37.2
6231	3 780	6	18.0	83.23	14	680.40	4	53.7
甜研 303	2 330	21	19.0	84.50	9	442.70	23	—

选用 3221 和 6231 甜菜品种分别的免渡河、牙克石、大雁种植 1 600 hm^2，3221 平

均产量为 1 540 kg/亩，6231 平均 1 119 kg/亩。

2.2　甜菜不同生育时期的含糖量

从表 2 可以看出块根膨大期后随着生育天数的增加体内糖分呈显著的直线上升，以 8 月 10 日为零作为 x 值，以测得的相应的糖的垂度为 y 值，两者的相关系数为 $r=0.9316$，$y=14.3146+0.1432x$，8 月 12 日至 10 月 4 日间甜菜体内的含糖量显著上升（表 2）。

表 2　甜菜不同生育时期糖的垂度平均值

品种	8 月 12 日	8 月 20 日	9 月 13 日	9 月 23 日	10 月 4 日
9145	13.25	18	18.3	19.6	21.25
3418	12.5	16.3	17.4	18.9	20.85
4121	13.5	16.1	18.3	19.5	22.5
0149	10.5	15.8	17.25	19.5	20.5
9454	13	14.3	17.25	20	21.45
3221	11	14.5	16.1	18.6	20.3
0318	13	19.2	21	21.6	24.35
双丰单粒 3 号	11.5	17.8	17.75	21.1	22.25
0311	13.5	18.8	19.6	21	23.45
0302	13	19.5	18.6	20.5	23.9
0324	14.5	17.8	19.75	20.8	23.05
0304	13	18.8	18.8	22.75	23.8
0310	14.5	19.8	19.6	21.8	23.95
甜单 302	13	20.2	20.6	21	22.57
02350	14	17.6	19.75	20.9	22.7
03306B	14.5	19.8	20.7	22	24.9
T320-16	13	20.6	19.75	20.3	22.37
02360	15	19.3	20.3	22.75	23.9
02354	14	19.5	19.6	21.6	23.37
普瑞宝	13.5	14.1	17	18	20.9
巴士森	13.5	14.8	15.6	17.4	20.15
瑞马	11	16.7	17.9	18.25	22.15
6231	13.25	17.2	17.37	18.7	23
甜研 303	14.5	19.4	19.5	21.5	23.85

2.3 甜菜品种的前期生育情况

甜菜不同品种前期的株高以0149、02354、瑞马、普瑞宝和巴士森为好，分别较303的株高增加了30.1%、20.89%、20.89%、14.87%和14.87%。

甜菜叶片数3221、9454和0305较303有所增加，分别增加了22.4%，3.68%和2.15%，其他的品种较303叶片数均为不同程度的下降。不同甜菜品种的叶长和叶宽没有大的差异（表3）。

表3 不同甜菜品种生育前期生育情况（6月29日）

品种	株形	叶色	株数（亩）	抽薹率（%）	叶长	叶宽	株高	叶片数
9145	松散	深绿	3 283.7	0	24.4	15	32.5	16
3418	松散	中绿	3 796.8	0	24.7	23.6	32.6	13.95
4121	松散	深绿	3 335	0	24.9	15	35.5	13.8
0149	松散	浅绿	3 283.7	0	27	15.9	41.1	14.9
9454	松散	浅绿	3 642.8	0	25.9	14.2	33.8	16.9
3221	松散	浅绿	3 232.4	0	19	16.01	33.5	19.95
0318	松散	浅绿	2 462.77	0	23	20.4	31.65	15.35
双丰单粒3号	松散	浅绿	3 335	0	23.1	15.1	36.3	13.7
0311	松散	绿色	2 770.62	0	22.85	17.45	28.8	15.9
0302	松散	黄绿	3 181	0	21.1	16.1	32.7	13.7
0324	松散	深绿	3 078.5	0.5	21.2	17.5	32.95	15.3
0305	松散	中绿	3 181.1	0	24.85	15.1	33.6	16.65
0310	倒圆形	深绿	3 129.8	0	25.3	9.2	32.6	14.3
甜单302	收拢	浅绿	3 283.7	1.5	22.3	13	29.6	13.5
02350	倒圆形	浅绿	2 975.8	3.7	25.5	17.2	33.5	12.3
03306B	收拢	黄绿	3 283.7	0	23.2	13.8	31.8	13.7
T320-16	松散	浅绿	3 181	0	24.5	14.55	33.4	13.45
02360	倒圆	浅绿	3 386.3	0	26.75	15.45	36.1	14.3
02354	收拢	浓绿	3 335	0	25.1	13.2	38.2	11.4
普瑞宝	收拢	浓绿	3 027.2	0	27.1	14.95	36.3	11.95
巴士森	松散	浅绿	3 335	0	27.6	15.4	36.3	14.5
瑞马	倒圆	中绿	3 129.8	0	25.6	21.15	38.2	11.5
6231	松散	浅绿	3 335	0	24.9	14.2	32.3	11.4

（续表）

品种	株形	叶色	株数（亩）	抽薹率（%）	叶长	叶宽	株高	叶片数
甜研 303	松散	浅绿	3 153. 1	0	21. 61	10. 9	31. 6	16. 3

2. 4　甜菜品种的抗病性

甜菜品种对褐斑病的抗性：所选用的品种对褐斑病的抗病性的差异不大，表现病害较轻的品种有 4121、0302、0310 和 03306B，病叶率分别为 3. 455%、4. 84%、4. 495% 和 4. 6%。

甜菜品种对蛇眼病的抗病性：所选用的品种中未发病的品种有巴士森，病叶率较低的品种有 0304、0310、02350 和 3418，病叶率分别为 0. 39%、0. 43%、0. 43%和 0. 67%（表 4）。

表 4　甜菜品种（系）病叶率调查　　（单位:%）

品种（品系）	褐斑病		蛇眼病	
	Ⅰ	Ⅱ	Ⅰ	Ⅱ
9145	11. 03	5. 47	2. 94	0. 78
3418	4. 7	5. 79	1. 34	0
4121	4. 17	2. 74	2. 08	2. 05
0149	7. 43	5. 67	0. 57	0. 71
9454	4. 05	7. 9	2. 89	0. 88
3221	22. 76	9. 7	1. 63	0. 75
0318	9. 68	5. 8	0. 81	2. 5
双丰单粒 3 号	8. 1	14. 38	1. 61	2. 74
0311	6. 82	6. 52	3	0
0302	7. 03	2. 65	1. 56	0. 88
0324	8. 45	7. 94	1. 41	0. 79
0304	6. 2	4. 74	0. 78	0
0310	4. 69	4. 3	0	0. 86
甜单 302	7. 03	8. 7	1. 56	1. 45
02350	5. 17	6. 82	0. 86	0
03306B	3. 06	6. 14	2. 04	0. 88
T320-16	3. 23	8. 5	0. 81	1. 31
02360	5. 22	7. 05	1. 49	2. 56

（续表）

品种（品系）	褐斑病		蛇眼病	
	Ⅰ	Ⅱ	Ⅰ	Ⅱ
02354	5.76	7.26	2.16	0
普瑞宝	3.51	8.06	1.75	3.2
巴士森	6.48	9.57	0	0
瑞马	21.4	9.17	0.79	0.92
6231	12.67	7.84	2	3.27
甜研 303	8.76	6.25	2.44	1.03

3 结论与讨论

3.1 产量与品质较好的品种

产糖量较高的品种有 3221、巴士森、1049 和 6231，产糖量分别为 755.3 kg/亩、720.68 kg/亩、713 kg/亩和 680.4 kg/亩，较对照品种 303 分别增加了 70.6%、62.8%、61.06%和 53.7%，以上品种可以在甜菜生产中选用。

3.2 甜菜块根内糖分积累规律

在甜菜膨大期以后（8 月 12 日至 10 月 4 日）分期测定块根内的糖分垂度，日期与糖分垂度间呈显著的正相关，相关系数为 $r=0.9316$，$y=14.3146+0.1432x$，8 月 12 日至 10 月 4 日间甜菜体内的含糖量直线上升。

3.3 甜菜不同品种前期生物学性状

甜菜不同品种间前期株高、叶片长度和宽度和叶片数量间没有太大差异。

3.4 甜菜品种的发病情况

甜菜不同品种间褐斑病和蛇眼病的病叶率有一定的差异，褐斑病病叶率较低的品种有 4121、0302、0310 和 03306B，病叶率分别为 3.455%、4.84%、4.495%和 4.6%；蛇眼病未发病的品种有巴士森，病叶率较低的品种有 0304、0310、02350 和 3418，病叶率分别为 0.39%、0.43%、0.43%和 0.67%。

（本文发表于《扎兰屯职业学院学报》，2018，2（4）：10-12）

• 甜菜纸筒育苗，立枯病防治试验初报

摘要：采用复因子试验法进行了室内盆栽和田间小区药剂防治立枯病试验，结果表明：

以50%五氯硝基苯1:100倍处理土壤防治效果极显著地高于多菌灵，显著地高于福美双；50%福美双1:100倍处理土壤显著地高于多菌灵的效果；五氯硝基苯和福美双1:100倍药土上盖下垫对幼苗生长有明显的抑制作用。最佳组合是五氯硝基苯药土盖种、种子不处理防治效果可达92.1%，其次是五氯硝基苯盖土，福美双拌种防效为90.9%。均可以在纸筒育苗时应用。

关键词： 甜菜 纸筒育苗 立枯病 防治

近年来，甜菜纸筒育苗的种植面积逐年增大，立枯病 Rhizoctonia solani，Pytnium aphanidermatum，Phoma betae 等是影响苗全，苗壮的主要因素。我地区常用福美双1:100倍药土盖种防治，但仍有5.5%～20%的被害率。为探索较为理想的防治方法和药剂，故在室内盆栽和田间小区做了较精细的试验，其结果整理如下。

1 材料与方法

1.1 材 料

甜菜品种：甜研四号（由扎兰屯市糖厂购入）；药剂：①50%福美双 WP；②50%多菌灵 WP；③50%五氯硝基苯 WP，由呼盟生资站购入。

1.2 方 法

1.2.1 田间设计与分析方法

室内用中型花盆，每盆播种34粒，设两次重复。田间试验每小区面积为半平方米，每区播种100粒，设两次重复。调查出苗率、发病率，按严重度分5级计算出病情指数，根据病情指数计算出防治效果。

将试验数据进行转化后方差分析。经F测验得出处理组合间差异显著，进一步多重比较。药剂间用SSR法测验，处理组合间用LSD测验。

1.2.2 试验处理（表1）

表1 试验处理

水平	土壤处理（A）	种子处理（B）	药剂品种（C）
1	上盖下垫	福美双拌种	福美双
2	盖土2 cm	多菌灵浸种	多菌灵
3	—	不处理种子	五氯硝基苯

2 结果与分析

2.1 最佳的药剂

药剂以五氯硝基苯1:100倍处理土壤防治效果极显著地高于多菌灵、显著地高于福美双。福美双防治效果显著地高于多菌灵，多菌灵处理土壤防病效果低。药剂处理对甜菜出苗的影响统计见表 2。甜菜立枯病防治试验效果统计见表 3。

表 2　药剂处理对甜菜出苗的影响统计

处理	出苗率（%）	处理	出苗率（%）
$A_1B_1C_1$	49.43	A_2B_1C	38.95
$A_1B_1C_2$	67.4	$A_2B_1C_2$	54.65
$A_1B_1C_3$	22.65	$A_2B_1C_3$	42.43
$A_1B_2C_1$	51.15	$A_2B_2C_1$	40.11
$A_1B_2C_2$	45.94	$A_2B_2C_2$	61.62
$A_1B_2C_3$	25.59	$A_2B_2C_3$	16.25
$A_1B_3C_1$	56.4	$A_2B_3C_1$	58.13
$A_1B_3C_2$	42.45	$A_2B_3C_2$	36.63
$A_1B_3C_3$	9.3	$A_2B_3C_3$	41.87

* 出苗率按每个种球 2 粒种子折算

表 3　甜菜立枯病防治试验效果统计

处理	病情指数（%）盆栽	病情指数（%）田间	防治效果（%）盆栽	防治效果（%）田间
$A_1B_1C_1$ **	5.26	8.44	86.77	53.7
$A_1B_1C_2$	13.25	4.5	66.62	78.05
$A_1B_1C_3$ *	3.9	0	90.15	100
$A_1B_2C_1$ **	6.65	7.46	83.3	60.7
$A_1B_2C_2$	18.7	8.77	52.8	52.2
$A_1B_2C_3$ *	3.95	0	90.1	100
$A_1B_3C_1$ **	4.35	14.4	89	25.8
$A_1B_3C_2$	20.9	6.65	47.3	62.8
$A_1B_3C_3$ *	0	0	100	100
A_2B_1C	9.2	6.68	76.8	62.4
$A_2B_1C_2$	13.06	6.84	67.1	64.95
$A_2B_1C_3$	3.78	0	90.5	100
$A_2B_2C_1$	9.07	9.49	77.16	55.48
$A_2B_2C_2$	7.74	10.5	80.5	36.3
$A_2B_2C_3$	1.65	0	95.83	100

（续表）

处理	病情指数（%）盆栽	病情指数（%）田间	防治效果（%）盆栽	防治效果（%）田间
$A_2B_3C_1$	10.94	10	72.4	41.97
$A_2B_3C_2$	14.8	12.17	62.7	37.15
$A_2B_3C_3$	3.14	1.36	92.1	94.1
A_2B_1C	39.69	36.65	—	—

* 表示对出苗有抑制作用；** 表示对幼苗生长有抑制作用

2.2 最佳的处理组合

最佳的处理组合是五氯硝基苯药土上盖 2cm、种子不处理和五氯硝基苯药土上盖 2cm、福美双拌种处理，其防治效果分别为 92.1%TKG 90.9%，显著地高于多菌灵药土上盖 2cm、多菌灵浸种和多菌灵药土上盖 2cm，种子不处理的组合（表 2）。

$A_2B_2C_2$、$A_2B_2C_1$、$A_2B_1C_1$、$A_2B_3C_1$、$A_2B_1C_2$间防治效果差异不显著，分别为 80.5%、77.3%、77%、76.1%、67.1%。土壤盖土 2cm 和上盖下垫处理间无显著的差异。在利用药剂处理土壤的前提下，种子处理与否无显著差异。处理组合间差异比较见表 4。

表 4　处理组合间差异比较

处理	防治效果（%）	均数	差异
$A_1B_1C_1$	100	88.19	A
$A_1B_1C_2$	97.4	80.7	AB
$A_1B_1C_3$	94	75.9	ABC
$A_1B_2C_1$	92.1	73.7	ABCD
$A_1B_2C_2$	90.9	72.4	ABCD
$A_1B_2C_3$	90.2	71.8	ABCD
$A_1B_3C_1$	89.85	71.45	ABCD
$A_1B_3C_2$	89.6	71.2	ABCD
$A_1B_3C_3$	88.1	69.83	ABCD
A_2B_1C	80.5	63.8	ABCD
$A_2B_1C_2$	77.4	61.6	ABCD
$A_2B_1C_3$	76.9	61.27	ABCD
$A_2B_2C_1$	76.1	60.7	ABCD
$A_2B_2C_2$	67.1	55	BCD
$A_2B_2C_3$	66.8	54.85	BCD

（续表）

处理	防治效果（%）	均数	差异
$A_2B_3C_1$	63.5	52.87	BCD
$A_2B_3C_2$	52.8	46.62	CD
$A_2B_3C_3$	47	43.3	D

2.3 药害表现

用50%五氯硝基苯1：100倍拌土后上盖或上盖下垫均对甜菜出苗率有影响，通过表2可以看出，按每个种球两粒种子折算，五氯硝基苯上盖下垫缺苗率61.19%，盖土缺苗率32.17%。50%福美双1：100倍药土对甜菜出苗没影响，但上盖下垫处理对幼苗生长有一定的抑制作用，在利用时应注意。

3 结论与讨论

五氯硝基苯药土上盖2cm、种子不处理和五氯硝基苯药土上盖2cm、福美双拌种防治效果分别为92.1%、90.9%；对幼苗无不良影响，可以在纸筒育苗时应用。

$A_1B_3C_3$、$A_2B_2C_3$、$A_1B_2C_3$对甜菜出苗有明显的抑制作用，虽防效较高，但在生产上不宜应用。应进一步探讨适宜的药土倍数，找出既防病又无害的应用浓度。

田间试验和室内试验的结果，由于受生态条件的影响发病率不太一致。田间小区试验的出苗率和立枯病发病率均低于室内试验。

（本文发表于《内蒙古甜菜糖业》，1995（5）：9）

•呼盟甜菜主要病害及其防治

呼盟是内蒙古甜菜产区之一，1995年，甜菜播种面积达20万亩。但由于病害的发生与流行，使甜菜产量和品质下降，成为制约甜菜生产的主要因素。因此摸清本地区甜菜病害种类、发生与流行情况，及早采取预防措施，避免或减少为害，对确保甜菜产量和质量，具有重要的意义。

1 甜菜根腐病

1.1 发生为害

在呼盟地区6月下旬开始发病，8月中旬为发病高峰期，是当前严重威胁甜菜生产的病害，1990年在扎兰屯市郊调查发病率高达54%，病情指数达23.37%。

1.2 病原菌

主要为镰刀菌（*Fusarium solani*）、丝核菌（*Rhizoctonia solani*）、白绢菌（*Sclerotium rolfsii*）和一些腐生细菌。

1.3　病　症

不同病原菌侵染所引起的根腐症状各有不同。而根腐病又是由多种病原菌混合侵染造成的，不易明确区分，本地区常见的根腐病有两种类型：由镰刀菌引起的根腐病，病菌多由伤口侵入，在根表皮产生褐色水浸状不规则形病斑，病斑逐渐向根内部深入，侵入导管、筛管，使导管硬化，阻碍输导作用，使块根变黑褐色干腐，病根内部形成空腔，或成“碎乱麻”状。由丝核菌引起的根腐病先发生在根体的下半部，最初形成褐色斑点，随之病斑逐渐蔓延腐烂，腐烂部凹陷，一般深度为 0.5～1.0 cm。以后在病斑上形成裂痕，从下部向上蔓延扩大到根头，腐烂组织呈褐色至黑色。

1.4　防治方法

选地：种植甜菜应选择地下水位低，排水良好和土壤肥沃的平川地。

轮作：与禾本科作物实行三年以上轮作。

增施磷肥：在施用农家肥料作基肥的基础上，播种时，施入磷肥或含磷复合肥，可促进幼苗生长，增强植株抗病力。

药剂拌种：播前用种子量的 0.8%敌克松 WP 闷种，消灭种子上所带的病菌。

选用抗病品种。

2　甜菜褐斑病

2.1　发生与为害

在本地 7 月上旬开始发病，8 月中旬为发病盛期。

2.2　病原菌

病原菌为半知菌亚门中的尾孢属（*Cerccspora beticola*）。

2.3　病　症

一般多自外层老叶开始，渐向内层蔓延。叶片病斑最初为紫红色小点，扩大为圆形，直径约 1～8 mm，一般为 2～4 mm，有褐色或紫红色的边缘，中央褪为灰色，空气潮湿时病斑上产生灰白色霉状物，即为病菌的分生孢子梗和分生孢子。病重时，数个病斑联合成片，致使叶片枯死。

2.4　防治方法

种植和选育抗病品种　较耐病品种有甜研 302、301、甜研 4 号、范育一号。

大面积轮作　轮作时甜菜地必须与头年的甜菜地远离 500～1 000 m。

药剂防治　采用百菌清、灭病威、毒菌锡、甲基托布津等药剂。

清除病残体和加强田间管理，提高抗病性。

3 甜菜立枯病

3.1 发生与为害

甜菜立枯病从种子在土中发芽开始到长出2～4对真叶期间均可发生。一般发病率为20%～40%。

3.2 病原菌

主要是立枯丝核菌（*Rhizocctonia soianl*）、镰刀菌（*Fusarium spp*）、腐霉菌（*Pythium debaryanum*）和蛇眼病菌（*Phomabetac Frank*）等。

3.3 病 症

发病初期在幼根和子叶下轴产生水浸状褐色病痕，以后变成深褐色至黑色。病组织可以上下蔓延，严重时，能扩展整个子叶下轴和根部。感病部位往往变细，产生溢缩症状，最后整个根部和子叶下轴变黑腐烂，植株倒伏死亡。

3.4 防治方法

药剂处理种子：在播种前，用种子重量0.8%敌克松拌种（即100 kg甜菜种子用0.8 kg75%敌克松WP）；或采用0.8%敌克松浸种（即100 kg种子，70 kg水0.8 kg75%敌克松WP）；也可用甲基硫环磷和福美双混合处理种子（种子100 kg，水80～100 kg，0.8 kg福美双，35%甲基硫环磷Ec2 kg，播前闷种24小时）。

合理轮作：要安排禾本科作物，禁止重迎茬。

播种期与深度：播种不宜过早，一般在4月15日以后播种比较适宜，也不宜播种过深，一般3 cm左右，以促进幼苗出土快，减少病菌侵染机会和出苗整齐苗壮，提高植株抗病性。

增施磷肥、硼肥，提高抗病力：每亩施过磷酸钙15 kg或30 kg骨粉作种肥，能促进幼苗茁壮生长，提高抗病能力。每亩用30 g硼砂与5 kg细土混均匀，再拌到粪中，施入甜菜地里。

甜菜幼苗出土后，要及时松土，破除板结层，经常保持土壤疏松，增强土壤透气性，提高地温，可减轻病害发生。在有条件地区，当甜菜感染立枯病时，应用75%敌克松WP800～1 000倍液灌根，也能收到较好的防效。

4 甜菜蛇眼病

4.1 为 害

甜菜蛇眼病可为害甜菜幼苗，叶片及块根，引起苗期黑脚，中后期叶斑及块根腐烂。

4.2　病原菌

为基点霉属（*Phomabetac*）。

4.3　病　症

病斑在老叶上发生较多，由下向上发展，病斑黄褐色，圆形，有明显的轮纹。

4.4　防治方法

种子用福美双、敌克松处理。
与禾本科作物进行三年以上轮作。
药剂防治
用多菌灵、百菌清、甲基托布津等。

5　甜菜细菌性斑枯病

5.1　发病期

一般在7月上旬开始发病，8月上旬为高峰期。

5.2　病原菌

为假单胞杆菌属（*Pseudomonas aptata*）。

5.3　症　状

主要为害叶片，开始时叶片产生黄褐色水浸状小斑点，以后逐渐扩大成圆形斑或不规则形大斑，其中央部分呈淡黄色，边缘褐色。

5.4　防治方法

种子处理　用0.8%敌克松拌种，或用福尔马林加入高锰酸钾，使用甲醛气熏蒸，浸种5min后捞出堆放闷种2小时，使之继续起熏蒸作用，然后将种子摊开晾干。
清除病残体。
增施磷肥。

（本文发表于《内蒙古农业科技》，1996（3）：31）

●呼伦贝尔市岭西地区甜菜苗期出现的问题及对策

摘要：2005年在甜菜苗期通过走访种植户和田间调查相结合的方法，明确了呼伦贝尔市岭西甜菜苗期存在的问题，主要是因苗期立枯病导致田间局部地块毁种和缺苗断条，并分析了病害发生的原因，提出了相应的对策。对当地甜菜生产有一定的指导意义。

关键词： 呼伦贝尔市岭西　甜菜　立枯病　流行因素

甜菜是呼伦贝尔市唯一制糖原料作物，每年播种面积在 5 万～6 万亩，近年来在岭西种植取得了较好的经济效益，成为农民脱贫致富和当地农业产业结构调整的主要经济作物。2005 年由于低温多雨导致田间死苗，部分地块毁种，为了探明其原因，进行了较系统的调查。

1　呼伦贝尔市岭西自然条件概况

1.1　自然生态条件

呼伦贝尔市位于东经 115°31′～126°04′、北纬 47°05′～53°20′。东西 630 km、南北 700 km，地处自治区东北部；属寒温带和中温带大陆性季风气候，大兴安岭山脊和两麓气候差异明显。其特点是：冬季寒冷漫长，夏季温凉短促，春季干燥风大，秋季气温骤降，霜冻早，年平均气温-5～2℃；热量不足，昼夜温差大，有效积温利用率高；无霜期短（农区 120～150 d，林区 81～90 d，牧区 115～124 d），但日照丰富（年总辐射，在 76 758 kW/m^2 以上，日照时数为 2 500～3 100 h），利于绿色植物光合作用，缩短了生长期，降水量不多，降水期集中于 7—8 月的植物生长旺期，且雨热同期。

2002 年，呼伦贝尔市耕地总面积 1 844万亩（不包括境内黑龙江省加格达奇、松岭区），占全市土地总面积的 4.9%。呼伦贝尔市人均耕地 6.9 亩。呼伦贝尔市耕地土壤以黑土、暗棕壤、黑钙土和草甸土为主，土质肥沃，自然肥力高。一般黑土、黑钙土有机质含量在 5%～7%，暗栗钙土在 3%～4%。大兴安岭山地及其东西两麓有机质在全自治区为最高，黑土、黑钙土及森林土壤和黑土的腐殖质含量都在 4%以上。呼伦贝尔市的气候总体看有利于作物糖分的积累，对甜菜的生产比较有利。

1.2　甜菜生产

呼伦贝尔市甜菜种植面积共计有 6 万多亩，其中岭西为 2.5 万亩，岭东为 3.5 万亩（表 1）。

表 1　扎兰屯兰田糖业公司甜菜种植面积　（单位：万亩）

种植区	岭西种植区			岭东种植区		
	牧原镇	免渡河镇	大雁	扎兰屯市	阿荣旗	甘南县
面积（亩）	1.2	0.3	1.0	0.6	0.6	1.3

2　甜菜苗期存在的问题

2005 年 6 月 8 日—9 日对呼伦贝尔市甜菜种植区的甜菜苗情及苗期病害发病情况进行了较系统的调查，从以下方面加以介绍（表 2）。

2.1　立枯病问题

2.1.1　为害程度

甜菜立枯病是甜菜苗期的主要病害，也称黑脚病、苗腐病、猝倒病。各产区都有不同程度的发生。共计调查了24户的24块地，立枯病平均发病率为15.6%，牧原镇因发病导致毁种的有1 000亩，占播种面积的8.3%；免渡河镇毁种面积有500亩，占播种面积的16.7%，共计调查面积461亩，其中5成苗以下的有90亩，占调查面积的19.5%。

表2　甜菜苗期苗情调查

地点	姓名	种植面积（亩）	出苗情况（%）	地势	播种期	播深（cm）	前茬	品种	立枯病发病率（%）
牧原镇	李兆恩	5	90	平地	5.4	3	马铃薯	303	3
	王品一	5	45	低洼	5.4	6	白菜	303	30
	王福刚	10	60	坡地	5.3	4	马铃薯	6231	20
	王强	20	70	平地	5.11	2	油菜	6231	15
	杨顺启	20	100	平地	5.11	2	油菜	6231	2
	朱	30	80	平地	5.10	2	油菜	6231	5
免渡河	黄克财	10	80	平地	5.8	5	马铃薯	3221	5
	王成	10	100	平地	5.11	5	马铃薯	3221	2
	刘振华	30	50	平地	5.10	—	马铃薯	3221	25
	张青国	30	80	平地	5.14	—	马铃薯	3221	5
	王德武	25	80	坡地	5.12	—	马铃薯	3221	5
	徐往军	26	100	坡地	5.14	—	马铃薯	3221	2
	王成义	15	40	平地	5.7	—	马铃薯	3221	35
	王成忠	20	50	平地	5.5	机播	马铃薯	3221	30
	屈忠文	10	50	平地	5.8	—	—	3221	30
	王树祥	30	80	平地	5.14	正常	洋葱	3221	6
	许仕利	10	50	平地	5.10	正常	—	3221	25
	孟凡贵	10	70	坡地	5.14	正常	马铃薯	3221	20
	王登业	20	70	坡地	5.9	正常	马铃薯	3221	15
	田崇化	50	60	平地	5.7	正常	马铃薯	3221	20
	吴荣海	20	60	平地	5.12	正常	马铃薯	3221	20
	夏成典	15	60	平地	5.10	正常	马铃薯	3221	20
	郑贵财	40	80	平地	5.12	正常	马铃薯	3221	5

2.1.2 病害症状与病原菌类型

甜菜种子发芽后到幼苗3对真叶期均可发生立枯病，而2～4片真叶时发病最重。立枯病是由多种病菌引起的。其症状大体有3类：①幼苗还未出土即腐死；②子叶期胚轴变黑、变细而枯死；③真叶出生时枯死。一般发病的症状是：最先在幼根和子叶下胚轴出现水浸浅褐色病斑，逐渐变为深褐色、黑色，病斑上下扩展，严重时遍及整个下胚轴和根部，感病较轻的幼苗，虽能继续生长，但常常形成两头粗中间细的丫葫芦形根；或因主根坏死，又生出许多岔根。当地主要表现有立枯型；猝倒型；黑脚型三类；主要的病原菌有腐霉菌、镰刀菌和丝核菌。

2.2 品种问题

岭西共计种植有3个品种，通过走访调查和现场调查发病情况看，发病轻重的顺序为303、6231、3221，三个品种的田间成苗率差异不大，但在低温多湿的条件下的抗逆性有一定的差异，但品种的田间表现与栽培技术有关，不同的栽培条件表现有明显的差异。

2.3 茬口问题

2.3.1 茬口与药害

岭西主要大面积种植作物是小麦和油菜，在这两种作物种植过程中多采用化学除草技术，小麦田除草多选用绿磺隆；该剂为超高效内吸传导选择性苗前、苗后除草剂，残效期长，在推荐用量下对小麦安全。可防除藜、蓼、苋、卷茎蓼、匾蓄、荠菜、播娘蒿、猪殃殃等，并兼治看麦娘、早熟禾、马唐、稗草、狗尾草等禾本科杂草。油菜田选用胺苯黄隆适用于油菜田防除阔叶杂草和禾本科杂草，但对后作甜菜有药害，导致田间幼苗生长不利，如牙克石市牧原镇海满村局部地块毁种。

2.3.2 茬口与病害

小麦和油菜茬土壤中病菌基数较马铃薯茬少，田间病害相对较轻。马铃薯及其他蔬菜茬病菌多，病害较重。

2.3.3 茬口与甜菜生育

小麦和油菜茬的土壤营养有利于甜菜吸收利用，对苗期生育较比有利，而马铃薯和蔬菜茬种甜菜营养土壤中的营养偏耗，对甜菜生育不如小麦和油菜。

2.4 播种质量问题

2.4.1 播　期

甜菜适宜的播种期，主要应按当地气候条件确定，即当早春连续5天5 cm深处土壤日平均温度达到5℃以上，即可播种。岭西甜菜播种适宜期通常为4月30日—5月10日，今年甜菜播种时的气温低，早播的发病重，晚播的相对病害轻。

2.4.2　深　度

覆土厚度要根据整地质量及土壤湿度等确定。整地质量较好、湿度适宜的土壤，覆土厚度一般为3～4 cm；如土壤黏重、含水量大，可覆土2～3 cm；而土壤干旱，则应4～5 cm。播种深度不同病害发病率也不同，播种适宜较播种过深的发病率减少30%～50%。

3　病害流行因素分析

甜菜立枯病的致病条件有多种，因此发病条件不完全相同。一般在以下情况下易发病。

土壤低温、多湿或气温低时发病严重。因低温、多湿导致幼苗出苗慢，增加病菌侵染机会和条件。

土壤过于黏重、板结、排水不良，因这样的土壤中幼苗生长不良，对病菌的抵抗力弱。

整地质量差，种子采种时受到病菌侵染。

在重茬、迎茬地种植甜菜，易发生立枯病。牙克石市今年3月、4月、5月份的平均气温分别为-12.8℃、2℃、8.9℃；降水量分别为5.1 mm、22.6 mm、51.3 mm；今年3月、4月和5月气温分别较2003年降低了3.7℃、1.7℃、0.6℃；降水量分别增加4.9 mm、17.6 mm和49.1 mm，是多年未遇的春节低温多雨年，是导致甜菜苗期立枯病的主要因素。

4　对　策

切实实行合理轮作。最好选禾谷类作物为前茬，不用菜茬，杜绝甜菜重茬、迎茬。

开展甜菜新品种的引进试验示范工作。从相应的生态条件区引入高产高糖适应性强的甜菜品种进行试验示范，筛选出适宜的品种推广应用。

选好茬口，避免药害的产生。在小麦和油菜茬种植甜菜时要查清背景，前两年应用长效除草剂的地块不能种植甜菜。

精细耕地、适时播种，覆土不宜过厚（3 cm、4 cm为宜），促使幼苗早出土。

及时松土、破除板结层，提高地温。

1～2对真叶时及时间苗。苗簇过密时，不应拔除而应掐断不要的苗，以免拔苗时损伤留苗的根，易感染立枯病。

增施磷肥做种肥，提高幼苗抗病能力。用量为每亩施过磷酸钙15 kg或骨粉30 kg。

药剂处理种子。包括：①用0.8%的福美双或敌克松拌种，即每100 kg种子，浸入0.8 kg的50%福美双或95%敌克松可湿性粉剂拌种，防治效果可达60%左右；②用0.8%敌克松液浸种，即每千克种子，浸入0.8kg敌克松对70 kg水配成的浸种液中，24小时后涝出，风干后即可播种；③0.8%的福美双与土菌消拌种（两种药剂各占一半）；④5%菌毒清水剂300倍液浸种24 h。

种子处理后，苗期仍发病较重的地块可选用以上药剂喷施，在药液中可加入一些叶面肥，促进作物生育，提高幼苗的抗病性。

（本文发表于《内蒙古农业科技》，2006（1））

● 呼盟农区甜菜褐斑病的发生及防治

呼伦贝尔盟在我国东北边疆，位于北纬 47°05′～53°20′，东纬 115°31′～126°04′，无霜期 124 d 左右。当地自然条件适于甜菜生育，是内蒙古甜菜主产区，1995 年，播种面积 20 多万亩。当年部分地区褐斑病流行，据不完全统计发病面积达 10 多万亩，严重的约 2 万余亩，由该病造成的产量损失约 5%～30%。为了掌握该病在呼盟的流行规律，笔者于 1995 年进行了系统的调查，现将结果及制定的防治措施列述如下。

1　病害发生情况

1.1　发病时期

甜菜褐斑病苗以菌丝团在植株的残余物，母根根头和种球上越冬，第二年温度适宜时，菌丝团生成分生孢子。分生孢子借雨水和风传播，病菌发育的适宜温度在 25～28℃，最适的相对湿度 98%～100%，以小水滴中最好。我地发病初期在 7 月中旬，8 月中下旬为高峰期。测报上以 7 月 10 日初始病情为零开始，设病情指数为 y 值，在 7 月 10 日至 9 月 20 日之间发病与时间呈直线关系，得出 $y=2.9999+0.333x$，用此公式大体可预测当地的发病日期，但不同年份降雨日早晚，降雨量大小不一与发病早晚的预测会有出入。

1.2　褐斑病为害情况

从表 1 可以看出：各点病情指数平均为 19.1%，局部地块达 50%，病情指数与甜菜茎叶重间呈显著负相关（$r=-0.5182$，$y=1.369-0.0284x$），病情指数与甜菜的含糖量也量负相关（$r=-0.2779$，$y=20.8449-0.0913x$），病情指数每增加 1%，含糖量降低 0.09 度左右。病情指数与根重间 $r=-0.2544$，$y=1.212-0.011x$，病情指数每增加 1%，块根重量下降 5.48 g 左右。

2　影响甜菜褐斑病发病的因素

2.1　品种与发病的关系

目前生产上推广的没有免疫和高抗的品种，但品种间抗病性有明显的差异。病情指数较轻的是双丰 316（病情指数 7.14%），双丰 309（9.43%），双丰 313（9.93%），而双丰 311 病情指数则为 26.6%，甜研 3 号 25.0%。抗病性显然要低些。

2.2　不同地势与发病关系

1995 年在大河湾镇调查甸子地病情指数 19.9%，山坡地为 9.73%（表 1）。甸子地发病率较坡地重，因为甸子地田间湿度大，小气候对病菌的侵染有利。

表1　甜菜褐斑病的发生为害情况

地点	前茬	地势	品种	种植方式	病情指数	块根重量（g）	健叶数	茎叶重（g）	糖度（%）
大河湾镇明星村	高粱	平川	外31	纸筒	30.15	740	5	365	13
大河湾镇明星村	大豆	平川	303	直播	14.3	660	19	640	18
大河湾镇东方红村	玉米	山坡	西德	纸筒	16.5	495	17	270	19
大河湾镇明星村	玉米	山坡	303	纸筒	9.73	395	23	190	19
大河湾镇明星村	大豆	平川	303	纸筒	19.9	502	14	355	20
成吉思汗镇前进村	大豆	平川	303	纸筒	19.6	405	14.3	450	19.7
成吉思汗镇前进村	大豆	平川	303	覆膜直播	23.6	340	10.8	310	20.3
成吉思汗镇前进村	大豆	平川	303	直播	24	400	10.4	400	20.2
成吉思汗镇前进村	大豆	平川	303	纸筒	25.3	400	9.3	330	19.5
成吉思汗镇前进村	马铃薯	平川	丹麦	纸筒	23.6	400	10.8	490	17.3
成吉思汗镇红升村	大豆	岗地	303	纸筒	27.9	500	7	160	17.5
成吉思汗镇红升村	大豆	岗地	303	直播	29	300	6	170	21.7
卧牛河镇长发村	玉米	平川	303	纸筒	13.13	315	20	265	21.5
卧牛河镇长发村	玉米	平川	303	纸筒	10.86	775	22	750	20
卧牛河镇长发村	玉米	平川	丹麦	纸筒	13.13	650	20	525	18.6
卧牛河镇长发村	玉米	平川	西德	纸筒	12	525	21	600	16.5
卧牛河镇长发村	玉米	平川	303	纸筒	12	600	21	750	22.75
扎兰屯农牧学校	小麦	平川	单粒种	纸筒	20.85	610	13.2	270	19.8

3　防治措施

3.1　实行五年以上轮作

不在甜菜重迎茬种植及靠近去年发病重的地块种甜菜，由于这些地块积累了大量感病的残株，再种会加重发病。轮作时甜菜地必须与去年的甜菜地远离 500～1 000 m，最好与禾本科作物连作。

3.2　清除病残体

可利用秋季深翻，在甜菜收获后，要认真清理，把病叶运回作饲料，消灭侵染源。

3.3　选用抗（耐）病品种

双丰 316、309 号耐病性较强。

3.4　及时喷药防治

喷药时期掌握在首批病斑（有 5%～10%植株发病）出现后一星期内进行第一次喷药，大约为 7 月中下旬，过 15 d 左右再喷第二次药。采用多菌灵、甲基托布津、灭病威、代森锰锌、百菌清等均可取得较好的效果。

3.5　加强田间管理

增施磷肥，增加植株抗病力。

（本文发表于《植物医生》，1998，11（2）：11）

● 甜菜褐斑病病叶率与病情指数及产量关系的调查

摘要：采用选择代表性地块，定点定期系统性调查的方法，研究了甜菜褐斑病病叶率与病情指数间关系。结果表明：两者间有极密切的相关性（$r=0.729\,5$，$n=31$），建成 $y=-12.644\,6+0.545\,1x$ 的预测式，在生产上应用较方便，并对预测式的应用做了介绍。
关键词：甜菜褐斑病　病叶率　病情指数

近年来，扎兰屯地区甜菜褐斑病大流行，发病率高达 100%，病情指数达 30%～50%，成为生产中亟待解决的问题。褐斑病的为害程度用病叶率难以准确地反映，病情指数的高低能反映出褐斑病的受害程度，但在生产中调查病情指数较麻烦，不同的人掌握的尺度有很大的差异。为此，开展了甜菜褐斑病病叶率与病情指数间关系的系统研究，现将结果报道如下。

1　材料和方法

甜菜品种为西德单粒种。本项研究采用选择代表性地块，定点定期系统调查的方法，按对角线随机选点，每点取样不少于 15 株，于 7 月中旬开始调查病叶率和病情指数，每隔 5～10 d 调查 1 次，将调查资料整理后进行相关性分析（表 1），并对病情指数与生物学性状、产量与品质间进行相关性分析，建立直线回归预测模型。

表 1　甜菜褐斑病病叶率与病情指数及产量关系

病叶率（%）	病情指数（%）	健叶率（%）	叶重（g/株）	根重（g/株）	含糖率（%）
59.1	20.0	18	500	850	19.8
65.8	17.0	13	430	700	20.2
69.4	22.6	11	350	600	20.0
75.0	34.4	6	330	600	16.8
69.7	27.5	10	320	1 400	17.4
66.7	26.3	11	205	850	20.0
55.0	16.7	18	310	700	20.8
71.12	40.4	11	150	470	19.4
72.7	30.0	9	150	500	18.7
63.4	20.2	15	200	300	21.0
44.5	10.9	19	200	650	20.2
70.0	30.0	9	305	460	19.4
71.4	25.0	8	100	340	20.0
48.6	18.5	19	340	550	20.0
54.1	13.9	17	750	1 450	18.8
48.0	10.5	13	160	300	19.8
72.2	25.0	15	200	240	21.0
54.5	15.6	10	205	390	19.4
64.5	10.5	11	140	340	20.0
56.4	15.2	17	150	230	18.4
65.2	16.4	16	230	490	20.2
58.6	19.6	12	260	875	18.6
66.7	18.5	11	180	430	20.6
68.3	21.2	13	440	850	19.4
60.6	20.7	13	205	600	19.5
52.4	14.7	20	270	700	22.4

（续表）

病叶率（%）	病情指数（%）	健叶率（%）	叶重（g/株）	根重（g/株）	含糖率（%）
59.5	21.4	17	380	1 050	19.4
71.4	28.9	8	230	255	22.6
39.5	16.3	13	155	550	20.8
58.1	20.5	13	200	300	20.8
50.0	17.0	14	350	850	19.7

2 结果与分析

2.1 病叶率与病情指数间关系

将表 1 资料以病叶率为 x，病情指数为 y 进行相关性分析，结果表明：两者间有密切的相关性（$r=0.729\ 5^{**}$，$n=31$），建立一条回归预测式为 $y=-12.644\ 6+0.545\ 1x$，在生产中应用病叶率预测病情指数具有较高的精确性。

2.2 回归预测式的应用方法

在生产中应用预测式的方法有两种：一种是通过计算的方法，如已知田间甜菜褐斑病的病叶率（x）为 50%，求出病情指数：$y=-12.644\ 6+0.545\ 1\times50$，$y=14.61$。另一种方法是利用 x 为横坐标，y 为纵坐标，画出坐标图，通过坐标图即可把 x 对应的 y 值查出。

2.3 病情指数与甜菜生物学性状关系

根据表 1 资料分析表明：①病情指数与健叶数之间呈极显著的负相关，$r=-0.596$，$y=19.742\ 6-0.313x$，随着病性指数的增高，健叶数显著减少，底部叶片干枯脱落。②病情指数与叶重间也呈一定的负相关，$r=-0.113$，$y=0.622\ 4-0.043x$。③病情指数与根重间的关系也呈一定的负相关 $r=-0.029$，$y=1.271-0.002\ 6x$。④病情指数与含糖量的关系也呈负相关，$r=-0.270\ 3$，$y=20.797\ 9-0.046x$。

3 结论与讨论

3.1 建成病叶率与病情指数间预测式

病叶率与病情指数间呈极显著正相关，$r=0.729\ 5$，建立一条回归预测方程，在生产中只需调查一下病叶率即可应用方程求出病情指数。

3.2 根据病情指数进行病害为害性预测

病情指数与键叶数间呈极显著的负相关，$r=-0.596$，病情指数增高，导致甜菜底部老叶脱落，从而导致甜菜根重、含糖率均有不同程度的下降。病情指数每增加 1%，根重减少 1.3 g，含糖率降低 0.046%。

（本文发表于《内蒙古农业科技》，2001（5）：19-20）

第四节　饲草型大豆

• 呼伦贝尔市饲草型大豆品种引进试验研究

摘要：2002—2005 年从中国农科院、内蒙农牧科学院、吉林农科院、赤峰农研所和呼伦贝尔市农研所引入了 5037、中黄 17、中黄 23、1064、吉林 20、吉豆 1、275、271 和 9725 共 9 个饲用大豆品种（品系）进行了筛选试验，结果表明：岭西以 9725、中黄 23、1064 和 275（271）的产鲜草量为高，鲜草产量均达 1 000 kg/亩左右。岭东地区以 1064 产量最高，其次是中黄 17 和中黄 23。以上品种可以在呼伦贝尔市的岭东和岭西地区和相邻省区饲用大豆生产中选用。

关键词：饲草型　大豆品种　呼伦贝尔市

近年来由于自然因素和人为因素干扰，大部分地区草地生态环境遭到不同程度的破坏，草地“三化”现象比较严重，加上大面积垦植，导致了草原地区连续干旱、病鼠虫害和风沙频繁发生。要从根本上解决草原退化问题，就必须根据土地生产适宜性的研究成果，在适宜地区建立高产人工草地和高产、优质饲料基地，延长舍养补饲时间、避开年度内牧草供应的紧张时期、减缓草原退化进程。为此呼伦贝尔市委提出大力发展畜牧业，建设“乳肉草”基地的设想，将草业作为支柱产业做大做强。呼伦贝尔市扎兰屯、莫力达瓦旗、鄂温克旗、陈旗等地草原站相继开展了人工牧草、牧草种子田生产的试验，示范和推广项目，随着人工草地的建立和人工草地面积的不断扩大，随之而来的是适宜当地的牧草饲料作物的品种少，成为限制发展的瓶颈。为加速实现这一目标，我们于 2002—2005 年结合当地自然生态特点，引进和利用当地大豆品种中筛选出优质饲草型大豆品种进行了开发试验研究。

1　材料及方法

1.1　试验材料

选用的大豆品种有：5037（中国农科院引入）、中黄 17（中国农科院引入）、中黄 23（中国农科院引入）、1064（内蒙古农科院引入）、吉林 20（吉林农科院引入）、吉豆 1（吉林农科院引入）、275（赤峰农研所引入）、271（赤峰农研所引入）、9725（呼伦贝尔市农研所）。

1.2 试验方法

1.2.1 试验示范点

分别设在阿荣旗、扎兰屯市、牙克石市、海拉尔区、鄂温克旗代表性地块。

1.2.2 试验设计方法

小区试验采用随机区组法设计，设三次重复，小区行距 60 cm，行长 10 m，5 行区；小区面积为 30 m^2。

1.2.3 选地与播种

试验地选在土壤肥力一致，地势平坦地块。土壤温度稳定在 7～8℃时播种。大豆第一复叶期定苗。保苗 1 万～1.2 万株/亩。在大豆的整个生育期要求高水肥管理，磷酸二铵 15 kg/亩，尿素 5 kg/亩。田间管理与大田管理相同。

1.2.4 试验调查

详细记载大豆的播种期、出苗期、初花期、结荚期、收获期（大豆下部粒已开始鼓粒，植株底部叶变黄绿色但大部叶为绿色为收获期）。

1.2.5 养分测定

收获后立即进行养分测定。大豆测定的内容：干物质、粗蛋白质、粗脂肪、粗纤维、水分、粗灰分、钙、磷。

1.2.6 产量测定

在收获时测定株高、小区鲜重和干重，并换算成亩产量。并将结果进行统计分析。

2 结果与分析

2.1 饲用大豆的生长发育情况

呼伦贝尔市的岭西地区 9725、275 可以正常结荚，5 月下旬播种到 9 月上旬收获。其他的几个大豆品种不能结荚。

呼伦贝尔岭东地区所选用的几个饲用大豆品种均能形成豆荚。5 月中旬播种到 9 月中旬收获。

2002 年在岭西种植选用的三个品种中 275（271）生育期早，9725 中熟，1064 晚熟（表 1）。在岭东种植生育表现为饲草型大豆 9725 品种熟期早，其次 1064 品种，这两个品种杆强不倒伏，202 和 201 品种熟期晚、倒伏严重。

表 1 饲草型大豆生育调查（2002 年）

试验点	品种	播种期	出苗期	开花期	结荚期	收获期
牙克石市	1064	5.28	6.15	8.16	无	9.7
	9725	5.28	6.14	8.2	8.21	9.7
	275（271）	5.28	6.14	7.22	8.12	9.7

（续表）

试验点	品种	播种期	出苗期	开花期	结荚期	收获期
海拉尔区	1064	6.7	6.18	8.19	9.3	9.10
	9725	6.7	6.18	8.10	8.23	9.10
	275（271）	6.7	6.17	8.5	8.19	9.10
鄂温克旗	1064	6.5	6.16	8.19	8.29	9.7
	9725	6.5	6.15	8.12	8.24	9.7
	275（271）	6.5	6.13	8.5	8.16	9.7
阿荣旗职业中专	202	5.11	5.26	7.24	8.19	9.22
	201	5.11	5.26	7.27	8.22	9.22
	1064	5.11	5.26	7.16	8.13	9.17
	9725	5.11	5.25	7.6	7.24	9.8
阿荣旗伙尔奇镇	202	5.23	6.5	7.24	8.21	9.23
	201	5.23	6.5	7.28	8.25	9.23
	1064	5.23	6.5	7.18	8.16	9.20
	9725	5.23	6.5	7.9	7.27	9.10

2003 年岭西选用的五个品种 275（271）品种表现早熟，其次 9725 品种比其他品种早熟。岭东地区从表 2 可以看出，1064 品种熟期较早、抗逆性表现良好；中黄 23、中黄 17、5037 吉林 20、吉豆 1 熟期偏晚抗逆性差；吉林 20、吉豆 1 倒伏严重。

表 2　饲用大豆生育调查（2003 年）

试验点	品种	播种期	出苗期	开花期	结荚期	收获期
牙克石市	吉林 20	6.24	7.3	8.29	—	9.18
	275	6.24	7.3	8.10	8.25	9.18
	吉 1	6.24	7.3	—	—	9.18
	1064	6.24	7.3	8.22	—	9.18
	9725	6.24	7.3	8.15	8.29	9.18
鄂温克旗	中黄 23	6.24	7.1	—	—	8.28
	9725	6.24	7.1	8.14	8.26	8.28
	吉林 202	6.24	7.1	8.27	—	8.28
	275（271）	6.24	7.1	8.3	8.20	8.28
	1064	6.24	7.1	8.26	—	8.28
	吉豆 1	6.24	7.1	—	—	8.28

（续表）

试验点	品种	播种期	出苗期	开花期	结荚期	收获期
海拉尔区	1064	6. 18	6. 30	8. 21	—	8. 30
	9725	6. 18	6. 30	8. 12	8. 22	8. 30
	中黄 23	6. 18	6. 30	—	—	8. 30
	275（271）	6. 18	6. 30	7. 26	8. 14	8. 30
	吉林 20	6. 18	6. 30	8. 29	—	8. 30
	吉豆 1	6. 18	6. 30	—	—	8. 30
阿荣旗	1064	5. 8	5. 29	7. 18	8. 17	9. 20
	中黄 23	5. 8	5. 29	7. 25	8. 27	9. 29
	中黄 17	5. 8	5. 29	8. 10	9. 15	10. 10
	吉林 20	5. 8	5. 29	7. 23	8. 25	9. 29
	5037	5. 8	5. 29	8. 10	9. 14	10. 10
	吉豆 1	5. 8	5. 29	7. 27	9. 3	10. 3

2004—2005 年岭西选用的五个品种中 275 可以结荚，其他的品种都没结荚。岭东地区选用的吉 9、吉 5、吉 8、9532-15 和 1064 均都正常的结荚，达到饲用最佳收获期（表 3、表 4）。

表 3　饲用大豆生育情况（2004 年）

试验点	品种	播种期	出苗期	开花期	结荚期	收获期
阿荣旗那吉屯镇	吉 9	5. 11	6. 2	7. 23	8. 17	9. 20
	吉 5	5. 11	6. 2	7. 20	8. 12	9. 20
	吉 8	5. 11	6. 2	7. 26	8. 22	9. 20
	9532-15	5. 11	6. 2	7. 25	8. 24	9. 20
	1064	5. 11	6. 2	7. 11	8. 8	9. 20
阿荣旗伙尔奇镇	吉 9	5. 17	6. 7	7. 26	8. 20	9. 26
	吉 5	5. 17	6. 7	7. 21	8. 18	9. 26
	吉 8	5. 17	6. 7	7. 28	8. 23	9. 26
	9532-15	5. 17	6. 7	7. 26	8. 23	9. 26
	1064	5. 17	6. 7	7. 15	8. 10	9. 26
牙克石市	1064	5. 24	6. 10	8. 20	无	9. 5
	吉 5	5. 24	6. 10	8. 24	无	9. 5
	275（271）	5. 24	6. 10	7. 26	8. 12	9. 5
	吉 9	5. 24	6. 10	无	无	9. 5
	吉 1	5. 24	6. 10	无	无	9. 5

（续表）

试验点	品种	播种期	出苗期	开花期	结荚期	收获期
海拉尔区	1064	6.5	6.13	8.21	—	9.10
	吉5	6.5	6.13	8.26	—	9.10
	275（271）	6.5	6.13	7.24	8.7	9.10
	吉9	6.5	6.13	—	—	9.10
	吉1	6.5	6.13	—	—	9.10

表4　饲用大豆生育情况（2005年）

试验点	品种	播种期	出苗期	开花期	结荚期	收获期
牙克石	9532—15	6.2	6.18	无	无	9.5
	吉5	6.2	6.18	8.26	无	9.5
	275（271）	6.2	6.18	7.27	8.12	9.5
	吉9	6.2	6.18	无	无	9.5
	吉8	6.2	6.18	无	无	9.5
海拉尔	9532—15	6.5	6.16	8.28	—	9.8
	吉5	6.5	6.16	8.25	—	9.8
	275（271）	6.5	6.16	7.22	8.7	9.8
	吉9	6.5	6.16	—	—	9.8
	吉8	6.5	6.16	8.28	—	9.8
鄂温克	9532—15	6.5	6.17	8.30	—	9.10
	吉5	6.5	6.17	8.29	—	9.10
	275（271）	6.5	6.17	7.2	8.9	9.10
	吉9	6.5	6.17	—	—	9.10
	吉1	6.5	6.17	—	—	9.10
阿荣旗那吉屯镇	吉9	5.21	6.5	8.11	9.5	10.5
	吉5	5.21	6.6	8.5	9.1	10.5
	吉8	5.21	6.4	8.10	9.8	10.5
	9532-15	5.21	6.7	8.10	9.5	10.5
	44	5.21	6.6	8.10	9.5	10.5
	1064	5.21	6.6	8.1	8.30	10.5
阿荣旗复兴	吉9	5.20	6.10	7.26	8.30	9.26
	吉5	5.20	6.10	7.21	8.26	9.26
	吉8	5.20	6.10	7.28	8.28	9.26
	9532-15	5.20	6.10	7.26	8.30	9.26
	1064	5.20	6.10	7.15	8.15	9.26

2.2 饲用大豆的生育性状与产量

2002 年试验结果：从岭西看三个饲用大豆品种中 9725 在株高、单株鲜重、小区鲜重、鲜草产量都高于 275 和 1060 两个品种。9725 鲜草产量 1 042.6 kg/亩，275 和 1060 分别为 987.7 kg/亩和 793.3 kg/亩。岭东阿荣旗职业中专和伙尔奇镇的试验结果趋势相同，1064 品种各项调查指标都高于其他品种，尤其鲜草产量（表 5）。

表 5 饲用大豆的生育性状与产量（2002 年）

试验点	品种	株高（cm）	单株鲜重（g/株）	小区鲜重（kg）	鲜重（kg/亩）
牙克石市	1060	48.7	54.4	27.5	611.2
	9725	52.7	65.3	35.5	787.3
	275（271）	86	84.2	45.1	1 016.0
海拉尔区	1060	78.7	81.8	42.3	893.9
	9725	88.2	89.5	49.8	1 106.3
	275（271）	80.9	84.9	44.1	978.3
鄂温克旗	1060	75.3	75.8	39.4	874.7
	9725	90.7	95.7	55.9	1 240.2
	275（271）	80.3	87.3	45.4	968.7
阿荣旗职业中专	202	92.9	91.2	46.2	1 026.4
	201	95.2	93.6	46.6	1 034.5
	1064	110.3	196.3	101.6	2 256.3
	9725	86.3	97.8	51.8	1 149.2
阿荣旗伙尔奇镇	202	93.4	90.5	45.9	1 018.2
	201	94.8	91.6	46.4	1 029.3
	1064	105.6	179.3	96.4	2 140.8
	9725	83.3	94.8	50.0	1 110.0

2003 试验结果岭西选用的 5 个品种中中黄 23、1064、275、275、9725、吉豆 1 和吉林 20 的鲜草产量分别为 1 194.5 kg/亩、1 122.4 kg/亩、1 034.9 kg/亩、952.6 kg/亩、715.33 kg/亩和 670.05 kg/亩，以中黄 23 和 1064 的产量较高。岭东选用的 6 个品种中 1064 品种平均单株鲜重、小区平均鲜草产量、鲜草平均折合产量都比其他品种高，其分别为 173.3 g、93.5 kg、2 077.2 kg；中黄 17、中黄 23、吉豆 1、5037 和吉林 20 的鲜草产量分别为 1 895.8 kg/亩、1 796.4 kg/亩、1 715.3 kg/亩、1 674.7 kg/亩和 1 430.4 kg/亩（表 6）。

表6　饲用大豆的生育性状与产量（2003年）

试验点	品种	株高（cm）	单株鲜重（g/株）	小区鲜重（kg）	鲜重（kg/亩）
牙克石市	吉林20	58.0	42.7	22.6	501.7
	275（271）	80.3	52.7	27.1	602.4
	吉豆1	51.0	27.7	14.7	327.1
	1064	54.0	35.3	18.1	402.6
	9725	65.7	44.3	24.3	539.5
海拉尔区	1064	84.3	97.4	50.6	1 124.1
	9725	94.0	106.0	54.2	1 203.2
	中黄23	64.3	84.4	42.7	947.9
	275（271）	99.3	129.6	66.1	1 467.4
	吉林20	71.0	86.4	43.6	967.2
	吉豆1	81.7	93.4	47.9	1 062.6
鄂温克旗	中黄23	61.3	71.5	37.8	839.1
	9725	89.7	96.5	50.2	1 115.2
	吉林20	66.7	75.0	37.8	838.4
	275（271）	104.3	123.3	66.0	1 469.8
	1064	72.7	77.4	39.9	885.8
	吉豆1	61.7	67.4	34.1	756.3
阿荣旗	1064	108.8	173.3	93.5	2 077.2
	中黄23	103.5	152.6	80.9	1 796.4
	中黄17	103.4	160.2	85.4	1 895.8
	吉林20	97.5	120.1	64.3	1 430.4
	5037	100.1	141.5	75.4	1 674.7
	吉豆1	98.6	136.9	77.3	1 715.3

2004年、2005年试验结果表明岭西以饲草型大豆275（271）鲜草产量高于其他品种，其鲜草产量分别为1 091.5 kg/亩，其次是1064和吉5，鲜草产量分别为746.3 kg/亩和725.2 kg/亩。岭东选用的5个品种中在两个试验点1064品种，鲜草产草量高于其他品种，鲜草产量分别为2 242.9 kg/亩、2 143.8 kg/亩（表7、表8）。

表 7　饲用大豆的生育性状与产量（2004 年）

试验点	品种	株高（cm）	单株鲜重（g/株）	小区鲜重（kg）	鲜重（kg/亩）
牙克石市	1064	56.7	50.6	27.5	576.5
	吉 5	56.0	65.3	26.7	589.8
	275（271）	86.7	84.2	47.5	1 054.5
	吉 9	51.3	47.6	25.2	559.4
	吉 1	58	45.5	23.7	526.7
海拉尔区	1064	79.7	81.8	43.3	916.1
	275（271）	90.6	90.5	40.8	1 128.5
	吉 5	77.4	78.7	38.8	860.6
	吉 9	79.7	76.8	39.3	873.2
	吉 1	74.5	68.2	35.4	786.6
阿荣旗那吉屯镇	吉 9	118.7	170.5	86.2	1 914.4
	吉 5	113.1	160.1	80.6	1 789.3
	吉 8	113.8	122.0	61.8	1 372.0
	9532—15	99	117.9	59.1	1 312.0
	1064	117.3	195.6	101.0	2 242.9
阿荣旗伙尔奇镇	吉 9	115.7	167.4	83.7	1 858.9
	吉 5	106.9	152.7	79.3	1 723.5
	吉 8	105.3	112.9	58.4	1 296.5
	9532—15	104.5	118.0	60.3	1 337.9
	1064	117.3	191.6	96.6	2 143.8

表 8　饲用大豆的生育性状与产量（2005 年）

试验点	品种	株高（cm）	单株鲜重（g/株）	小区鲜重（kg）	鲜重（kg/亩）
牙克石市	9532—15	53.7	46.6	27.8	617.9
	吉 5	58	51.1	27.6	612.0
	275	88.7	88.7	46.5	1 032.3
	吉 9	50.3	46.6	26.2	578.7
	吉 8	58	44.5	23.7	532.1

（续表）

试验点	品种	株高（cm）	单株鲜重（g/株）	小区鲜重（kg）	鲜重（kg/亩）
海拉尔区	9532-15	86.4	91.8	48	1 065.6
	275	94.9	98.5	53	1 176.6
	吉 5	74.4	77.1	40.3	895.3
	吉 9	75.7	75.7	42.3	939.8
	吉 8	73.5	67.2	35.8	794.7
鄂伦克	9532-15	73.7	70.5	36.4	808.0
	275	93.6	95.5	41.8	1 165.5
	吉 5	73.4	66.7	35.8	792.1
	吉 9	77.7	74.8	37.8	839.1
	吉 8	72.5	65.2	33.6	745.9
阿荣旗那吉屯镇	吉 9	119.7	171.5	85.9	1 907.0
	吉 5	111.9	155.8	78.3	1 738.2
	吉 8	114.8	119.0	62.8	1 394.2
	9532—15	99	115.6	58.4	1 338.7
	1064	118.3	196.6	100.4	2 228.1
	44	96.7	115.4	57.1	1267.6
阿荣旗复兴	吉 9	117.7	152.7	83.3	1 834.5
	吉 5	107.9	118.0	80.3	1 781.9
	吉 8	106.3	162.9	98.4	2 184.5
	9532—15	104.5	168.4	94.7	2 103.1
	1064	117.3	191.6	106.6	2 365.1

综合四年的试验结果岭西以 9725、中黄 23、1064 和 275（271）的产鲜草量为高，鲜草产量均达 1 000 kg/亩左右。岭东地区以 1064 产量最高，其次是中黄 17 和中黄 23。以上品种可以在饲用大豆生产中选用。

2.3 饲用大豆的营养含量

从表 9、表 10 可以看出：吉林 20、中黄 17、1064 和 9725 品种的粗脂肪、粗蛋白、粗纤维、粗灰粉高。其他的品种较低；营养含量可能与熟期早晚有关系。

表 9　饲用大豆的营养含量（2002 年）

试验点	品种	干物质（%）	粗蛋白（%）	粗纤维（%）	粗脂肪（%）	粗灰分（%）	钙（%）	磷（%）	水分（%）
鄂温克旗	1064	25.65	16.00	20.62	2.83	8.22	1.84	0.28	13.05
	9725	28.15	16.39	19.60	3.63	6.54	1.68	0.25	13.37
	275（271）	—	12.98	19.62	1.99	8.72	2.20	0.37	11.76
阿荣旗	1064	29.82	16.43	3.37	3.96	7.68	1.72	0.22	8.26
	9725	28.68	20.54	20.39	8.64	5.16	0.88	0.28	8.96

表 10　饲用大豆的营养含量（2003 年）

试验点	品种	粗蛋白（%）	粗纤维（%）	粗脂肪（%）	粗灰分（%）	钙（%）	磷（%）	水分（%）
阿荣旗	1064	15.74	6.34	25.98	6.09	1.20	0.26	7.04
	中黄 23	14.32	3.20	24.78	5.74	1.38	0.23	8.29
	中黄 17	15.94	2.56	25.32	6.58	1.34	0.24	7.26
	吉林 20	15.99	6.65	27.12	5.55	0.78	0.27	6.32
	5037	12.68	2.07	27.66	5.32	1.08	0.20	7.42
	吉豆 1	14.30	5.24	27.42	5.29	1.00	0.22	7.75
鄂温克旗	9725	10.16	2.25	19.20	7.90	2.14	0.38	11.42
	275（271）	12.98	1.99	19.62	8.72	2.20	0.37	11.76
	1064	10.78	2.25	21.98	9.42	2.38	0.33	1 051.00
	吉豆 1	11.68	2.36	21.78	7.54	1.87	0.24	12.40

3　结论与讨论

3.1　筛选出适合呼伦贝尔市气候条件的饲用大豆新品种

岭西以 9725、中黄 23、1064 和 275（271）的产鲜草量为高，鲜草产量均达 1 000 kg/亩左右。岭东地区以 1064 产量最高，其次是中黄 17 和中黄 23。以上品种可以在饲用大豆生产中选用。

3.2　技术适用范围

本项研究技术适用于呼伦贝尔市的岭东和岭西地区和相邻省区种植。

3.3　存在的不足

由于受研究经费不足的限制，本项研究筛选出的饲用大豆品种高产栽培技术的研究还不够深入，饲用大豆品种与密度、播种期、施肥量、有害生物间的关系还应进一步的深入研究。

（本文发表于《扎兰屯职业学院学报》，2018，2（4）：13-15）

第五章　研究成果与研究团队

第一节　研究成果简介

一、呼伦贝尔牧草病害调查

参加人员：陈申宽、王佐魁、姚国君、闫任沛、石家兴。

参加单位：内蒙古扎兰屯农牧学校、呼伦贝尔市植保植检站、呼伦贝尔市农业科学研究所。

研究成果

呼伦贝尔草地牧草饲料作物病害种类共计 174 种，其中白粉病 46 种，锈病 30 种；黑痣病 8 种；黑穗病 8 种；纹枯病 6 种；麦角病 4 种；叶斑病类 22 种；其他病害 20 种。其中有 24 种病害在国内首次报道，有 41 种病害在内蒙古自治区为初次报道。经过研究明确了呼伦贝尔市草场牧草的流行病害有紫花苜蓿褐斑病、偃麦草黑痣病、黄花草木樨白粉病、胡枝子锈病、山野豌豆白粉病、山野豌豆锈病 7 种病害，应在生产中采取防治措施。应引起重视的次要病害有禾草锈病、麦角病、纹枯病，紫花苜蓿霜霉病，狗尾草叶瘟病。当地饲料作物中流行病害有甜菜根腐病、甜菜褐斑病、甜菜立枯病，玉米大斑病、玉米瘤黑粉病和瓜类白粉病。针对主要病害研究了发病规律和综合防治技术，对指导生产中病害防治重要意义。

1995 年获内蒙古自治区科技进步三等奖，呼伦贝尔市科技进步二等奖。

二、呼伦贝尔草地有害生物研究

参加人员：吴虎山、王伟供、陈申宽、高海滨、杨广勇、曹丽霞等。

参加单位：呼伦贝尔市草原工作站、内蒙古扎兰屯农牧学校、扎兰屯市草原工作站。

研究成果

根据呼伦贝尔草地的现状和多年来有害生物防治工作中取得的成果经验，提出开展呼伦贝尔草地有害生物消长规律与科学管理研究的意见：一是进一步开展草场和人工草地有害生物种类、为害及分布范围的调查，摸清呼伦贝尔草地有害生物种类、数量、为害程度及造成损失的量化关系；二是针对占优势的有害生物开展深入系统的消长规律的研究；摸清有害生物与生态条件间的关系，有害生物与有益生物间的动态平衡关系；三是建立有害生物发生预测预报网络和有害生物的预警系统，为生态建设科学决策提供依据；四是建立呼伦贝尔市草地有害生物模式化科学管理技术组合，并在草业生产中实施，将有害生物控制在不足危害的水平以下。从而实现生态效益、经济效益与社会效益的共同提高。

2006 年获呼伦贝尔市科技进步二等奖。

三、呼伦贝尔市主要栽培牧草病虫草综合防治研究

参加人员： 闫任沛、陈申宽、王秋荣、石家兴、尤金诚、王云江、李殿军、乔雪静、孙东显、苏允华、杨广勇、曹丽霞、王德霞、张玉民、赵永富、王晶、刘及东、刘玉良、许贞淑、朱雪峰、程少栩、孙艳、塔娜等。

参加单位： 呼伦贝尔市农业科学研究所、内蒙古扎兰屯农牧学校、呼伦贝尔市草原站等单位。

研究成果

2001—2003 年，采用调查、取样和试验相结合的方法。

基本摸清了呼伦贝尔市栽培牧草有害生物种类。其中病害 12 种，虫害 7 种，杂草 80 种。病害中以根腐病为害较为严重，虫害主要是草地螟，杂草共有 80 种，其中藜、冰草、反枝苋、茅香、稗、金狗尾、蒿类、蓟、野燕麦、卷茎蓼、野黍、苦荞麦等是优势杂草，有些地块，受草害影响，产量下降 30%～60%，品质也明显下降。

基本掌握了主要栽培牧草的进境检疫对象和内蒙古重点监测对象。检疫对象中危险性生物共计 24 种，其中病害 10 种，线虫 4 种，害虫 3 种，杂草 7 种。

综防技术研究取得明显成效。

除草剂试验：已筛选 20 余种化学农药，其中药害轻、效果好的除草剂有 10 多种，较好的配方有：普施特（豆施乐）、普施特+乙草胺（或普乐宝、施田补）；普施特+精禾草克，排草丹+精禾草克，广灭灵+排草丹等。

杀虫剂试验：经过试验筛选，在牧草田用杀虫剂等药剂防治草地螟，效果好的有高效氯氰，BT、艾福丁，灭杀毙等，防效达 90%以上。

杀菌剂试验：经筛选甲基托布津，普力克，武夷霉素，酵素菌，对根腐病有较好防效。生物制剂根瘤菌对结瘤率、株高鲜重有明显促进作用，对根腐病有一定防效。

生长调节剂和叶面肥试验：生根剂能明显增强苜蓿根量，提高越冬成活率，和各种叶面肥相似，不仅对生长有利，还对花叶病、叶斑病有明显防效。

研制出一套综合防治规程可在苜蓿种植区试用。示范推广取得较大成绩。近年对较成熟的措施一直是边试验边示范推广。已在扎兰屯、莫旗等旗市人工草场推广化除等技术 2 万 hm^2。创造社会经济效益达 300 多万元。还建成了 200 hm^2苜蓿试验基地。

课题通过了呼伦贝尔市级的验收鉴定。

四、扎兰屯市玉米品种及配套技术研究

参加人员： 陈申宽、李德明、徐凯、庞龙、孙有德、孔令峰、何忠仁、石学慧、徐长海等。

参加单位： 呼伦贝尔申宽生物技术研究所、扎兰屯市科技成果推广中心

研究成果

从 2013—2017 年由国内相应的生态区域引进玉米新品种 63 个，选择在呼伦贝尔市

的岭东玉米种植区进行试验示范研究，结果表明：经过三年来的试验筛选出较好的品种有康地 5031、先峰 38P05、罕玉 1 号、利合 16、真金 202、真金 622 等品种，在玉米种植的不同积温区进行示范推广。较当地主栽品种平均增产 15%以上。探明了不同玉米品种大斑病、小斑病、顶腐病、瘤黑粉病和玉米病虫害发生为害情况；在筛选出良种的基础上，推广应用了玉米免耕播种技术、大小垄种植技术、玉米种子包衣、赤眼蜂防治玉米螟、玉米化学除草技术，控制了有害生物的发生为害。

2015—2017 年在呼伦贝尔市岭东的扎兰屯市、阿荣旗、莫旗；兴安盟的扎赉特旗、科尔沁右翼前旗、阿尔山市和通辽市的科尔沁区共计推广应用玉米新品种及其配套的高产栽培综合技术 14.6 万 hm^2。单位规模新增纯效益 1 786.04元/hm^2，总经济效益 16 352.27万元，年经济效益 5 450.76万元，推广投资年均纯收益率 14.39 元/元，取得显著的增产效果。通过新品种新技术的推广应用促进了玉米产业的发展壮大，增加了农民学科学用科学的积极性，产生了巨大的社会经济和生态效益。

2016 年获呼伦贝尔市科技进步三等奖。

五、呼伦贝尔生态草业技术模式研究及应用

参加人员：杨殿林、高海斌、蒋丽宏、陈申宽等。

参加单位：农业部环境保护科研监测所。

研究成果

1986—2011 年，本项目在国家“七五”～“十二五”科技支撑（科技攻关）项目、国家自然科学基金等项目资助下完成。①研究了呼伦贝尔草原线叶菊（*Filifolium sibiricum*）草原、贝加尔针茅（*Stipa baicalensis*）草原、羊草草原（*Leymus chinensis*）、大针茅（*Stipa grandis*）草原、克氏针茅（*Stipa kryrowis*）5 个主要草原类型不同利用方式（刈割、放牧、围封）、不同利用强度和不同的管理措施（松耙、浅耕翻、施肥、灌溉）对草原植物多样性、草原生产力、土壤微生物多样性、土壤理化性状及其他环境因子相互作用过程与机制。②研究了不同草地类型草原生产力、营养成分含量和载畜量年度、季节波动规律，草原生产力与环境因子的关系。评估了呼伦贝尔草地生态系统服务价值。③研究了沙化草原不同植被恢复模式植被、土壤微生物多样性和其他土壤理化因子变化过程。④研究了优良牧草良种繁育、优质多年生牧草和饲料作物丰产栽培技术以及优质草产品加工与舍饲与半舍饲家畜营养平衡技术，探索了草原草畜平衡生态补偿机制和发展战略等。揭示了呼伦贝尔草原不同类型土壤理化性质、土壤微生物多样性、固氮微生物 nifH 基因多样性、氨氧化细菌多样性具有明显差异。草地植被、土壤理化因子与土壤微生物多样性存在协同互作。土壤微生物多样性、土壤微生物量碳氮量、土壤过氧化氢酶、转化酶、脲酶、磷酸酶活性与土壤养分、土壤 pH 值、土壤容重、土壤含水量密切相关，可用于表征土壤质量和健康的指标。阐明呼伦贝尔草原植物多样性与草原初级生产力呈正相关关系，植物多样性对群落稳定性的影响是通过不同功能群间的补偿作用来实现的，而补偿的形式是多样的；植物种群、植物功能群和群落地上生物量年度间变异逐渐降低，稳定性逐渐增加；不同的植物功能群对群落的贡献各异；伴生种

对气候变化敏感；不同利用方式显著改变了土壤微生物数量和群落结构。在牧压梯度上，植物种群的消长依赖于植物不同的生态适应策略；不同放牧强度对土壤微生物多样性的影响不同，轻度放牧地土壤细菌群落与有机碳、C/N 比关系密切，中度放牧样地土壤细菌群落与全 N 有较密切的关系，重度放牧条件下，pH 值对土壤细菌群落起重要作用，适度干扰有利于维持草地群落稳定和保护草地的植物多样性。不同类型草原放牧与围栏下土壤养分含量、微生物群落结构差异显著，围栏草地土壤总磷脂脂肪酸含量增加，而放牧则降低了 PLFA 所指示的土壤总微生物、细菌和真菌生物量；土壤酶活性与土壤有机质、土壤主要养分因子间具有不同程度的密切关系。不同利用方式下草原土壤 MBC 差异显著，表现为刈割>围封>放牧，微生物 PLFA 的总量、表征细菌和放线菌的 PLFA 均差异显著。基于 Biolog 微平板分析技术草原不同利用方式土壤微生物群落对碳源的利用能力及代谢活性不同。揭示沙化草原植被恢复增强了草原生产力和土壤微生物碳源利用能力，提高了土壤微生物群落的代谢活性和群落功能多样性。兼顾呼伦贝尔草原畜牧业发展、生物多样性保护、水土保持和维持生态系统平衡等，研究提出呼伦贝尔生态草业技术模式，主要包括呼伦贝尔草地休禁牧技术模式、草地松耙补播和浅耕翻植被恢复技术模式、沙化草地生态恢复技术模式、草原生态补偿模式、草畜平衡草地持续利用技术模式、割草地的合理利用技术模式、优良牧草良种繁育技术模式、优质多年生牧草和饲料作物丰产栽培技术模式、优质草产品加工与青饲料轮供技术模式等。这些技术模式在呼伦贝尔牧区生产中大面积推广应用，取得了显著的经济、社会和生态效益。

2015 年获农业部科技二等奖。

第二节　研究团队简介

一、团队成立与人员组成

牧草科研团队成立于 2015 年 5 月，成员有陈申宽、周忠学、刘玉良、姚国君、乌力吉、孙雨辰、张帅、齐广、崔国文。

2017 年牧草科研团队先后被呼伦贝尔市委组织部评为“呼伦贝尔市草原英才创新团队”，被呼伦贝尔市科技局评为“呼伦贝尔市高层次科研团队”。

二、科研课题研究

2015 年以来科研团队共开展了以下科研工作。

——完成自治区软科学项目“呼伦贝尔岭东特色产业示范园建设与科技特派员创业培训”课题，2015 年 3 月立项，2016 年 3 月完成，项目经费 35 万元，2017 年 7 月通过验收。出版专著《科技特派员创新创业工作指南》一部，发表论文 6 篇。

——完成呼伦贝尔市级课题“内蒙呼伦贝尔国家科技特派员创业培训方法与模式

的研究”。2014 年 3 月立项，2016 年 3 月完成，课题经费 5 万元，2017 年 7 月通过验收。

——完成呼伦贝尔市级课题“豆科优良牧草品种引种与野生牧草驯化栽培试验研究”。2016 年 7 月立项，2017 年 7 月完成，课题经费 5 万元，2017 年 7 月通过验收。

——完成“呼伦贝尔市马铃薯晚疫病发生规律及综合防控技术研究推广”和“扎兰屯市玉米新品种筛选试验与配套技术研究”课题 2017 年通过呼伦贝尔市专家组验收，“呼伦贝尔市马铃薯晚疫病发生规律及综合防控技术研究推广”获得内蒙古自治区成果登记证书。

——与东北农业大学开展东北草地资源调查课题。此课题从 2015 年开始，到 2018 年结束，对呼伦贝尔岭东三旗市的植物资源进行调查，目前已采集标本 5 000 种（份）以上。陈申宽、刘玉良、姚国君、周忠学、谷兴杰等人作为课题级成员参编《东北草地常见植物图谱》。

——刘玉良老师主持的“高品质黑木耳生产技术的研究”被列为 2016 年自治区教育厅重点科研课题，研究正在进行中。

三、论文论著编写

团队成员 2015 年以来先后出版了专著 6 部，其中，陈申宽、周忠学主编《科技特派员创新创业工作指南》，陈申宽主编《大兴安岭东麓玉米产业与研究》《微生物菌剂技术研究与应用》《中国呼伦贝尔大豆》，崔国文主编《东北草地常见植物图谱》，齐广主编《大兴安岭山区退化草地生态修复技术研究》。

2018 年春季，课题成员承担了中国农业科学技术出版社“农民实用技术丛书”的编写任务。其中，陈申宽主编《北方主要农作物病虫害防治》《棚室灵芝栽培新技术》，周忠学主编《北方饲物生产与加工利用》，姚国君、刘玉良主编《北方常见药用植物栽培技术》，刘玉良主编《食用菌现代生产技术》，乌力吉主编《北方淡水养殖技术》。2015 年以来《在基层农技推广》《教育学》《内蒙古科技》等杂志上发表论文 6 篇。

四、社会服务工作成效显著

积极开展科技培训。科研团队成员根据专业特长，积极参与地方经济建设，指导当地农业生产，深入到农村、牧区开展科技培训。3 年多来，团队成员受邀到呼伦贝尔各旗市区为科技人员、基层农技人员、农牧民培训、讲课 20 余期，培训人员 2 000余人次；下乡为农民进行科技咨询、指导 1 200余次。

科技服务工作成绩突出。2015 年以来，科研团队有 5 人被内蒙古自治区科技厅选聘为“三区”人才支持计划科技服务人员，被选派到呼伦贝尔扎兰屯市、阿荣旗、鄂温克族自治旗，对边远贫困地区、边疆民族地区和革命老区开展农业生产的科技服务工作。多年来，科研团队有 5 人被扎兰屯市聘任为科技特派员。被选聘的“三区”人才支持计划科技服务人员和科技特派员，利用专业特长，深入农户，了解农业生产中存在的问题，通过实用技术培训、现场指导、微信（电话）咨询等多种方式为农民进行科技服务，受到了受援农牧民的欢迎。三年多来，平均每名老师科技服务时间达到 30 天以上，为农牧民脱贫致富，助力当地经济发展做出了一定贡献。陈申宽被内蒙古自治区科技厅、组织部、宣传部、农牧业厅、教育厅等 10 个厅（部）级部门评为 2015 年度全区优秀科技特派员；刘玉良被扎兰屯市评为 2015 年度优秀科技特派员。

第三节　发表论文与获奖证书

一、发表论文

（1）　陈申宽. 扎兰屯市紫苜蓿褐斑病大流行 [J]. 内蒙古草业，1989（2）：43.

（2）　陈申宽，姚国君. 内蒙古扎兰屯牧草新病害——偃麦草黑痣病 [J]. 中国草地，1990（6）.

（3）　陈申宽. 草木樨白粉病的研究 [J]. 草业科学，1990，7（6）：24.

（4）　陈申宽，姚国君. 紫苜蓿褐斑病发生为害的研究 [J]. 内蒙古草业，1990（2）：37.

（5）　陈申宽. 内蒙古扎兰屯核盘菌 17 种新寄主 [J]. 植物病理学报，1991（1）：26.

（6）　陈申宽，姚国君. 偃麦草黑痣病的研究 [J]. 中国草地，1992（6）：74.

（7）　陈申宽. 农抗 B_{0-10}防治紫苜蓿褐斑效病果好 [J]. 植物保护，1992（5）：53.

（8）　陈申宽. 胡枝子锈病发生危害的调查 [J]. 内蒙古草业，1992（2）：46.

（9）　陈申宽，姚国君. 紫苜蓿褐斑病药剂防治试验 [J]. 草业科学，1993，10（6）：27.

（10）　陈申宽，布仁巴雅尔，闫任沛，等. 呼盟农区核盘菌寄生范围的研究 [J]. 植物病理学报，1993，23（4）：314.

（11）　陈申宽. 紫苜蓿褐斑病发病率与病情指数间关系的研究 [J]. 内蒙古草业，1993（3）：65.

（12）　陈申宽，姚国君. 紫苜蓿品种对褐斑病抗性研究 [J]. 草业科学，1994，11（4）：61；内蒙古草业，1993（1）：64.

（13）　陈申宽. 呼伦贝尔盟豆科牧草病害调查 [J]. 中国草地，1995（2）：63.

（14）　陈申宽. 呼伦贝尔植物白粉病研究 [J]. 草业科学，1995，12（4）：53.

（15）　陈申宽，宋清水，张树森. 甜菜纸筒育苗对立枯病的防治 [J]. 内蒙古甜菜糖业，1995（5）：9.

（16）　陈申宽，等. 呼盟农区甜菜褐斑病的发生及防治 [J]. 植物医生，1998，11（2）：11.

（17） 陈申宽，闫路海. 呼盟地区引种甜高粱试验初报 [J]. 内蒙古草业，1997（1）：54.
（18） 陈申宽，等. 呼盟甜菜病害及防治 [J]. 内蒙古农业科学，1996（3）：31.
（19） 陈申宽，等. 玉米增产菌增产抗理的研究 [J]. 中国微生态杂志，1998，10（增）：92.
（20） 陈申宽，等. 扎兰屯药用植物白粉物的调查 [J]. 内蒙古草业，1998（4）：45.
（21） 陈申宽，闫路海. 旱作玉米呼单三号高产综合农艺措施优化的研究初报 [J]. 内蒙古农业科技，1998（12）：19.
（22） 陈申宽，等. 扎兰屯市玉米丝黑穗病流行原因分析及防治建议 [J]. 植物医生，1999，12（5）：11.
（23） 陈申宽，靳相成，马育华，等. 扎兰屯市蝗虫大发生的原因及综合防治技术 [J]. 内蒙古草业，1999（4）：18-20.
（24） 陈申宽，弓仲旭，等. 覆膜玉米田除草剂配方的筛选试验 [J]. 内蒙古草业，2001（1）：10.
（25） 陈申宽，齐广，等. 紫苜蓿优良除草剂种类及配方的筛选试验 [J]. 内蒙古草业，2004，16（2）：52.
（26） 陈申宽，那德伟，赵玉荣. 甜菜褐斑病病叶率与病情指数及产量关系的调查 [J]. 内蒙古农业科技，2001（5）：19-20.
（27） 那德伟，陈文鹤，等. 试论呼伦贝尔盟饲用玉米带及产业化建设 [J]. 内蒙古草业，2001（4）：58.
（28） 陈申宽，姚国君. 呼伦贝尔盟牧草病害及防治研究//中国草类作物病理学研究 [M]. 北京：海洋出版社，2003：55.
（29） 陈申宽，齐广，等. 呼伦贝尔市人工草地优势杂草土壤处理剂配方的筛选试验 [J]. 内蒙古草业，2004，16（1）：15.
（30） 齐广. 陈申宽，等. 紫花苜蓿药害试验报告 [J]. 内蒙古民族大学学报（自然科学版），2003，18（6）：509.
（31） 陈申宽，吴金学，李明. 内蒙古扎兰屯市鲁梅克斯白粉病褐斑病的诊断与防治技术 [J]. 内蒙古草业，2004，16（4）：64.
（32） 王德霞，张玉民，王静，等. 莫力达瓦达斡尔自治旗人工草地主要病虫害发生原因及对策研究 [J]. 内蒙古民族大学学报（自然科学版），2004，19（3）：310.
（33） 陈申宽，闫任沛，刘玉良，等. 呼伦贝尔市人工草地有害生物调查 [J]. 内蒙古民族大学学报，2005，20（1）：62.
（34） 陈申宽，吴虎山，高海滨，等. 关于开展呼伦贝尔草地有害生物消长规律与科学管理研究的意见 [J]. 草业科学，2006，23（7）：79.
（35） 陈申宽，等. 呼伦贝尔市岭西地区甜菜苗期出现的问题及对策 [J]. 内蒙古农业科技，2006（1）.

（36）　陈申宽，等. 呼伦贝尔市甜菜品种比较试验//陈申宽论文集［C］. 2007. 长春：长春出版社.

（37）　陈申宽. 玉米丝黑穗病药剂防治试验研究//陈申宽论文集［C］. 2007. 长春：长春出版社.

（38）　陈申宽，刘玉良，姚国君，等. 内蒙古自治区大兴安岭东麓草地利用现状的调查［J］. 内蒙古民族大学学报，2011，26（3）：297.

（39）　陈申宽，等. 呼伦贝尔市三叶草根腐病的发生与防治［J］. 牧草与饲料，2007，1（4）：53.

（40）　陈申宽，吴虎山，高海滨，等. 呼伦贝尔市有害生物综合防治技术［J］. 内蒙古民族大学学报，2007，22（2）.

（41）　陈申宽，吴虎山，高海滨，等. 呼伦贝尔草地有害生物综合防治技术研究报告（Ⅱ）［J］. 2007，22（3）.

（42）　齐广，王云，陈申宽，等. 农牧交错地带紫花苜蓿生产问题及对策［J］. 内蒙古民族大学学报，2008，23（6）.

二、获奖证书（图1～图11）

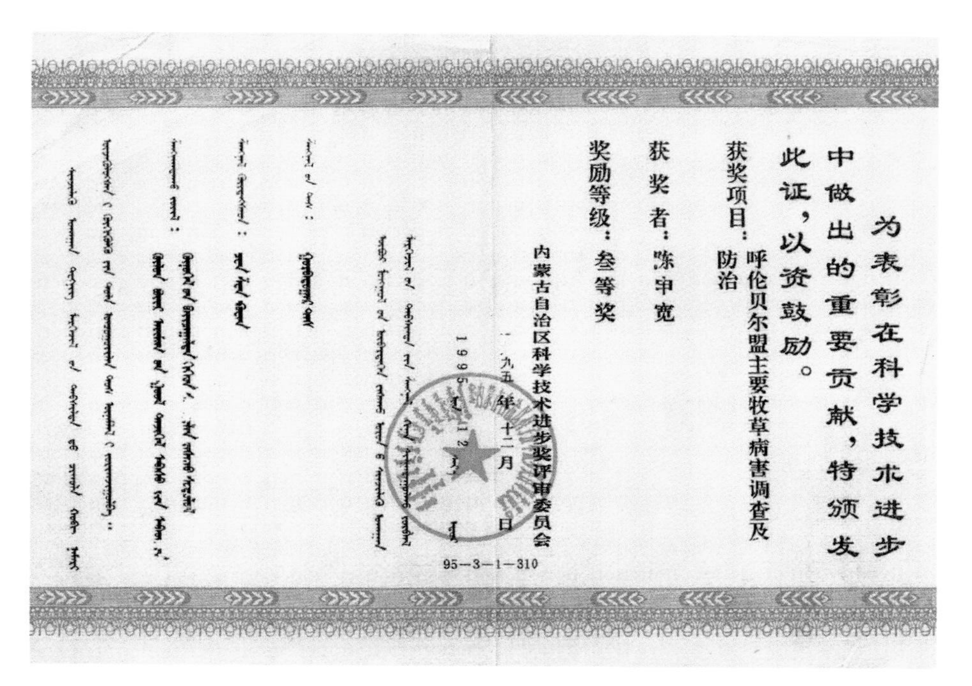

为表彰在科学技术进步
中做出的重要贡献，特颁发
此证，以资鼓励。
获奖项目：呼伦贝尔盟主要牧草病害调查及防治
获奖者：陈申宽
奖励等级：叁等奖
内蒙古自治区科学技术进步奖评审委员会
一九九五年十二月　日
95-3-1-310

图1　牧草病害研究成果奖证书（1995年）

编号：06—2—0203

为表彰在科学技术进步中做出重要贡献，特颁发此证，以资鼓励。

获奖项目：呼伦贝尔草原有害生物综合防治技术研究

获奖者：陈申宽

奖励等级：贰等奖

呼伦贝尔市人民政府

二〇〇七年四月十日

图 2　呼伦贝尔草地有害生物综合防治成果证书（2007 年）

科学技术成果登记证书

登记号 NK-20160486

经审查“扎兰屯市玉米新品种筛选试验与配套技术研究”登记为内蒙古自治区科学技术成果，特发此证。

完成单位：呼伦贝尔申宽生物技术研究所

发证机关：内蒙古自治区科学技术厅

发证日期：2016 年 10 月 21 日

图 3　玉米新品种筛选试验与配套技术研究成果登记证书

中华农业科技奖

证　书

为表彰在我国农业科学技术进步工作中做出突出贡献的获奖者，特颁发此证书，以资鼓励。

项目名称：呼伦贝尔生态草业技术模式研究及应用

奖励等级：二等奖

获奖者单位：内蒙古扎兰屯农牧学校

获　奖　者：陈申宽（第 8 完成人）

证书编号：KJ2013-R2-024-08

二〇一三年十一月八日

图 4　呼伦贝尔生态草业技术模式研究成果证书（2013 年）

呼伦贝尔市科学技术奖

证　书

为表彰二〇一六年度呼伦贝尔市科学技术进步三等奖获得者，特颁发此证书。

项目名称：扎兰屯市玉米新品种筛选试验与配套技术研究

获奖单位：呼伦贝尔申宽生物技术研究所

呼伦贝尔市人民政府

二〇一八年四月

2016-J-16-3-D1

图 5　玉米新品种筛选与配套技术研究成果证书

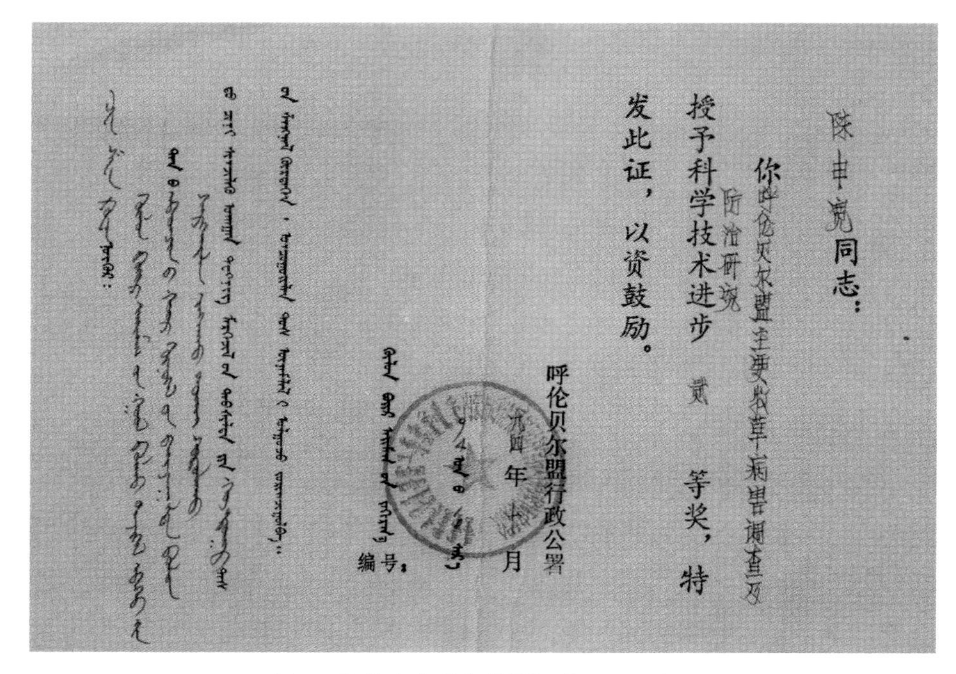

陈申宽同志：

你呼伦贝尔盟主要牧草病害调查及防治研究授予科学技术进步贰等奖，特发此证，以资鼓励。

呼伦贝尔盟行政公署

九四年十月

编号：

图 6　牧草病害研究成果证书（1994 年）

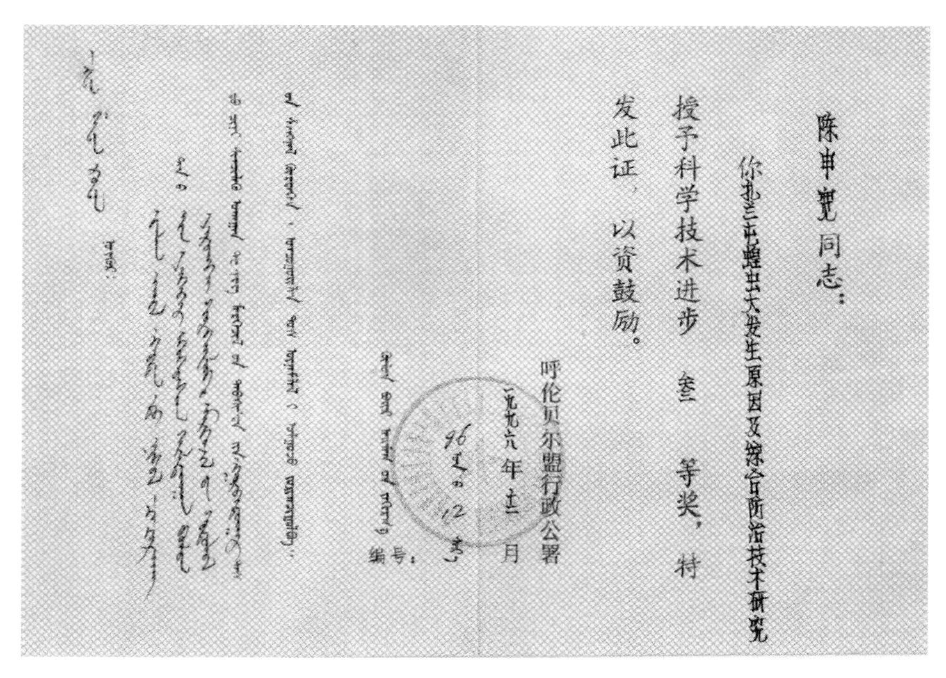

陈申宽同志：

你扎兰屯蝗虫大发生原因及综合防治技术研究授予科学技术进步叁等奖，特发此证，以资鼓励。

呼伦贝尔盟行政公署

一九九六年十二月

编号：

图 7　蝗虫研究成果证书（1996 年）

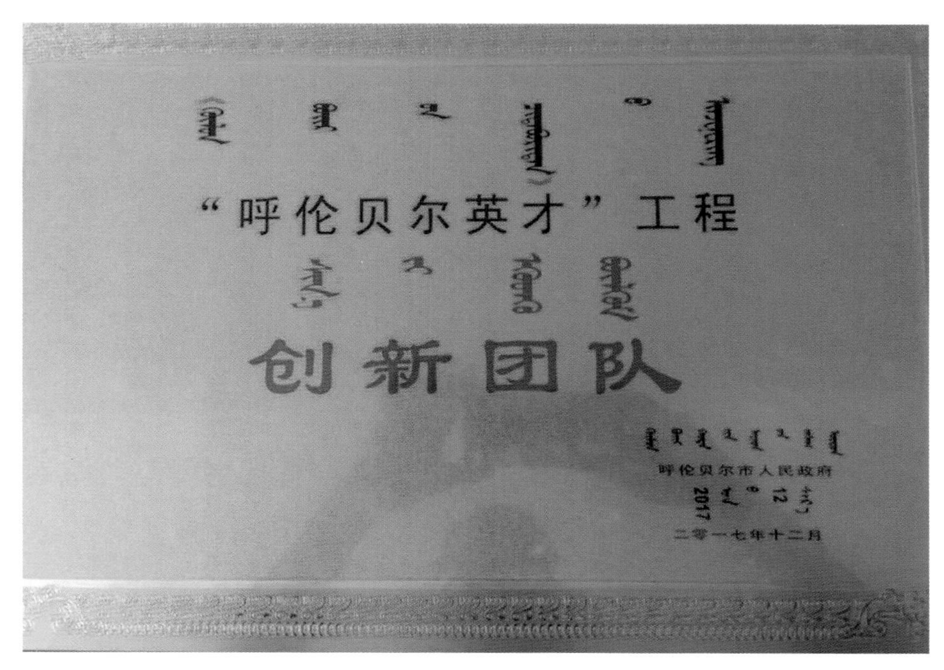

图 8　呼伦贝尔英才团队（2017 年）

图 9　研究所试验基地牧草品种展示田（2016 年）

图 10　研究所基地燕麦试验（2018 年）

图 11　牧草基地无人机施肥（2018 年）